FORTSCHRITTE DER PHYSIKALISCHEN CHEMIE

FORTSCHRITTE DER PHYSIKALISCHEN CHEMIE

HERAUSGEGEBEN VON

PROF. DR. W. JOST · GÖTTINGEN

BAND 5

DESTILLATION IM LABORATORIUM

DR. DIETRICH STEINKOPFF VERLAG

DARMSTADT 1960

DESTILLATION IM LABORATORIUM

EXTRAKTIVE

UND AZEOTROPE DESTILLATION

VON

DR. RER. NAT. H. RÖCK

Trostberg/Oberbayern

Mit 65 Abbildungen
in 103 Einzeldarstellungen und 24 Tabellen

DR. DIETRICH STEINKOPFF VERLAG

DARMSTADT 1960

Alle Rechte vorbehalten

Kein Teil dieses Buches darf in irgendeiner Form
(Fotokopie, Mikrofilm oder ein anderes Verfahren)
ohne schriftliche Genehmigung des Verlages reproduziert werden.

Copyright 1960 by Dr. Dietrich Steinkopff Verlag, Darmstadt

ISBN-13: 978-3-7985-0176-8   e-ISBN-13: 978-3-642-45796-8
DOI: 10.1007/978-3-642-45796-8

Zweck und Ziel der Sammlung

Die vorliegende Monographienreihe verdankt ihre Entstehung noch einer Anregung H. ULICHS. Sie wird in anspruchslosen kleinen Bändchen die heutigen Kenntnisse aus verschiedenen Zweigen unseres Faches darstellen. Der in Industrie, Forschung oder Lehre tätige Wissenschaftler kann daraus den neuesten Stand eines Gebietes kennenlernen, der Studierende Ergänzungen über den knappen Rahmen vorhandener Lehrbücher hinaus finden. Auch mag diese Reihe in gewissem Sinne sich zu einem flexiblen Ersatz nicht existierender Handbücher entwickeln.

HERAUSGEBER UND VERLAG

Vorwort

Die azeotrope Destillation wird bei der Absolutierung von Alkohol schon seit langer Zeit angewendet; die extraktive Destillation kennt man seit rund zwanzig Jahren. Das vorliegende Büchlein befaßt sich mit der Anwendung der beiden Verfahren auf Trennprobleme im Laboratoriumsmaßstab.

Im ersten Teil wird die Auswahl geeigneter Zusatzstoffe behandelt. Dies ist ein Problem der Mischphasenthermodynamik, speziell der flüssigen Mischungen. Es wurde hier versucht, die bekannten empirischen Regeln in Zusammenhang mit den thermodynamischen Funktionen zu bringen, speziell mit der zusätzlichen freien Enthalpie der Mischung, $\Delta \bar{G}^E$.

Der zweite Teil behandelt die laboratoriumsmäßige Ausführung und einige Ergebnisse der beiden Trennverfahren. Da die azeotrope Destillation laboratoriumsmäßig erheblich einfacher betrieben werden kann als die extraktive Destillation, hat sie schon vielfach zur Lösung komplizierter Trennprobleme gedient, während von der laboratoriumsmäßigen extraktiven Destillation nur wenige Ergebnisse vorliegen. Beide Verfahren sind hauptsächlich bei der Abtrennung und Reindarstellung von Kohlenwasserstoffen angewendet worden. Sie lassen sich jedoch in analoger Weise auf andere Klassen organischer oder anorganischer Stoffe anwenden.

Das Büchlein wendet sich hauptsächlich an Chemiker; der erste Teil ist aber auch für den Verfahrenstechniker von Interesse. Wer sich mit der etwas abstrakten Mischphasenthermodynamik nicht befassen will, der folge den im Inhaltsverzeichnis mit * versehenen Abschnitten, in denen die wesentlichen Dinge enthalten sind. Auch für den zweiten Teil wird mit * ein kurzer Weg zum Endziel, den Ergebnissen der laboratoriumsmäßigen Destillationen mit Zusatzstoffen, angedeutet und empfohlen.

Herrn Professor Dr. W. JOST gilt mein herzlicher Dank für die Anregung zur Abfassung dieser Monographie und für die Förderung und den Rat während der Arbeit. Für wertvolle kritische Ratschläge bin ich Herrn Prof. Dr. R. HAASE, Dr. K. KÜMMERLE, Dr. H. BRANDT, Dr. L. SIEG und Dr. K. ZIEBORAK zu Dank verpflichtet. Dem Verlag danke ich für seine gute Zusammenarbeit. Den Kollegen des Instituts für physikalische Chemie der Universität Göttingen danke ich für ihre Mitarbeit, insbesondere den Herren Dr. F. LANGERS, Dr. G. SCHNEIDER und Dipl. chem. G. WILHELM.

Trostberg, Januar 1960

H. RÖCK

Inhaltsverzeichnis

Mit * wird ein verkürzter Leseweg markiert, vgl. auch das Vorwort

Zweck und Ziel der Sammlung V
Vorwort VII
Verzeichnis der Abkürzungen, Teil I XII
Verzeichnis der Abkürzungen, Teil II XIII

Teil I: Mischphasenthermodynamik und Destillationsprobleme

* 1. *Grundlegendes und Begriffsbestimmungen* 1
  2. *Mischphasenthermodynamik und Azeotropie*
     - a) Wichtige, allgemeine Gesetzmäßigkeiten 7
     - b) Beispiel: Temperaturabhängigkeit der azeotropen Konzentration 16
     - c) Beispiel: Azeotropie einer Substanz mit einer anderen Stoffklasse (homologe Reihe) 20
  3. *Qualitative Vorhersage von ΔG^E für binäre Systeme auf Grund von Daten für die reinen Komponenten*
     - a) Methode von Ewell, Harrison und Berg 28
     - b) Methode von Hildebrand; innerer Druck 32
     - c) Polaritätsregeln 35
     - d) Korrelation der Grenzwerte der Aktivitätskoeffizienten 37
  4. *Thermodynamische Grundlagen der extraktiven Destillation; Auswahl der Zusatzkomponenten*
     - * a) Allgemeine Gesichtspunkte 43
     - b) Beispiel Azeton/Chloroform; Zusatzstoff Methylisobutylketon . 47
     - c) Beispiel Benzol/Zyklohexan; Zusatzstoff Anilin 48
     - d) Beispiel n-Heptan/Methylzyklohexan 50
     - * e) Beispiel n-Heptan/Toluol 51
     - * f) Beispiel binäre, ideale Mischung und Zusatzstoff 51
     - * g) Beispiel Äthanol/Wasser, Essigsäure/Wasser, Zusatzstoff Salze . 52
     - * h) Technische Anwendungen der extraktiven Destillation 53
     - * i) Wünschenswerte Eigenschaften der Zusatzkomponenten . . . 54

5. *Thermodynamische Grundlagen der azeotropen Destillation; Wahl des azeotropbildenden Zusatzstoffes*

* a) Allgemeine Gesichtspunkte, Beispiel Zyklohexan/Benzol/Äthylazetat 55
 b) Trennung verschiedener Typen von Kohlenwasserstoffen mit etwa gleicher Lage des Siedepunkts 62
 c) Trennung des Azeton/Methanol-Azeotropes mit Methylenchlorid als Zusatzstoff 64
 d) Azeotrope von Kohlenwasserstoffen untereinander und deren Zerlegung durch azeotrope Destillation 65
 e) Ternäre azeotrope Gemische 66
* f) Wünschenswerte Eigenschaften der Zusatzkomponente 66

6. *Heterogene Azeotrope*

 a) Allgemeine Gesichtspunkte 68
 b) Beispiel Entwässerung von Pyridin 72
 c) Beispiel Entwässerung von Essigsäure 72

*7. *Zur Frage der Nomenklatur* 73

8. *Messung des Verdampfungsgleichgewichts*

 a) Apparatur zur Messung des Siedegleichgewichts 75
 b) Anwendung auf extraktive Destillation 79
 c) Anwendung auf azeotrope Destillation 80
 d) Gaschromatographie und extraktive Destillation 82

9. *Anhang zu Teil I*

 a) Literaturhinweise 86
 b) Wahl der Zusatzkomponenten auf Grund der Polaritätsregeln . . 86
 c) Tabelle für $\Delta \bar{G}^E_{max}$-Werte und A-Werte 87

Teil II: Praktische Ausführung und Ergebnisse der extraktiven und azeotropen Destillation im Laboratorium

*1. *Allgemeine Betrachtungen über Destillationskolonnen* 95

*2. *Einfache Theorie der absatzweisen Destillation*

* a) Ableitung der Austauschgeraden 99

* b) Wirkung des Rücklaufverhältnisses, der Bodenzahl, des Betriebsinhaltes und des Trennfaktors auf den Trenneffekt 107

3. *Konstruktion von diskontinuierlichen Laboratoriums-Füllkörperkolonnen* 111
   - a) Aufbau der Kolonnen. 112
   - b) Regelung der Blasenheizung. 114
   - c) Regelung des adiabatischen Mantels 117
   - d) Einstellung und Veränderung des Rücklaufverhältnisses. . . . 120
   - e) Sicherung gegen Kühlwasserausfall; Feuersicherung. 126
   - f) Füllkörper mit hoher Wirksamkeit; Kolonnentest 127
* g) Sondereinrichtungen für azeotrope, heteroazeotrope und extraktive Destillation 136
* h) Pumpen für Laboratoriumsdestillationsanlagen (von F. LANGERS) 141

*4. *Ergebnisse von laboratoriumsmäßigen Destillationen mit Zusatzstoffen*
   - a) Vor- und Nachteile der azeotropen und extraktiven Destillation. 147
   - b) Ergebnisse azeotroper Destillationen 148
   - c) Heteroazeotrope Destillation 151
   - d) Extraktive Destillation. 152
   - e) Absolutierung von Äthanol mit Benzol 153

Literaturverzeichnis 154
Namenverzeichnis. 160
Sachverzeichnis 163

Verzeichnis der Abkürzungen

Teil I

$\Delta \bar{G}^E$	= zusätzliche, mittlere molare freie Enthalpie der Mischung, cal/Mol
$\Delta \bar{G}^E_{\max}$	= Maximalwert von $\Delta \bar{G}^E$ (bezogen auf den Betrag); cal/Mol
x'_1, x'_2	= Molenbruch des Stoffes 1 bzw. 2 (flüssige Phase), auch einfach x_1, x_2
x'_i, x''_i	= Molenbruch des Stoffes i in der flüssigen (Index ') und in der dampfförmigen (Index '') Phase
x_3	= Molenbruch des Zusatzstoffes
p_{0i}	= Dampfdruck des reinen Stoffes i
γ_i	= Aktivitätskoeffizient der Komponente i in einer flüssigen Mischung
p_i	= Partialdruck der Komponente i
p	= Totaldruck
α	= Trennfaktor
α_0	= Dampfdruckverhältnis, z. B. $\alpha_0 = p_{01}/p_{02}$
α_z	= Trennfaktor bei Anwesenheit eines Zusatzstoffes
$\Delta \bar{H}$	= mittlere molare Enthalpie der Mischung; cal/Mol
R	= Gaskonstante; 1,986 cal/Mol °K
$\Delta \bar{S}^E$	= zusätzliche, mittlere, molare Entropie der Mischung, cal/Mol °K
Δh_i	= partielle, molare Mischungsenthalpie der Komponente i; cal/Mol
x_{iaz}	= Molenbruch der Komponente i im Azeotrop
P_{az}	= Totaldruck des Azeotrops
t_{az}	= Siedetemperatur des Azeotrops, °C
T	= absolute Temperatur, °K
ΔH_{vi}	= molare Verdampfungsenthalpie des Stoffes i; cal/Mol
V_{0i}	= Molvolumen des flüssigen Stoffes i, cm³/Mol
$\bar{V}$	= Molvolumen einer flüssigen Mischung; cm³/Mol
ΔU_{vi}	= molare Verdampfungsenergie des Stoffes i; cal/Mol
δ	= Löslichkeitsparameter, siehe S. 33
φ_i	= Volumbruch der Komponente i
$\mathfrak{x}_i$	= reduzierter Molenbruch des Stoffes i in einer Mischung (solvent-free-basis), siehe S. 44
γ_G, α_{zG}	= Grenzwerte von γ und α_z, wenn $x_3 \to 1$ geht
log	= Logarithmus zur Basis 10
ln	= natürliche Logarithmen

Verzeichnis der Abkürzungen

Teil II

D = Dampfmenge, Mole/Stunde; auch Durchsatz, cm³/h
F = Rücklaufmenge, Mole/Stunde
E = Erzeugnismenge, Mole/Stunde
v = Rückflußverhältnis = F/E
x_E = Molenbruch im Erzeugnis
x_B = Molenbruch in der Blase; x_B^0 = Molenbruch der Charge
q = Einzeltrennwirkung, siehe S. 104
q_K = Gesamttrenneffekt, siehe S. 104
n, N = Zahl der theoretischen Böden; N mit Siedeblase, n ohne Siedeblase
S = Polhöhe, siehe S. 110
HETP = Höhe eines theoretischen Bodens
L = Länge der Kolonne
λ = Wärmeleitfähigkeit
ϱ = Dichte
b = Betriebsinhalt der Kolonne
p = Staudruck der Kolonne
w_k = Wirkungsfaktor der Kolonne, siehe S. 129
u_{fl}^* = Belastung, siehe S. 129
τ = Anlaufzeit
u_D = mittlere Dampfgeschwindigkeit
u_{fl} = mittlere Flüssigkeitsgeschwindigkeit
a_D, a_{fl} = Filmdicken des Dampfes und der Flüssigkeit
D_D, D_{fl} = Diffusionskoeffizienten des Dampfes und der Flüssigkeit
n_D^{20} = Brechungsindex für die Na-D-Linie bei 20° C

Teil I

Mischphasenthermodynamik und Destillationsprobleme

1. Grundlegendes und Begriffsbestimmungen

Das Verfahren der Stofftrennung durch Destillation verwendet das *Phasengleichgewicht* zwischen Flüssigkeit und Dampf (Siedegleichgewicht, Dampf-Flüssigkeitsgleichgewicht) zur Anreicherung einer Komponenten in einer der beiden Phasen. Betrachtet man ein binäres Gemisch der beiden Komponenten 1 (leichter siedend) und 2 (schwerer siedend), so sind im allgemeinen die Molenbrüche x_1' und x_2' in der Flüssigkeit (Index ') verschieden von den Molenbrüchen x_1'' und x_2'' im mit der Flüssigkeit im *thermodynamischen Gleichgewicht* stehenden Dampf (Index ''). Es besteht dann also ein Unterschied Δx_1 und Δx_2 der Molenbrüche zwischen beiden Phasen

$$\Delta x_1 = x_1'' - x_1'; \quad \Delta x_2 = x_2'' - x_2'.$$

Wegen $x_1' + x_2' = 1$ und $x_1'' + x_2'' = 1$ muß gelten

$$\Delta x_1 = -\Delta x_2.$$

Die Konzentrationsdifferenz Δx ist oft nicht sehr groß, und nur durch *Vervielfachung des Einzeleffektes* Δx erreicht man eine befriedigende Trennung eines Gemisches in seine Komponenten. Die experimentelle Anordnung für eine derartige Vervielfachung nennt man *Kolonne**).

Wie groß ist nun der Einzeleffekt beim Siedegleichgewicht, wie kann man ihn mit anderen thermodynamischen Daten in Zusammenhang bringen, und wie kann man ihn beeinflussen? Vor allem die letzte Frage ist im Rahmen dieses Büchleins interessant. Es ist der Zweck der extraktiven und azeotropen Destillation, eine bestehende, nicht genügend große Konzentrationsdifferenz Δx des Siedegleichgewichts durch Zusatz einer *dritten Komponente* zu vergrößern. Durch die *Zusatzkomponente***) wird entweder der Einzeleffekt vergrößert, wodurch der apparative Aufwand für die Erzielung einer vorgegebenen Trennung durch Vervielfachung dieses nun größeren Einzeleffektes geringer ist als bei der Destillation ohne Zusatzkomponente, oder es wird durch die Zusatzkomponente eine Trennung überhaupt erst möglich, wenn nämlich für das binäre Gemisch $\Delta x = 0$ ist.

---

*) In den folgenden Kapiteln wird unter „Destillation" die „Destillation mit einer Kolonne" oder auch „Rektifikation" verstanden. Der Einzeleffekt kann auch als „einfache Destillation" bezeichnet werden.

**) Manchmal in mißverständlicher Weise auch Schlepper oder Schleppmittel (entrainer) genannt.

Man betrachte eine binäre flüssige Mischung der Komponenten 1 und 2. Die Partialdrucke p_i der Komponenten sind gegeben durch die analog zum RAOULTschen Gesetz formulierten Gleichungen

$$p_1 = p_{01}\, \gamma_1\, x_1', \qquad [1\,\text{a}]$$

$$p_2 = p_{02}\, \gamma_2\, x_2'. \qquad [1\,\text{b}]$$

p_{0i} ist der *Dampfdruck der reinen Komponente i* bei Meßtemperatur. γ_i ist ihr *Aktivitätskoeffizient* in der binären Mischung, der eine Funktion der Konzentration und Temperatur ist. Wenn $\gamma_i = 1$ für alle Konzentrationen ist, dann spricht man von einer *idealen (oder auch pseudoidealen*)) Mischung*. Die γ_i sind leicht zugänglich durch Messungen des Verdampfungsgleichgewichts (s. S. 75). Der Aktivitätskoeffizient ist ein Maß dafür, wie sehr eine Mischung von der Idealität abweicht. Da die typischen Effekte der extraktiven und azeotropen Destillation gerade auf der Nichtidealität in flüssigen Mischungen beruhen, ist es unvermeidlich, sich bei der Diskussion dieses Themas etwas mit der Thermodynamik flüssiger, niedrigmolekularer Nichtelektrolyt-Mischungen zu befassen. In Gl. [1] wird die sogenannte Realgas-Korrektur und die Druckabhängigkeit von γ_i vernachlässigt.

P sei der Totaldruck der Dampfphase über der flüssigen Mischung. Das DALTONsche Gesetz, das die Partialdrucke einer gasförmigen, idealen Mischung definiert, besagt:

$$p_1 = x_1''\, P, \qquad [2\,\text{a}]$$

$$p_2 = x_2''\, P. \qquad [2\,\text{b}]$$

Das ideale Verhalten der gasförmigen Mischung ist im Rahmen dieser Diskussion eine genügend genaue Aussage. Jedenfalls sind die Abweichungen von der Idealität für die gasförmige Mischung normalerweise und bei nicht zu hohen Totaldrucken (unter 10 Atm.) um den Faktor 0,001 bis 0,01 kleiner als für die flüssige Mischung. *Daher übt die Zusatzkomponente ihre Wirkung praktisch nur in der flüssigen Phase und nicht in der Dampfphase aus.* Die extraktive Destillation ist keine „Extraktion in der Dampfphase", die eingebürgerte Bezeichnung ist irreführend.

Für den Fall des eingestellten Gleichgewichts müssen [1 a] und [2 a], sowie [1 b] und [2 b] identisch sein, also

$$x_1''\, P = p_{01}\, \gamma_1\, x_1', \qquad [2\,\text{c}]$$

$$x_2''\, P = p_{02}\, \gamma_2\, x_2'. \qquad [2\,\text{d}]$$

---

*) Vgl. S. 9.

Durch Division der letzten beiden Gleichungen erhält man

$$\frac{x_1''}{x_2''} = \frac{p_{01} \gamma_1}{p_{02} \gamma_2} \cdot \frac{x_1'}{x_2'}.$$

Nach Einführung des *Trennfaktors* α (bzw. *relative Flüchtigkeit*),

$$\alpha = \frac{p_{01} \gamma_1}{p_{02} \gamma_2} = \alpha_0 \frac{\gamma_1}{\gamma_2}; \text{ mit } \alpha_0 = \frac{p_{01}}{p_{02}}, \qquad [3a]$$

der im allgemeinen eine Funktion der Konzentration und der Temperatur ist, ergibt sich

$$\frac{x_1''}{x_2''} = \alpha \frac{x_1'}{x_2'}. \qquad [4a]$$

α_0 nennt man das *Dampfdruckverhältnis*.

Gl. [4a] ist die rationellste und am leichtesten im Gedächtnis haftende Form der mathematischen Darstellung der Gleichgewichtsbeziehung. Eine andere, häufig benutzte Form ist

$$x_1'' = \frac{x_1' \alpha}{1 + x_1' (\alpha - 1)}. \qquad [4b]$$

α_0 kann häufig*) mit Hilfe der Gleichung von CLAUSIUS-CLAPEYRON für die Dampfdrucke p_{01} und p_{02} und einer TROUTONschen Konstante von 20,5 cal/Mol · °K aus den Siedepunkten T_1 und T_2 der Stoffe 1 und 2 abgeschätzt werden, vgl. (42, 123) und nebenstehende Tab. 1; Nomogramm bei (171).

$$\log \alpha_0 = 8,9 \frac{T_2 - T_1}{T_2 + T_1}.$$

Tab. 1. Werte für α_0 zweier Stoffe mit Siedepunkten um 100 °C, also $T_2 + T_1$ = 746 °K.

$T_2 - T_1$ °C	α_0
0,5	1,013
1	1,027
2	1,055
5	1,15
10	1,31
50	3,93

Die Konzentrationsdifferenz Δx, die uns zu Beginn dieses Kapitels interessierte, kann aus Gl. [4] berechnet werden:

$$\Delta x_1 = (\alpha - 1) x_1' x_2'' = - \Delta x_2. \qquad [4c]$$

Δx ist eine Funktion der Konzentrationen; an beiden Enden des Konzentrationsbereiches geht $\Delta x \to 0$ für $x_1 \to 0$ oder $x_2 \to 0$. Außerdem ist Δx eine Funktion des Trennfaktors, und zwar von $(\alpha - 1)$, der Differenz des Trennfaktors gegen 1. Mit Ausnahme des Falles, daß α über den gesamten Konzentrationsbereich gleich 1 ist, nennt man ein Gemisch, für das bei einer singulären Konzentration $\alpha = 1$ ist, ein *azeotropes Gemisch*. Für ein solches Gemisch sind also die Konzentrationen in Dampf und Flüssigkeit identisch,

---

*) Das heißt für unpolare und schwach polare Substanzen.

eine Trennung dieses Gemischs durch Destillation ist unmöglich. Je mehr aber α von 1 verschieden ist, desto größer wird Δx, um so wirkungsvoller ist die Destillation als Trennmethode.

Die Aufgabenstellung für die extraktive und azeotrope Destillation kann nun genauer definiert werden: Vergrößerung der Konzentrationsdifferenz Δx durch Zusatz einer dritten Komponente, die die Aktivitätskoeffizienten γ_1 und γ_2 der beiden zu trennenden Komponenten in der flüssigen Phase so beeinflußt, daß der nach Zusatz resultierende Trennfaktor α_z größer ist als α für das binäre Gemisch aus Stoff 1 und 2.

Nun kann es vorkommen, daß ein Trennfaktor α für das binäre Gemisch aus Stoff 1 und 2 größer als 1 ist, daß aber α_z kleiner als 1 ist. Die genauere Formulierung des Zieles der extraktiven oder azeotropen Destillation ist also

$$|\log \alpha_z| > |\log \alpha|; \quad \alpha_z \neq 1. \qquad [5]$$

Wenn z. B. $\alpha = 2$ ist und $\alpha_z = 0{,}5$, so hat man nichts gewonnen; wenn aber $\alpha_z = 0{,}3$ ist, so bietet die Verwendung der Zusatzkomponente einen Vorteil Die Ungleichung $\alpha_z \neq 1$ deutet an, daß Art und Menge des Zusatzes so beschaffen sein sollen, daß für *alle* Verhältnisse x_1/x_2 keine azeotrope Mischung aus Stoff 1 und 2 gebildet wird.

Die Zugabe einer dritten Komponente führt zu einem *ternären* Gemisch; α_z ist der Trennfaktor für Stoff 1 und 2 im ternären Gemisch. Die thermodynamische Behandlung ternärer Mischungen und die Theorie der Destillation und Rektifikation ternärer Gemische sind kompliziert. Für unsere Zwecke genügt jedoch schon eine vereinfachte Betrachtungsweise, bei der man sich mit der Diskussion der drei binären Systeme 1–2, 1–3 und 2–3 begnügt. Dieses Vorgehen wird außerdem dadurch gerechtfertigt, daß es das erklärte Ziel der extraktiven und azeotropen Destillation ist, am Kopf der Kolonne nacheinander die binären Gemische 1–3 und 2–3 zu gewinnen, wobei die Reihenfolge auch umgekehrt sein kann. Es soll nach Möglichkeit kein ternäres Azeotrop gebildet werden. Aus den binären Gemischen wird dann die Komponente 3 durch ein geeignetes Verfahren entfernt, so daß die Stoffe 1 und 2 in reiner Form anfallen.

Für ternäre Mischungen schreibt man in Analogie zu den Gl. [11] und [12]

$$p_1 = p_{01}\,\gamma_1\,x_1', \qquad [6\,\mathrm{a}]$$
$$p_2 = p_{02}\,\gamma_2\,x_2', \qquad [6\,\mathrm{b}]$$
$$p_3 = p_{03}\,\gamma_3\,x_3'; \qquad [6\,\mathrm{c}]$$

sowie

$$p_1 = P\,x_1'', \qquad [7\,\mathrm{a}]$$
$$p_2 = P\,x_2'', \qquad [7\,\mathrm{b}]$$
$$p_3 = P\,x_3''. \qquad [7\,\mathrm{c}]$$

Es muß also gelten

$$x_1'' P = p_{01} \gamma_1 x_1',$$
$$x_2'' P = p_{02} \gamma_2 x_2',$$
$$x_3'' P = p_{03} \gamma_3 x_3'.$$

Durch Division je zweier Gleichungen erhält man die drei „ternären" Trennfaktoren

$$\frac{x_1''}{x_2''} = \frac{p_{01} \gamma_1}{p_{02} \gamma_2} \cdot \frac{x_1'}{x_2'}; \quad \alpha_{12} = \frac{p_{01} \gamma_1}{p_{02} \gamma_2} = \alpha_z. \quad [8\,\text{a}]$$

$$\frac{x_1''}{x_3''} = \frac{p_{01} \gamma_1}{p_{03} \gamma_3} \cdot \frac{x_1'}{x_3'}; \quad \alpha_{13} = \frac{p_{01} \gamma_1}{p_{03} \gamma_3}. \quad [8\,\text{b}]$$

$$\frac{x_2''}{x_3''} = \frac{p_{02} \gamma_2}{p_{03} \gamma_3} \cdot \frac{x_2'}{x_3'}; \quad \alpha_{23} = \frac{p_{02} \gamma_2}{p_{03} \gamma_3}. \quad [8\,\text{c}]$$

Die Gl. [6], [7] und [8] beziehen sich auf das ternäre System 1–2–3; die α_{12}, α_{13} und α_{23} sind Trennfaktoren im Ternären, für die noch gilt

$$\alpha_{12} = \frac{\alpha_{13}}{\alpha_{23}}.$$

Die γ_1 und γ_2 sind Aktivitätskoeffizienten der ternären flüssigen Mischung. Ihr Verhältnis γ_1/γ_2 soll durch Zusatz des dritten Stoffes so verändert werden, daß Gl. [5] erfüllt wird, also

$$\left| \log \alpha_0 \frac{\gamma_1}{\gamma_2} \right|_{\text{ternär}} > \left| \log \alpha_0 \frac{\gamma_1}{\gamma_2} \right|_{\text{binär}}.$$

Diese Gleichung läßt sich für konstante Temperatur exakt (und für konstanten Druck bei wenig temperaturabhängigem α_0 annähernd) vereinfachen zu

$$\left| \log \frac{\gamma_1}{\gamma_2} \right|_{\text{ternär}} > \left| \log \frac{\gamma_1}{\gamma_2} \right|_{\text{binär}}. \quad [9]$$

Das Problem der *Auswahl geeigneter Zusatzstoffe* läßt sich also zurückführen auf das Problem der *Berechnung oder Messung der Aktivitätskoeffizienten ternärer flüssiger Mischungen*, vgl. COLBURN (168).

Dieses Problem ist sowohl meßtechnisch als auch formal-mathematisch recht kompliziert. Für den Zweck dieses Buches genügt aber eine qualitative Diskussion, wobei man sich die ternäre Mischung 1–2–3 als aus den beiden binären Systemen 1–3 und 2–3 aufgebaut denkt. Durch eine Diskussion des thermodynamischen Verhaltens der Systeme 1–3 und 2–3 versucht man, dann, Rückschlüsse auf das Verhalten des ternären Systems 1–2–3 zu ziehen oder anders ausgedrückt, Auskunft über die Wirkung der Zusatzkomponente zu erhalten.

Die thermodynamisch exakte Diskussion ternärer Systeme geht von der freien Zusatzenthalpie aus, vgl. WOHL (1), HAASE (56) und KORTÜM/BUCHHOLZ-MEISENHEIMER (6).

Die Konzentrationsverhältnisse in ternären Mischungen stellt man am einfachsten im gleichseitigen GIBBSschen Dreieck dar, vgl. Abb. 1. Die Spitzen des Dreiecks entsprechen je einer reinen Komponente 1, 2 oder 3. Auf der Seite 1-2 ist $x_3 = 0$; parallele Schnitte zu dieser Seite 1-2 entsprechen

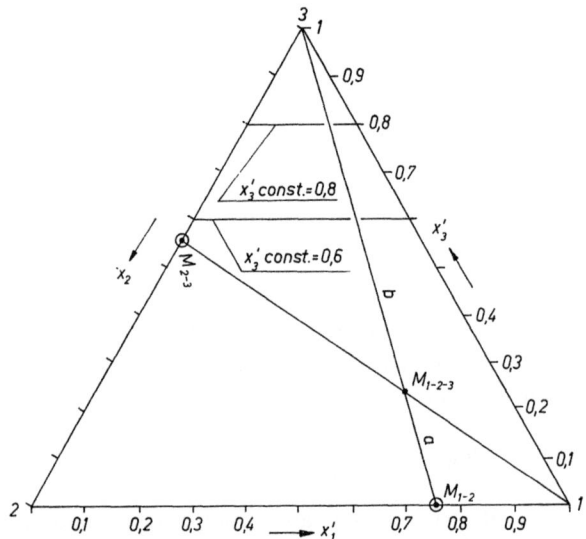

Abb. 1. Darstellung der Konzentrationen ternärer Gemische im Dreiecksdiagramm (GIBBSsches Dreieck. Erläuterungen im Text).

ternären Mischungen mit jeweils konstanter Konzentration x_3. Für jeden Punkt im Dreiecksdiagramm gilt $x_1 + x_2 + x_3 = 1$.

Wenn man eine vorgegebene Mischung M_{1-2} durch Zusatz von Stoff 3 in eine ternäre Mischung überführen will, so liegen alle Konzentrationen derartiger ternärer Mischungen auf der Linie von M_{1-2} nach der Spitze 3, das Verhältnis x_1/x_2 bleibt dasselbe. Will man eine ganz bestimmte Mischung M_{1-2-3} erhalten, so muß man die molare Menge des Zusatzes n_3 im Verhältnis zur molaren Menge n_{1-2} der Mischung M_{1-2} so wählen, daß

$$\frac{n_3}{n_{1-2}} = \frac{a}{b}$$

ist (Hebelgesetz). Die so entstandene Mischung M_{1-2-3} wird durch eine geeignete Destillation in eine binäre Mischung M_{2-3} und reinen Stoff 1 ,,zerlegt"; dieser Vorgang wird durch die Linie $M_{2-3} - M_{1-2-3} - 1$ veranschaulicht.

Auf den folgenden Seiten wird versucht, in kurzer Form die im Zusammenhang mit extraktiver und azeotroper Destillation wichtigsten Erkenntnisse der Thermodynamik binärer, flüssiger Mischungen zu behandeln, um daraus Regeln für die Wahl und Konzentration geeigneter Zusatzkomponenten abzuleiten.

2. Mischphasenthermodynamik und Azeotropie

a) Wichtige, allgemeine Gesetzmäßigkeiten

Dieses Kapitel soll zur Erläuterung der Zusammenhänge zwischen der Konzentrations- und Temperaturabhängigkeit der Aktivitätskoeffizienten und der Lage des azeotropen Punktes dienen; es soll die Frage beantworten, unter welchen Umständen ein Azeotrop auftritt.

Die Aktivitätskoeffizienten waren schon auf S. 2 als Korrekturfaktoren eingeführt worden, um das für *ideale Mischungen* geltende RAOULTsche Gesetz $p_i = p_{0i} x_i'$ in seiner Form auch für *nichtideale Mischungen* beizubehalten. Für binäre ideale Mischungen lauten die thermodynamischen Funktionen bei $T = $ const

$$p_1 = p_{01} x_1'; \quad p_2 = p_{02} x_2'. \quad [10\text{a}]$$

$\Delta \overline{H}_{id} = 0,$ mittl. molare Mischungsenthalpie, [10b]

$\Delta \overline{S}_{id} = -R(x_1' \ln x_1' + x_2' \ln x_2')$, mittl. molare Mischungsentropie, [10c]

$\Delta \overline{G}_{id} = RT(x_1' \ln x_1' + x_2' \ln x_2')$, mittl. molare, freie Mischungsenthalpie, [10d]

$\Delta \mu_{1id} = RT \ln x_1'; \Delta \mu_{2id} = RT \ln x_2'$, Änderung des chemischen Potentials beim Mischen. [10e]

Die zentrale Funktion für die Beschreibung der Eigenschaften einer Mischung ist $\Delta \overline{G}$*) *bzw.* $\Delta \overline{G}^E$. Bei Abweichungen vom idealen Verhalten ist es zweckmäßig, die Differenzen

$$\Delta \overline{G}^E = \Delta \overline{G} - \Delta \overline{G}_{id}, \quad [11\text{a}]$$

$$\Delta \overline{S}^E = \Delta \overline{S} - \Delta \overline{S}_{id} \quad [11\text{b}]$$

---

*) $\Delta \overline{G} = \overline{G}_{\text{Mischung}} - x_1 \overline{G}_{01} - x_2 \overline{G}_{02}$; $\overline{G}_{01}, \overline{G}_{02}$ sind die molaren freien Enthalpien der reinen Komponenten. ΔH und ΔS sind analog definiert.

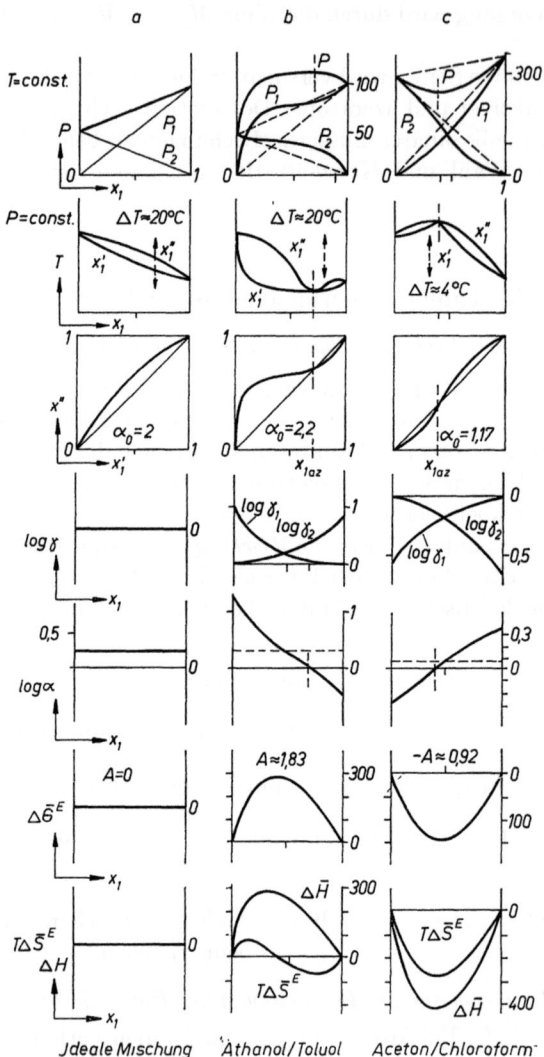

Abb. 2. Partialdrucke, Siedediagramm, Gleichgewichtskurve und verschiedene thermodynamische Funktionen für a) ideale Mischung, b) nichtideale Mischung mit positiven Abweichungen vom RAOULTschen Gesetz und c) negativen Abweichungen vom RAOULTschen Gesetz.

Die drei obersten Diagramme stellen die *Totaldrucke P und Partialdrucke* p_i dar bei $T = $ const: Isothermes Partialdruck-Diagramm. $\alpha_0 = p_{01}/p_{02}$. In b) zu betrachten, da die idealen Mischungsfunktionen nach [10d] und [10c] bekannt sind. Die zusätzliche freie Enthalpie $\Delta \overline{G}^E$ (E von excess free enthalpy) ist eng verknüpft mit den Aktivitätskoeffizienten, die man einführen muß, um die Form des RAOULTschen Gesetzes auch bei nichtidealem

---

Fortsetzung der Legende zu Abb. 2.

und c) sind die RAOULTschen Geraden strichliert. Die Zahlenangaben am rechten Rand bedeuten mm Hg. Am azeotropen Punkt ist $(dP/dx_1)_T = 0$.

Darunter folgen die drei *isobaren Siedediagramme*. $x_1' = f'(T)$ ist die Flüssigkeitslinie oder Siedekurve, $x_1'' = f''(T)$ ist die Dampflinie oder Taupunktkurve. Der Temperaturmaßstab ist durch Pfeile angedeutet. Horizontale Schnitte der beiden Kurven liefern die Zusammensetzungen der koexistenten Dampf- und Flüssigkeitsphase. Am azeotropen Punkt ist $(dT/dx_1')_P = 0$.

Die dritte Zeile von oben gibt die *Gleichgewichtskurven* wieder für $T = $ const oder $P = $ const $x_1'' = f(x_1')$. Das isotherme und isobare Gleichgewichtsdiagramm unterscheiden sich kaum, wenn für beide der Druck- und Temperaturbereich in etwa übereinstimmen.

Nun folgt die Darstellung der isothermen Konzentrationsabhängigkeit der $\log \gamma$; der Maßstab ist am rechten Rande angedeutet.

Die fünfte Reihe bringt $\log \alpha$ als Funktion von x_1' : $\log \alpha = \log \alpha_0 + \log \gamma_1/\gamma_2$; $T = $ const. Der Wert $\log \alpha_0$ ist gestrichelt eingezeichnet. Die Zahlenwerte am rechten Rand deuten den Maßstab an.

Schließlich folgt die Diagrammreihe mit $\Delta \overline{G}^E = f(x_1)$, $T = $ const. Der angegebene A-Wert wurde berechnet nach $A = 4 \Delta \overline{G}^E_{max}/RT$, vgl. Gl. [19b].

Als letzte thermodynamische Funktionen werden $\Delta \overline{H}$ und $T \cdot \Delta \overline{S}^E$ abgebildet. Man beachte, wie unsymmetrisch diese beiden Funktionen im Fall b) verlaufen, und wie symmetrisch $\Delta \overline{G}^E$ ist. Dies ist eine Rechtfertigung für den einfachen, symmetrischen Ansatz nach Gl. [19b]. Die Angaben in Zeile 6 und 7 sind cal/Mol.

Fall a) ist eine *ideale Mischung* mit $\alpha_0 = 2$. Es ist unwahrscheinlich, daß es ein System gibt, das bei derart großem Unterschied der Dampfdrucke ideal ist. Isomere und Isotope werden noch am ehesten ideale Systeme bilden.

Pseudoideal nennt man Systeme, wo zwar $\Delta H \neq 0$ und $T \cdot \Delta \overline{S}^E \neq 0$ ist, aber $\Delta \overline{G}^E = 0$, was natürlich nur möglich ist, wenn für alle x_1' gilt $\Delta \overline{H} = T \cdot \Delta \overline{S}^E$. *n-Heptan/Methylzyklohexan* und *n-Dekan/trans-Dekalin* sind derartige pseudoideale Systeme, für sie ist $\alpha = \alpha_0$.

Der Fall b) stellt das System *Äthanol/Toluol* bei 35° C bzw. bei rund 100 mm Hg dar, nach Daten aus (31).

Fall c) gibt einen Überblick über das System *Azeton/Chloroform* bei 35° C bzw. bei rund 300 mm Hg, nach Daten aus (70).

Verhalten beizubehalten

$$p_1 = p_{01}\gamma_1 x_1', \quad [1\,a]$$
$$p_2 = p_{02}\gamma_2 x_2', \quad [1\,b]$$
$$\Delta \overline{G}^E = RT(x_1' \ln \gamma_1 + x_2' \ln \gamma_2). \quad [12]$$

$$\alpha = \frac{p_{01}\gamma_1}{p_{02}\gamma_2} = \alpha_0 \frac{\gamma_1}{\gamma_2}, \quad [3]$$

Die Aktivitätskoeffizienten sind hierbei so normiert, daß $\gamma_i = 1$ wird für $x_i' = 1$; als Bezugszustand dient jeweils die reine flüssige Komponente. Gemäß bekannten thermodynamischen Gesetzen ist [vgl. (6, 56)]

$$\Delta \overline{G}^E = \Delta \overline{H} - T \cdot \Delta \overline{S}^E = x_1' \Delta \mu_1^E + x_2' \Delta \mu_2^E, \quad [13]$$

$$\Delta \overline{S}^E = -\left(\frac{\partial \Delta \overline{G}^E}{\partial T}\right)_{x_i'}, \quad [14]$$

$$\frac{\partial}{\partial T}\left(\frac{\Delta \overline{G}^E}{T}\right)_{x_i'} = -\frac{\Delta \overline{H}}{T^2}, \quad [15]$$

$$\Delta \overline{H} = x_1' \Delta h_1 + x_2' \Delta h_2, \quad [16]$$

$$\left(\frac{\partial \ln \gamma_i}{\partial T}\right)_{x_i'} = -\frac{\Delta h_i}{RT^2}. \quad [17]$$

$\Delta \mu_1^E$ und $\Delta \mu_2^E$ sind die zusätzlichen, chemischen Potentiale, Δh_1 und Δh_2 sind die partiellen molaren Mischungsenthalpien. Es hat sich eingebürgert, die nichtidealen Mischungen in zwei Typen einzuteilen, nämlich in

1. solche mit *positiven Abweichungen vom RAOULTschen Gesetz*, $\gamma_i \geq 1$, s. Abb. 2b und

2. solche mit *negativen Abweichungen vom RAOULTschen Gesetz*, $\gamma_i \leq 1$, s. Abb. 2c.

Die Thermodynamik liefert eine Beziehung, um γ_i bei bekannter Konzentrationsabhängigkeit von $\Delta \overline{G}^E$ zu berechnen; vgl. HAASE (56):

$$RT \ln \gamma_1 = \Delta \overline{G}^E + x_2\left(\frac{\partial \Delta \overline{G}^E}{\partial x_1}\right)_T = \Delta \mu_1^E, \quad [18\,a]$$

$$RT \ln \gamma_2 = \Delta \overline{G}^E - x_1\left(\frac{\partial \Delta \overline{G}^E}{\partial x_1}\right)_T = \Delta \mu_2^E. \quad [18\,b]$$

Die beiden Gleichungen gelten natürlich nur für binäre Mischungen. Verschiedene theoretische Überlegungen [z. B. die Theorie der regulären

Mischungen*)] ergeben als einfachsten mathematischen Ausdruck für die Konzentrationsabhängigkeit von $\Delta \overline{G}^E$ (binäre Mischung)

$$\Delta \overline{G}^E = \text{const} \cdot x_1 x_2 = \text{const} \cdot (x_1 - x_1^2) \ . \qquad [19\,\text{a}]$$

Im Rahmen dieses Büchleins soll [19 a] als genügend genaue Aussage verwendet werden, wobei man sich aber darüber klar sein muß, daß der symmetrische, parabolische Ansatz [19 a] heuristisch ist. HAASE (9) diskutiert die Funktion $\Delta \overline{G}^E = f(x_1)$ ausführlich und gewinnt an Hand bekannten, experimentellen Materials folgende Regeln (die Komponenten der Mischungen werden nach ihrer „Polarität" eingeteilt, s. S. 35):

Mischungstyp 1, unpolar/unpolar.
 Gl. [19 a] wird annähernd oder genau befolgt.

Mischungstyp 2, polar/unpolar.
 Gl. [19 a] wird nur noch annähernd erfüllt. Das Maximum der Funktion ΔG^E wird nach der Seite kleiner Konzentrationen der polaren Komponente verschoben.

Mischungstyp 3, polar/polar.
 Gl. [19 a] wird nur noch annähernd erfüllt, teilweise schlechter als bei Typ 2.

Diese Regeln wurden gewonnen an den Systemen:

Typ 1, unpolar/unpolar
 Benzol/Schwefelkohlenstoff
 Benzol/Zyklohexan
 Benzol/Tetrachlorkohlenstoff
 Zyklohexan/Tetrachlorkohlenstoff
 Hexan/Hexadekan
 Heptan/Hexadekan
 Trimethylpentan/Hexadekan

Typ 2, polar/unpolar
 Chloroform/Schwefelkohlenstoff
 Methanol/Benzol
 Methanol/Zyklohexan
 Methanol/Tetrachlorkohlenstoff
 Äthanol/Isooktan
 Äthanol/Toluol
 Äthanol/Methylzyklohexan

Typ 3, polar/polar
 Wasser/Methanol
 Chloroform/Aceton
 Chloroform/Äthanol.

Obwohl die Funktionen $\Delta \overline{H}$ und $T \cdot \Delta \overline{S}^E$ oft sehr „unsymmetrisch" verlaufen (vgl. Gl. [13]) und Abb. 2 b, 5 c), gehorcht $\Delta \overline{G}^E$ mit einiger Genauig-

---

*) Mit der Annahme einer idealen Mischungsentropie leitet man als sogenannte nullte Näherung der regulären Mischung ab, daß $\Delta \overline{H} \sim x_1 x_2$ ist. Dann ist auch $\Delta \overline{G}^E \sim x_1 x_2$. Vgl. hierzu (165) und (164) sowie (56). — Zur Abkürzung wird $x_i' = x_i$ gesetzt.

keit dem symmetrischen Ansatz [19a], weshalb dieser Ansatz im Rahmen unserer Diskussion verwendet werden soll, und zwar in der Form

$$\frac{\Delta \overline{G}^E}{RT} = A\, x_1 x_2 = A\, (x_1 - x_1^2), \qquad [19\,\mathrm{b}]$$

wobei A eine temperaturabhängige Konstante ist (PORTERscher Ansatz). Durch Hinzufügung von Gliedern einer Potenzreihe kann man diesen symmetrischen Ansatz in einen „unsymmetrischen" verwandeln, z. B.

$$\Delta \overline{G}^E = RT \cdot A \cdot x_1 x_2 (a_0 + a_1 x_1 + a_2 x_1^2 + \cdots).$$

Die Gl. [18] liefern mit dem Ansatz [19b]

$$\ln \gamma_1 = A\, x_2^2 = A\, (1 - x_1)^2, \qquad [20\,\mathrm{a}]$$

$$\ln \gamma_2 = A\, x_1^2. \qquad [20\,\mathrm{b}]$$

Tab. 2a und 2b geben eine numerische Auswertung der Gl. [19b] und [20a], wobei der A-Wert als Parameter dient.

Tabelle 2a

Werte für die Funktion $A\, x_1 x_2$

x_1	$x_1 x_2$	A-Werte			
		0,5	1	1,5	2
0	0	0	0	0	0
0,1	0,09	0,045	0,09	0,135	0,18
0,2	0,16	0,080	0,16	0,240	0,32
0,3	0,21	0,105	0,21	0,315	0,42
0,4	0,24	0,120	0,24	0,360	0,48
0,5	0,25	0,125	0,25	0,375	0,50
0,6	0,24	0,120	0,24	0,360	0,48
0,7	0,21	0,105	0,21	0,315	0,42
0,8	0,16	0,080	0,16	0,240	0,32
0,9	0,09	0,045	0,09	0,135	0,18
1	0	0	0	0	0

Tabelle 2b

Werte für γ_1; gemäß $\ln \gamma_1 = A\, (1 - x_1)^2$, nach (7). Vgl. Abb. 2b

A-Werte	Molenbruch x_1					
	0	0,10	0,50	0,80	0,90	0,99
0,69	2	1,75	1,19	1,03	1,007	1,000 07
1,60	5	3,67	1,50	1,07	1,016	1,000 16
2,30	10	6,45	1,78	1,10	1,023	1,000 23
3,91	50	23,8	2,66	1,17	1,040	1,000 40

Zwischen dem A-Wert und dem maximalen $\Delta \overline{G}^E$-Wert besteht der Zusammenhang

$$A = 4 \cdot \Delta \overline{G}^E_{\max}/RT.$$

Der Anhang zu Teil I enthält tabellierte A bzw. $\Delta \overline{G}^E_{\max}$-Werte, s. S. 87.

Zur Berechnung des Trennfaktors benötigt man das Verhältnis der Aktivitätskoeffizienten; Gl. [18] oder [19b] liefert

$$\ln \frac{\gamma_1}{\gamma_2} = \frac{1}{RT} \left(\frac{\partial \Delta \overline{G}^E}{\partial x_1} \right)_T; \text{ allgemein.} \qquad [21]$$

$$\ln \frac{\gamma_1}{\gamma_2} = A (1 - 2 x_1); \text{ speziell nach Gl. [19b].} \qquad [22]$$

Der Trennfaktor ist also (wegen γ_1/γ_2) mit der Neigung der Kurve $\Delta \overline{G}^E = f(x_1)$ verbunden.

$$\ln \alpha = \ln \frac{\gamma_1}{\gamma_2} + \ln \alpha_0. \qquad [3b]$$

Einsetzen von [21] und [22] in [3b] ergibt

$$\ln \alpha = \frac{1}{RT} \left(\frac{\partial \Delta \overline{G}^E}{\partial x_1} \right)_T + \ln \alpha_0; \text{ allgemein.} \qquad [23]$$

$$\ln \alpha = A (1-2x_1) + \ln \alpha_0; \quad \text{speziell nach Gl. [19b].} \qquad [24]$$

Wie schon früher erwähnt, ist ein azeotropes Gemisch dadurch charakterisiert, daß $\alpha = 1$ bzw. $\ln \alpha = 0$ ist, s. S. 3. Dies liefert bei Einsetzen in [23] und [24] als Bedingungsgleichungen für ein Azeotrop

$$-\frac{1}{RT} \left(\frac{\partial \Delta \overline{G}^E}{\partial x_1} \right)_{az} = \ln \alpha_0; \text{ allgemein.} \qquad [25a]$$

$$A (2x_{1az} - 1) = \ln \alpha_0; \quad \text{speziell nach Gl. [19b].} \qquad [25b]$$

x_{1az} ist der Molenbruch des Stoffes 1 im azeotropen Gemisch. Auflösung von [25b] nach x_{1az} ergibt (log bedeutet den dekadischen Logarithmus)

$$x_{1az} = \frac{1}{2} + \frac{2{,}3}{2A} \log \alpha_0. \qquad [25c]$$

Die Werte für x_{1az} können innerhalb des Bereiches $0 \leq x_{1az} \leq 1$ liegen. Falls nach [25c] Werte außerhalb dieses Bereiches erhalten werden, bedeutet dies, daß kein Azeotrop auftritt (Gültigkeit von [19b] vorausgesetzt). Soll ein Azeotrop auftreten, so muß gelten

$$0 \leq \left| \frac{2{,}3}{A} \log \alpha_0 \right| \leq 1. \qquad [26a]$$

Der Wert A stellt ein Maß für die Abweichung des betr. binären Systems vom „idealen Mischungsverhalten" dar, für das $\Delta \overline{G}^E = 0$ bzw. $A = 0$ ist. Positive A-Werte entsprechen positiven Abweichungen vom RAOULTschen Gesetz, negative A-Werte entsprechen negativen Abweichungen vom RAOULTschen Gesetz. Wenn also

$$\left| \log \frac{p_{01}}{p_{02}} \right| \leq \left| \frac{A}{2,3} \right| \qquad [26\,\mathrm{b}]$$

erfüllt wird und A positiv ist, so liegt ein Minimumazeotrop (Maximumdampfdruck, Minimumsiedepunkt) vor, vgl. Abb. 2b. Wenn [26b] erfüllt wird und A negativ ist, so beobachtet man ein Maximumazeotrop (Minimumdampfdruck, Maximumsiedepunkt), vgl. Abb. 2c.

Gl. [25b] kann zur Berechnung des A-Wertes benutzt werden

$$A = \frac{\ln \dfrac{p_{01}}{p_{02}}}{2\,x_{1az} - 1}, \qquad [25\,\mathrm{d}]$$

wenn Werte für x_{1az} und t_{az} vorliegen. Für p_{01} und p_{02} muß man die zur Temperatur t_{az} gehörigen Dampfdrucke der reinen Stoffe einsetzen, vgl. (48, 49, 50).

Durch Kombination von Gl. [1] und [2] erhält man im Fall eines Azeotrops (also $x_1' = x_1''$ und $x_2' = x_2''$)

$$P_{az} = p_{01}\,\gamma_{1az} = p_{02}\,\gamma_{2az};$$

daraus

$$\frac{P_{az}}{p_{01}} = \gamma_{1az}, \quad \frac{P_{az}}{p_{02}} = \gamma_{2az},$$

und durch Einsetzen von [20a] und [20b]

$$\ln \frac{P_{az}}{p_{01}} = A\,(1 - x_{1az})^2; \quad \ln \frac{P_{az}}{p_{02}} = A\,x_{1az}^2.$$

Subtraktion der beiden letzten Gleichungen führt zu [25d]; Division liefert dagegen

$$\frac{\ln P_{az}/p_{01}}{\ln P_{az}/p_{02}} = \left(\frac{1 - x_{1az}}{x_{1az}} \right)^2,$$

oder

$$x_{1az} = \left(\sqrt{\frac{\ln P_{az}/p_{01}}{\ln P_{az}/p_{02}}} + 1 \right)^{-1}. \qquad [25\,\mathrm{e}]$$

Gl. [25e] gestattet die Berechnung von x_{1az}, wenn Meßwerte von P_{az} und t_{az} bekannt sind, wobei die Gültigkeit von [19b] vorausgesetzt wird. Vgl. hierzu KIREJEV (5).

Bei genügend großen, positiven Abweichungen vom RAOULTschen Gesetz tritt Entmischung in zwei koexistente flüssige Phasen ein. Für eine stabile, nicht entmischende Phase (binäre Mischung) gilt allgemein

$$-\frac{1}{RT}\left(\frac{\partial^2 \Delta \overline{G}^E}{\partial x_1^2}\right)_T < \frac{1}{x_1 x_2}. \qquad [27]$$

Einsetzen von [19] in [27] liefert eine Bedingung für A

$$2A < \frac{1}{x_1 x_2}.$$

Der größte Wert für $1/x_1 x_2$ ist 4 für $x_1 = x_2 = 1/2$; also

$$A < 2. \qquad [28]$$

Gl. [28] gibt die obere Grenze des A-Wertes für eine homogene, binäre Mischung an. Bei rund 30° C entspricht dies gemäß Gl. [19] einem maximalen $\Delta \overline{G}^E$-Wert von rund 300 cal/Mol, bei 200° C sind es etwa 470 cal/Mol, wenn der Ansatz [19b] gilt. Die Abweichungen der Mischungen vom Ansatz [19b] machen sich bei der 2. Ableitung und den damit berechneten Formeln wie [28] besonders stark bemerkbar; daher wird [28] nur schlecht erfüllt.

Aus der gegenseitigen Löslichkeit zweier Flüssigkeiten läßt sich schon eine ungefähre Auskunft über den A-Wert gewinnen: 1) Praktisch unlöslich, $A > 100$; 2) teilweise mischbar $100 > A > 2$; 3) gerade mischbar, $A \approx 2$; 4) vollkommen mischbar, $A < 2$. Vgl. Abb. 25, S. 69.

In Abb. 2b und 2c waren reale Systeme dargestellt worden, deren Nichtidealität zur Azeotropbildung führt. Wenn die Dampfdruckunterschiede bzw. $\log p_{01}/p_{02}$ groß genug sind, dann wird selbst bei starker Nichtidealität, d. h. $A \approx 2$, kein Azeotrop gebildet. Als Beispiel diene das System Zyklohexan/Anilin bei 30° C, also gerade bei der Temperatur des oberen kritischen Entmischungspunkts, $A \approx 2$. Das Dampfdruckverhältnis ist rund 100; also $\log \alpha_0 = 2$. Einsetzen der Werte in Gl. [25] liefert $x_{1az} = 0{,}5 + 1{,}15 = 1{,}65$, d. h. es existiert kein Azeotrop.

In Abb. 3 ist schematisch dargestellt, wie bei konstanter Nichtidealität und variablem Dampfdruckverhältnis die Zusammenhänge zwischen $\log \alpha$, $\log \alpha_0$, Siedediagramm und Azeotropie sind. Gewählt wurde eine „Nichtidealität" von $A = 0{,}4$.

Abb. 3 ist sehr nützlich bei der Deutung verschiedener Erscheinungen der Azeotropie.

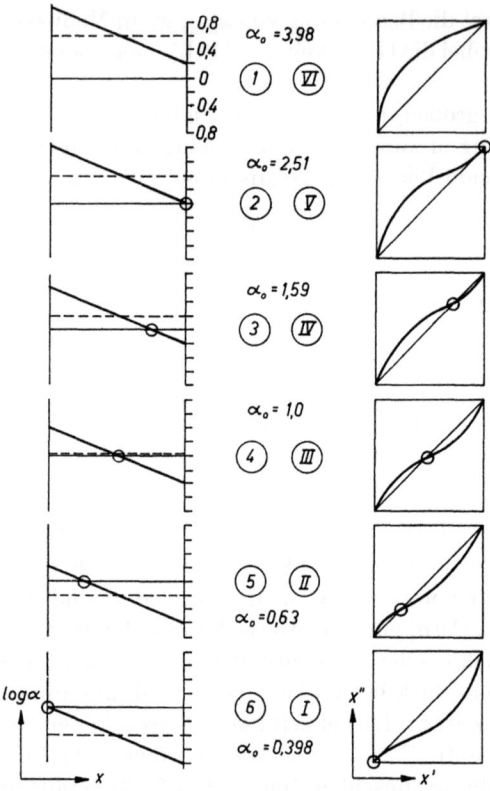

Abb. 3. Die linke Diagrammreihe zeigt $\log \alpha$ als Funktion von x_1'. Die jeweiligen Werte für α_0 sind rechts neben das Diagramm geschrieben. Der Wert $\log \alpha_0$ ist strichliert eingetragen; der A-Wert ist $+0{,}4$. Die rechte Diagrammreihe zeigt die zugehörigen Gleichgewichtskurven.

b) Beispiel: Temperaturabhängigkeit von x_{1az}

Man betrachte Abb. 3 in der Reihenfolge 3, 2, 1. Die drei Bilder sollen für das System aus Stoff 1 und Stoff 2 gelten; Stoff 1 habe den höheren Dampfdruck bzw. den niedrigeren Siedepunkt. Für die Temperaturabhängigkeit der Dampfdrucke gilt mit genügender Genauigkeit die CLAUSIUS-CLAPEYRONsche Beziehung

$$\frac{d\ln p_{01}}{dT} = \frac{\Delta H_{v1}}{RT^2}, \qquad \frac{d\ln p_{02}}{dT} = \frac{\Delta H_{v2}}{RT^2},$$

wobei ΔH_v die molare Verdampfungsenthalpie ist. Für die Temperaturabhängigkeit von $\alpha_0 = p_{01}/p_{02}$ erhält man demgemäß

$$\frac{d \ln \alpha_0}{dT} = \frac{\Delta H_{v1} - \Delta H_{v2}}{RT^2}.\qquad [29]$$

Im allgemeinen, d. h. für Stoffe des etwa gleichen molekularen Typs, hat der höhersiedende Stoff 2 die größere Verdampfungswärme, also $\Delta H_{v1} - \Delta H_{v2} < 0$ und

$$\frac{d \ln \alpha_0}{dT} < 0,$$

d. h. der Wert α_0 wird größer mit abnehmender Temperatur bzw. abnehmendem Druck. In der Reihenfolge 3, 2 und 1 der Abb. 3 sollen die Temperatur bzw. der Druck kleiner und α_0 gemäß [29] in der angeschriebenen Weise größer werden. Mit $A = 0{,}4 =$ const ergibt sich dann:

Temp.	x_{1az}
T_3	0,75
T_2	1,0
T_1	—

Bei T_2 ist das Azeotrop gerade noch vorhanden, bei T_1 ist es nicht mehr existent. In Abb. 4 ist x_{1az} dargestellt als Funktion von $1/T$ und T. Die Linearität mit $1/T$ ergibt sich wegen [29].

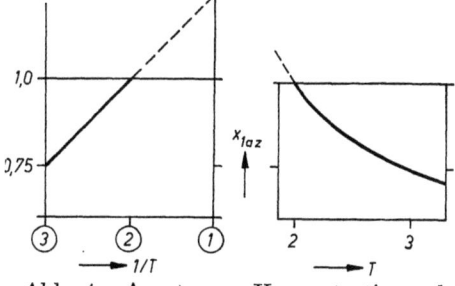

Abb. 4. Azeotrope Konzentration als Funktion der Temperatur, schematisch.

Der prominente Vertreter dieser Art Systeme ist Äthanol/Wasser*).
Die Differenz $\Delta H_{v1} - \Delta H_{v2}$ beträgt etwa $-0{,}7$ kcal/Mol bei 78° C. Die Werte für p_{01}, p_{02} (mm Hg), α_0 und A (ungefähr) sind:

°C	p_{01}	p_{02}	α_0	A
34,9	100	41,9	2,39	1,27
78,3	760	331,3	2,30	1,34

Der Effekt in α_0 ist allerdings nicht sehr groß (vgl. Abb. 5b) und wird ergänzt durch die Änderung von A mit der Temperatur: das System Äthanol/Wasser wird im betrachteten Temperaturbereich mit zunehmender Temperatur unidealer. Die beiden Effekte

$$\frac{d \ln \alpha_0}{dT} < 0 \quad \text{und} \quad \frac{dA}{dT} > 0$$

---

*) Stoff 1 ist immer der Erstgenannte und soll den höheren Dampfdruck besitzen.

wirken beide in derselben Richtung und verursachen, daß der azeotrope Punkt unterhalb von 30° verschwindet, vgl. Abb. 5a, 5b und 5c.

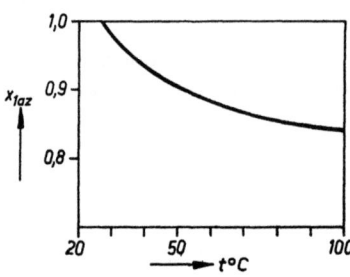

Abb. 5a. Azeotrope Konzentration des Systems *Äthanol/Wasser* als Funktion der Temperatur.

Im allgemeinen findet man aber, daß $d|A|/dT$ eher negativ als positiv ist, die Mischungen nähern sich mit steigender Temperatur der „Idealität". In diesem Fall wirken die Effekte

$$-\frac{d\ln\alpha_0}{dT} < 0 \quad \text{und} \quad \frac{dA}{dT} < 0$$

gegeneinander, der azeotrope Punkt kann bei abnehmender Temperatur in Richtung fallender x_{1az}-Werte wandern.

Ein allgemeiner Ausdruck für die Temperaturabhängigkeit der azeotropen Konzentration läßt sich leicht ermitteln. Man betrachte $\ln \alpha$ als Funktion von

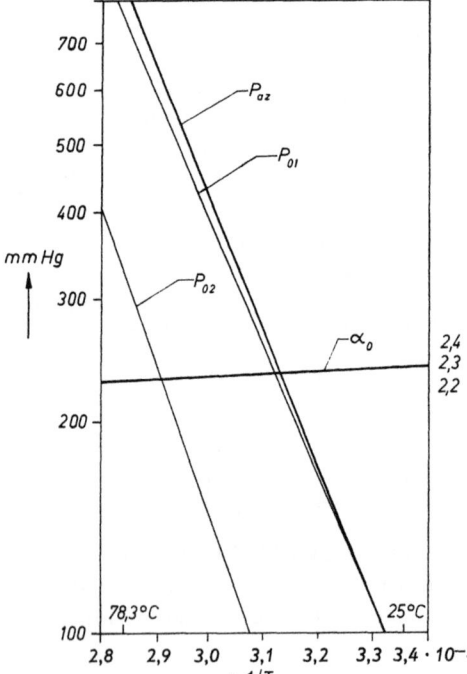

Abb. 5b. Dampfdruckkurven p_{01} (Äthanol), p_{02} (Wasser) und P_{az} (Azeotrop) sowie α_0 für das System *Äthanol/Wasser*; aufgetragen sind die Logarithmen gegen $1/T$. Die Gerade für P_{az} ist nur schematisch.

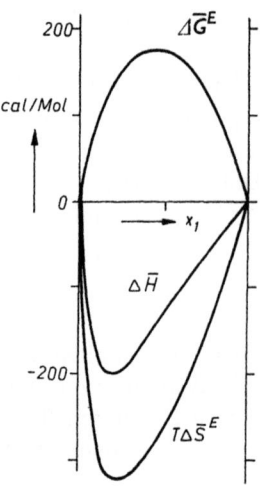

Abb. 5c. Thermodynamische Funktionen des Systems *Äthanol/Wasser* bei 25°C.

T und x_1

$$d\ln\alpha = \left(\frac{\partial \ln\alpha}{\partial T}\right)_{x_1} dT + \left(\frac{\partial \ln\alpha}{\partial x_1}\right)_T dx_1,$$

oder

$$\frac{d\ln\alpha}{dx_1} = \left(\frac{\partial \ln\alpha}{\partial T}\right)_{x_1} \cdot \frac{dT}{dx_1} + \left(\frac{\partial \ln\alpha}{\partial x_1}\right)_T.$$

Wenn man die Änderungen der Zustandsvariablen dT und dx_1 so vornimmt, daß $\ln\alpha = 0$ bleibt, so gilt

$$0 = \left(\frac{\partial \ln\alpha}{\partial T}\right)_{x_1} \cdot \left(\frac{dT}{dx_1}\right)_{az} + \left(\frac{\partial \ln\alpha}{\partial x_1}\right)_T,$$

oder

$$\frac{dx_{1az}}{dT} = -\left(\frac{\partial \ln\alpha}{\partial T}\right)_{x_1} \bigg/ \left(\frac{\partial \ln\alpha}{\partial x_1}\right)_T. \qquad [30]$$

Unter Verwendung von [3b], [17], [23a] und [29] findet man

$$\frac{dx_{1az}}{dT} = \frac{(\Delta H_{v2} - \Delta h_2) - (\Delta H_{v1} - \Delta h_1)}{T\left(\frac{\partial^2 \Delta \overline{G}^E}{\partial x_1^2}\right)_T}. \qquad [31]$$

Hierbei nennt man $(\Delta H_{vi} - \Delta h_i)$ die *partielle molare Verdampfungswärme*. Bei positiver Abweichung vom RAOULTschen Gesetz ist $\partial^2 \Delta \overline{G}^E/\partial x_1^2$ negativ, bei negativer Abweichung ist $\partial^2 \Delta \overline{G}^E/\partial x_1^2$ positiv. Dann läßt sich die Regel von WRESKY ableiten:

Bei positiver Abweichung vom RAOULTschen Gesetz nimmt bei Temperaturerhöhung im Azeotrop die Konzentration derjenigen Komponente zu, die die höhere partielle molare Verdampfungswärme besitzt. Bei negativer Abweichung vom RAOULTschen Gesetz nimmt bei Temperaturerhöhung im Azeotrop die Konzentration derjenigen Komponente zu, die die kleinere partielle molare Verdampfungswärme besitzt.

Diese Regel ist leider nur sehr allgemein und gestattet ohne Kenntnis von Meßdaten keine genauen Aussagen.

Als Beispiel für ein System mit positiven Abweichungen vom RAOULTschen Gesetz war die x_{1az}/T-Kurve für Äthanol/Wasser behandelt worden. Für ein System mit negativen Abweichungen gibt Abb. 6a ein

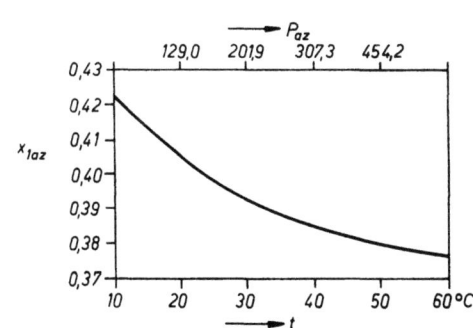

Abb. 6a. x_{1az} als Funktion der Temperatur für das System *Azeton/Chloroform*.

20 Mischphasenthermodynamik und Destillationsprobleme

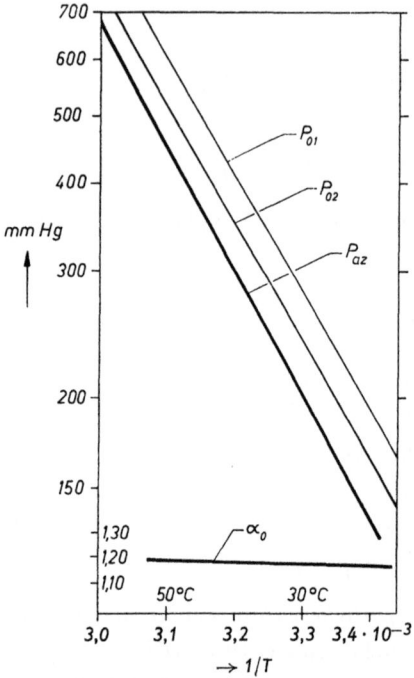

Abb. 6b. Dampfdruckkurven p_{01}, p_{02} und P_{az}, sowie α_0 für das System *Azeton/Chloroform*. Dargestellt sind die Logarithmen des Drucks und des Trennfaktors als Funktion von $1/T$.

Beispiel: Azeton/Chloroform, vgl. auch Abb. 2c. In Abb. 6b sind die Dampfdrucke p_{01}, p_{02} und P_{az} sowie α_0 dargestellt im $\log p - 1/T$-Diagramm. α_0 nimmt mit steigender Temperatur schwach zu; demnach muß $\Delta H_{v2} < \Delta H_{v1}$ sein, also hat Chloroform die kleinere Verdampfungswärme, Daten nach (70).

Die Gl. [30] und [31] lassen sich nicht in einfacher, unkomplizierter Weise auswerten. Zur Beschreibung der gemessenen, experimentellen Daten begnügt man sich daher mit empirischen Inter- bzw. Extrapolationsformeln; wie z. B. der Formeln von SKOLNIK (2)

$$\log x_{1az} = a - b t; a, b = \text{const}; t \text{ in } °C$$

z. B.: $a = 0{,}289$; $b = 0{,}00132$ für CH_3OH/C_6H_6 im Bereich von 25 bis 150° C, vgl. (6).

$$\log (d - t_{az}) = e - f (273{,}1 + t_s); d, e, f = \text{const.},$$

z. B. für die Azeotrope von Methylazetat mit Paraffin-Kohlenwasserstoffen: $d = 58{,}2°$ C; $e = 7{,}62$; $f = 0{,}02$; $t_s =$ Siedepunkt KW; $t_{az} =$ Siedepunkt Azeotrop in °C. Vgl. (150).

Andere Korrelationsmethoden für azeotrope Daten geben OTHMER (115), JOFFE (118), LECAT (19, 20), PRIGOGINE (21), NUTTING und HORSLEY (22), sowie COULSON und HERINGTON (198).

c) Beispiel: x_{0az} des Stoffes 0 in binären Gemischen mit Substanzen einer homologen Reihe oder einer bestimmten Stoffklasse

Die Diskussion geht wieder von Abb. 3 aus. Der Stoff 0 bildet mit verschiedenen Stoffen I bis VI einer homologen Reihe binäre Systeme mit positiver Abweichung vom RAOULTschen Gesetz; $A = 0{,}4$ für alle Systeme. Die Dampfdrucke der Substanzen einer homologen Reihe sind eine Funktion

der Gliederzahl
$$\log p_{0i} = -A\,n_i + B;\quad T = \text{const}.$$
Dasselbe gilt für das Dampfdruckverhältnis des Stoffes 0 zu den Stoffen der homologen Reihe
$$\log \alpha_{0i} = \log \frac{p_{00}}{p_{0i}} = A'\,n_i + B';\quad T = \text{const}.$$
Für das leichtest siedende Glied I soll das Dampfdruckverhältnis 0,398 und für das schwerst siedende Glied VI soll es 3,98 betragen. Alle Diagramme der Abb. 3 gelten für ein und dieselbe Temperatur, z. B. Siedetemperatur des Stoffes 0, aber jeweils verschiedenes System Stoff 0/Stoff i. Dann läßt sich sofort aus Abb. 3 ein Diagramm ableiten, in dem x_{0az} als Funktion der Gliedzahl n_i bzw. des Dampfdruckverhältnisses α_{0i} dargestellt ist für $T = \text{const}$, s. Abb. 7.

Mit den leichter siedenden Stoffen I und II bildet der Stoff 0 Azeotrope, die eine niedrige Konzentration x_0 aufweisen; mit den schwerer siedenden Stoffen V und VI werden Azeotrope gebildet, die viel von Stoff 0 enthalten. Wenn das Dampfdruckverhältnis zu sehr von 1 verschieden ist (über 2,51 oder unter 0,398 in diesem Beispiel), so tritt kein Azeotrop auf.

In der Praxis interessieren nicht so sehr isotherme Diagramme als

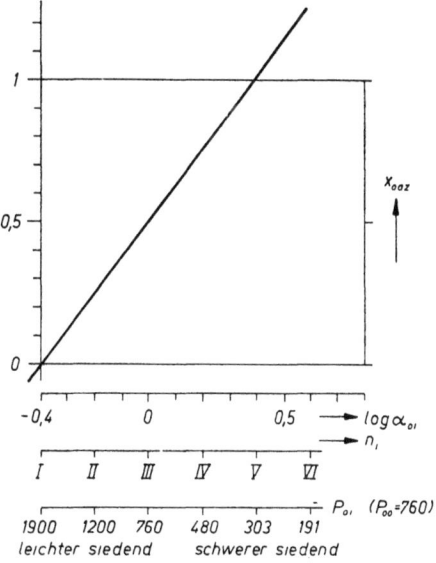

Abb. 7. Azeotrope Konzentration eines Stoffes O (x_{0az}) im Gemisch mit homologen Stoffen I bis VI als Funktion von α_{0i} und n_i (n_i = Gliederzahl der Homologen), $T = \text{const}$. Schematisch, vgl. Abb. 3.

isobare. Daher soll nun die Diagrammserie in Abb. 3 in einer weiteren Weise gedeutet werden, nämlich: alle Diagramme sind für ein und denselben Druck gezeichnet. Von Diagramm zu Diagramm variiert die Temperatur; ebenso variiert sie innerhalb eines Diagramms, wobei jeweils der azeotrope Punkt die niedrigste Siedetemperatur aufweist. Die α_{0i} stellen mittlere Werte über den jeweiligen Temperaturbereich dar, A ist gleich 0,4. Stoff I und II sind leichter-siedend, Stoff IV, V und VI sind schwerer-siedend als Stoff 0. Mit Hilfe von Abb. 3 und obigen Voraussetzungen sind in Abb. 8a die schematischen Siedediagramme konstruiert worden. Die Siedetemperaturen der

Stoffe I bis VI wurden aus Abb. 8b entnommen. Die Dampfdruckkurve des Stoffes III bzw. 0 wurde so konstruiert, daß $p_{00} = 760$ mm Hg bei 60° C und $p_{00} = 380$ mm bei 40° C ist; die übrigen Kurven verlaufen parallel zu der von Stoff III bzw. Stoff 0 unter Einhaltung des jeweiligen α_{0i}.

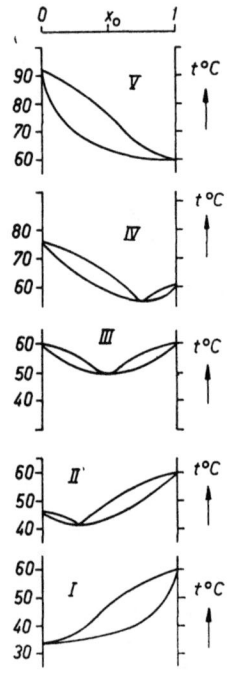
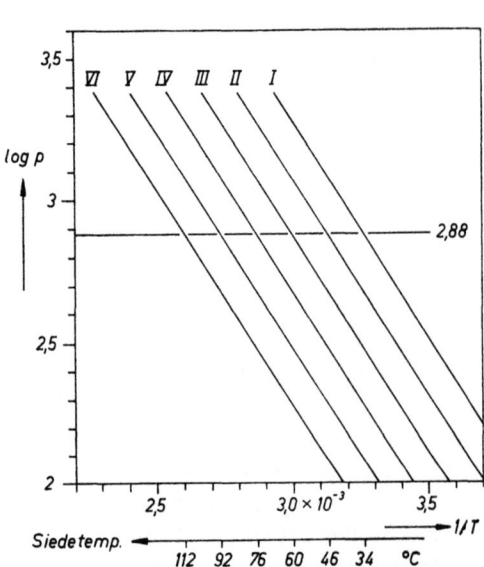

Abb. 8a. Siedediagramme, $P = 760$ mm Hg, des Stoffes O mit den Stoffen I bis V. Schematisch, vgl. Abb. 3.

Abb. 8b. Dampfdruckkurven im $\log p - 1/T$-Schaubild, vgl. Abb. 8a.

Aus den Siedediagrammen entnimmt man Wertepaare x_{0az} und t_{az}, die man in einem neuen Diagramm gegeneinander aufträgt, s. Abb. 9. Die azeotropen Temperaturen der Gemische des Stoffes 0 mit den Stoffen I bis V, die nicht unbedingt Homologe sein müssen, sind dort gegen die azeotrope Konzentration aufgetragen. Die gestrichelten Linien verbinden die Azeotrope mit den Siedepunkten der jeweiligen Stoffe. Mit Hilfe dieser Linien kann man leicht interpolieren. Wenn man z. B. die azeotropen Werte eines Stoffes X, der im wesentlichen eine ähnliche molekulare Struktur wie die Stoffe I bis V hat, im Gemisch mit Stoff 0 bei $P = 760$ mm Hg sucht, so muß man von seiner Siedetemperatur t_x eine Parallele zu den gestrichelten

Linien ziehen. Deren Schnittpunkt mit der „Azeotroplinie" liefert die gesuchten Werte: $t_x = 70°$ C; $t_{az} = 53°$ C; $x_{0az} = 0{,}65$.

Wenn t_x außerhalb des Bereichs 34° bis 92° liegt, dann bildet Stoff X kein Azeotrop mit Stoff 0. Die Neigung der „Azeotroplinie" ist verknüpft mit dem Wert A, der die Neigung der log α-Kurve im $\log \alpha - x_0$-Diagramm angibt. Je größer der A-Wert ist, um so größer ist die „Nichtidealität", um so steiler bzw. bauchiger verläuft die Azeotroplinie, um so größer ist der Temperaturbereich für t_{0az}, um so größer ist der Siedetemperaturbereich, innerhalb dessen die Stoffe der betrachteten Stoffklasse mit dem Stoff 0 ein Azeotrop bilden. Diesen Siedetemperaturbereich nennt man auch den „azeotropen Effekt"*) (in Abb. 9 z. B. 58° C). Die Azeotroplinie wurde im Vorangehenden durch ein graphisches Verfahren abgeleitet unter Verwendung des Ansatzes [19b]. SWIETOSLAWSKI

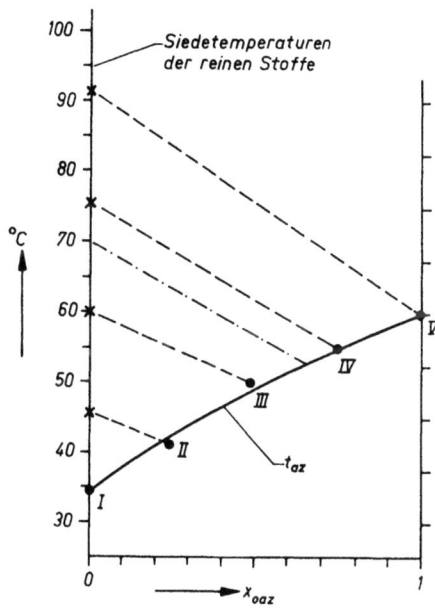

Abb. 9. Interpolationsdiagramm zur Ermittlung der azeotropen Werte für Gemische aus Stoff O mit Stoffen der Klasse, denen Stoff I bis V angehören, $P = 760$ mm Hg. Schematisch, vgl. Abb. 8 und 3.

(46b) (166) hat die Azeotroplinie und den azeotropen Effekt für „reguläre Lösungen" (d.h. $\varDelta \overline{G}^E = \varDelta \overline{H}$; $\varDelta \overline{S}^E = 0$) berechnet, vgl. auch MALESINSKI (167). Auch für ternäre und quaternäre Azeotrope, deren eine Komponente die Glieder homologer Reihen sind, hat SWIETOSLAWSKI (174) den Begriff des azeotropen Effekts (azeotropic range) eingeführt. SWIETOSLAWSKI (174) schlägt eine besondere Terminologie und Symbolik zur Kennzeichnung von Azeotropen und Heteroazeotropen vor.

Diese erwähnte graphische Methode der Darstellung azeotroper Daten haben auch ROSSINI und Mitarb. (3, 4) verwendet; Abb. 10 und 11 bringen praktische Beispiele. In Abb. 10 handelt es sich um die Azeotrope von Benzol mit der Stoffklasse „Paraffine" und „Zykloparaffine". Der mittlere A-Wert für diese Stoffklasse ist etwa 0,3.

---

*) Der azeotrope Effekt läßt sich genauer ermitteln durch Extrapolation in einem Diagramm, wo die azeotrope Konz. als Funktion der Siedetemp. der Homologen und deren Isomeren aufgetragen wird.

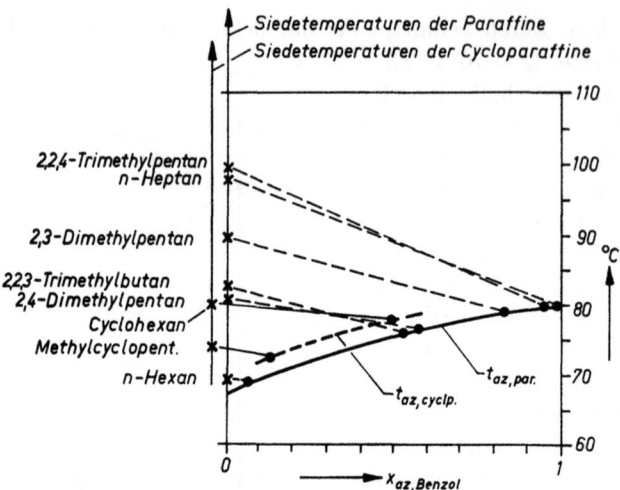

Abb. 10. Azeotrope Werte für binäre Gemische aus Benzol und Paraffinen oder Zykloparaffinen, $P = 760$ mm Hg. Azeotroper Effekt etwa 33°.

Die „Azeotroplinie" für Benzol mit verschiedenen einwertigen Alkoholen ist in Abb. 11a dargestellt, während 11b die Azeotroplinie des Toluols mit einwertigen Alkoholen widergibt. Selbstverständlich variieren die A-Werte

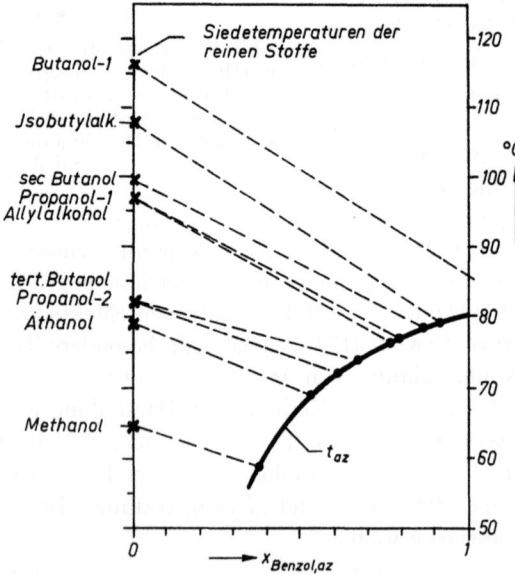

Abb. 11a. Azeotrope Werte für binäre Gemische aus Benzol und Alkoholen, $P = 760$ mm Hg. Azeotroper Effekt etwa 62° C. Daten aus (4) und (7).

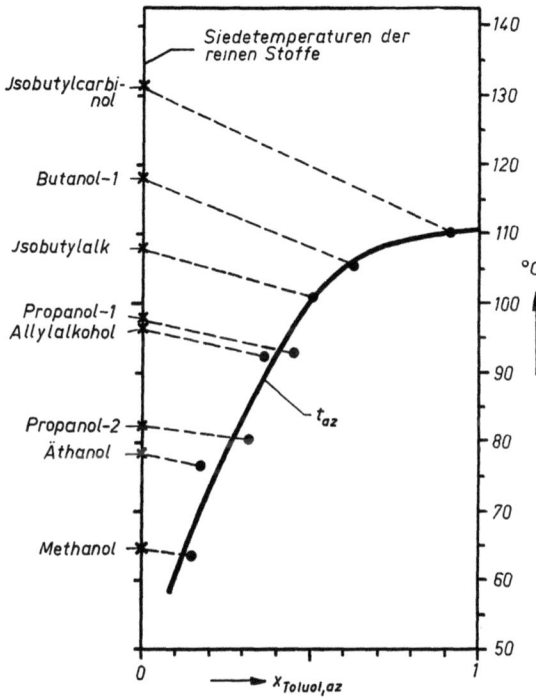

Abb. 11b. Azeotrope Werte für binäre Gemische aus Toluol und Alkoholen, $P = 760$ mm Hg. Azeotroper Effekt etwa 85° C. Daten aus (7).

für jedes Stoffpaar, vor allem für die Anfangsglieder jeder Reihe. Als typischen Wert für Abb. 11a kann man aus den azeotropen Daten bei $P = 760$ mm Hg für Benzol/n-Propanol gemäß Gl. [25d] den Wert $A \approx 1.43$ berechnen. Für Abb. 11b ergibt sich in der gleichen Weise für Toluol/Äthanol der Wert $A \approx 1.64$. Abb. 11c enthält azeotrope Daten für Gemische von Äthylenglykolmonoäthyläther mit Alkylbenzolen.

Die vier Diagramme 10, 11a, 11b und 11c vermitteln in konzentrierter Form alle wichtigen Daten für die „Azeotropie" des Benzols oder Toluols mit den betrachteten Stoffklassen. Die Form, in der diese Information gegeben wird, gestattet dem Praktiker die sofortige Verwertung bei auftretenden Problemen der destillativen Trennung. Der Zusammenhang dieses Diagramms mit der zentralen Mischungsfunktion $\overline{\Delta G^E}$ bzw. der Größe A und dem Dampfdruckverhältnis α_0 wurde im Vorhergehenden erörtert.

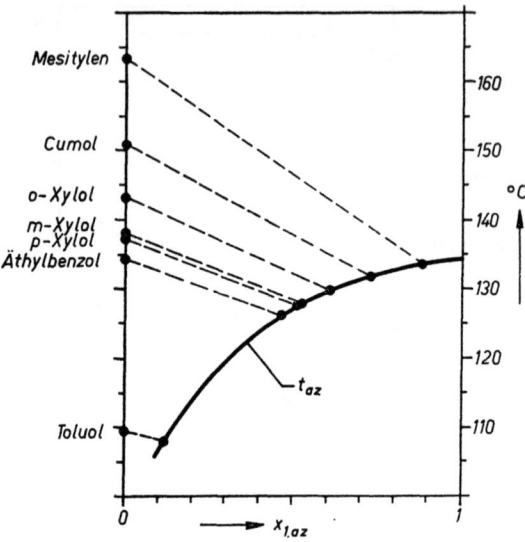

Bild 11c. Azeotrope Werte für binäre Gemische von Glykolmonoäthyläther mit Alkylbenzolen, $P = 735$ mm Hg. Das Azeotrop mit p-Xylol siedet bei 127,3°C, das mit m-Xylol bei 127,7° C. Azeotroper Effekt etwa 75° C. Daten aus (69).

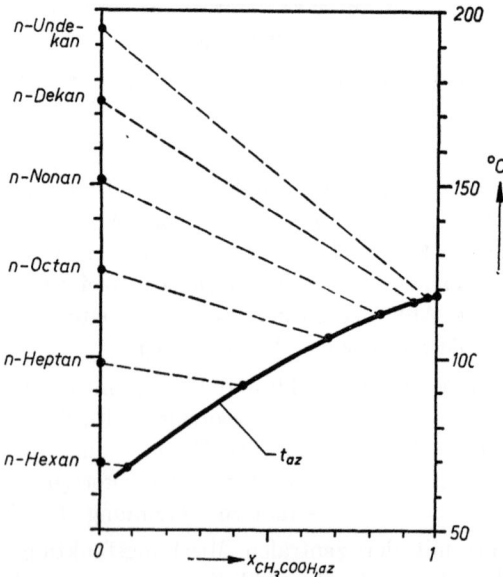

Abb. 11d. Azeotrope Daten für binäre Gemische aus Essigsäure und n-Paraffinen, $P = 760$ mm Hg. Azeotroper Effekt etwa 140° C. Daten aus (71).

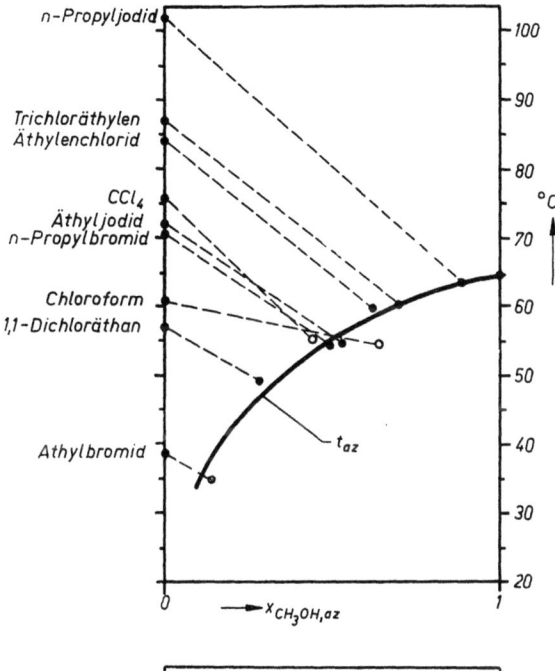

Abb. 11e. Azeotrope Daten für binäre Gemische von Methanol mit Chlorkohlenwasserstoffen. Azeotroper Effekt etwa 80° C. Daten aus (7).

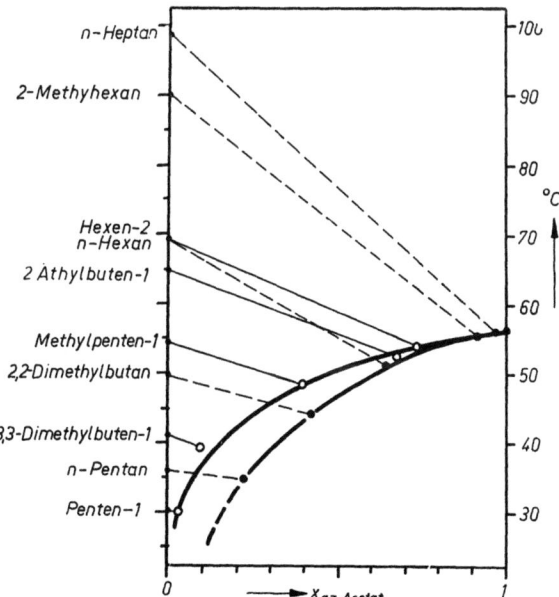

Abb. 11f. Azeotrope Daten für Paraffine und Olefine im Gemisch mit Methylazetat, $P = 760$ mm Hg. ● markiert x_{az}, t_{az} für Paraffin, ○ für Olefin. Die Daten für Zykloparaffin und Zykloolefin liegen zwischen beiden Kurven. Azeotroper Effekt für Paraffine etwa 90° C, für Olefine 55 °C. Werte nach Koch und van Raay (144).

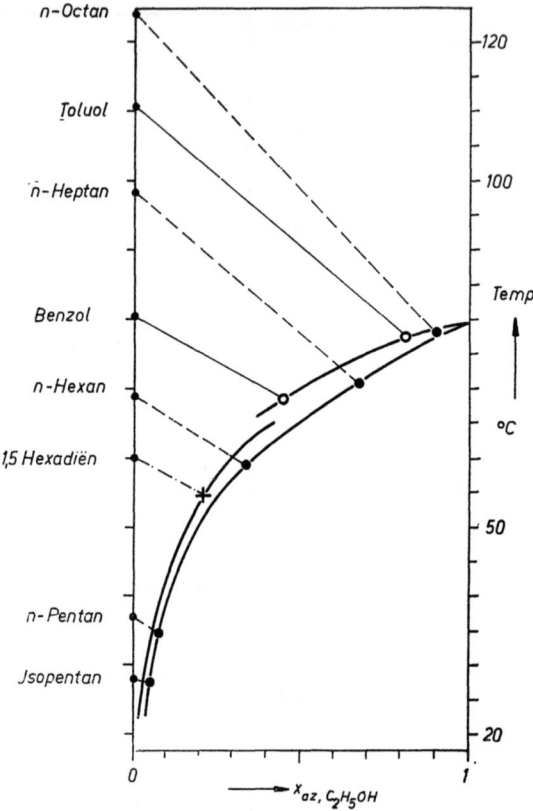

Abb. 11g. Azeotrope Daten für Äthylalkohol/Kohlenwasserstoffgemische, nach ROSSINI et al. (4), $P = 760$ mm Hg. ● markiert x_{az}, t_{az} für Paraffine, ⊙ für Aromaten, x für Olefine. Azeotroper Effekt für Paraffine etwa 150° C.

Es wurde aber bisher nicht behandelt, wie man aus Daten für die beiden reinen Stoffe die Funktion $\Delta \overline{G}^E$ bzw. den A-Wert für die binäre Mischung abschätzen kann. Dies soll im nächsten Kapitel in einer einfachen Weise geschehen, die für das *Ziel der qualitativen Vorhersage einer Azeotropbildung* bzw. der *Wirksamkeit bei der extraktiven Destillation* ausreicht.

3. Qualitative Vorhersagen und Berechnung von $\Delta \overline{G}^E$ binärer, flüssiger Systeme auf Grund von Daten für die reinen Komponenten

a) *Methode von* EWELL, HARRISON, BERG

In den Anfangsjahren der Mischphasenthermodynamik versuchte man die Mischungsfunktionen, speziell die isothermen Dampfdruckkurven, durch

Annahme von Dissoziation und Assoziation der die Mischungen aufbauenden Komponenten zu erklären. So deutete man die positive Abweichung vom RAOULTschen Gesetz durch Entassoziation der reinen Komponente, wobei aus einem assoziierten Makromolekül viele kleinere Moleküle entstehen sollten, die dann für die Erhöhung des Partialdrucks verantwortlich sind. Z. B. kann man sich die Partialdruckkurve des Äthanols im System Äthanol/Toluol (vgl. Abb. 2b) auf diese Weise plausibel machen [vgl. (68)]. Die Partialdruckkurve des Toluols im selben System kann aber mit dieser Argumentation nicht erklärt werden, denn die reine Komponente Toluol ist nicht assoziiert.

Etwas logischer ist die Annahme einer Assoziation der gemischten Komponenten im System Azeton/Chloroform (vgl. Abb. 2c). Dem Assoziat [Azeton-Chloroform] (H-Brückenbindung) ordnet man einen geringen bzw. einen vernachlässigbaren Dampfdruck zu. Dann lassen sich die beiden Partialdruckkurven mit ihren negativen Abweichungen vom RAOULTschen Gesetz ohne Schwierigkeit deuten.

In beiden Fällen wird angenommen, daß die durch Assoziation oder Entassoziation entstehenden Molekülsorten sich ideal mischen, und daß jeder Molekülsorte i ein bestimmter Dampfdruck p_{0i} zuzuordnen ist. Die Annahme der Idealität für eine Mischung von Molekülen, deren Größe bzw. Volumen sich um mindestens den Faktor 2 unterscheidet, ist schon wegen der Entropieeffekte sehr fragwürdig.

Bei dem Versuch einer exakten Vorausberechnung oder Deutung der Mischungsfunktionen müßte das Zusammenspiel verschiedener Effekte berücksichtigt werden, nämlich

1. Dispersionswechselwirkung, vgl. z. B. KUHN und MASSINI (151),
2. Orientierungseffekte, vgl. z. B. MÜNSTER (162), Dipol-Dipol-Wechselwirkungen,
3. Assoziation in den reinen Stoffen, vgl. z.B. KRETSCHMER und WIEBE (163),
4. Assoziation der Komponenten in der Mischung bzw. Bildung stöchiometrischer Verbindungen, Solvatation, H-Brückenbindung,
5. Volumeneffekte beim Mischen.

Eine allgemeine Theorie, die allen diesen Effekten Rechnung trägt, gibt es nicht, vgl. (56) (57) (164) (165). Doch kann man das Mischungsverhalten gewisser Stoffklassen qualitativ gut beschreiben, wenn man sich auf die wesentlichen Effekte obiger Tabelle beschränkt. Eine derartige qualitative Deutung haben EWELL, HARRISON und BERG (8) gegeben. Sie benutzen die Effekte 3. und 4., speziell das Lösen oder die Bildung von H-Brückenbindungen. Als ersten Schritt teilen sie die Stoffe in fünf Klassen ein, wobei als Einordnungsprinzip das Vorkommen und die Stärke von H-Brückenbindungen in den reinen Stoffen dient. Dann wird untersucht, welche Art Abweichungen vom idealen Verhalten bzw. RAOULTschen Gesetz sich bei binären Gemischen von Vertretern dieser Stoffklassen ergeben.

Klassifizierung von Flüssigkeiten nach EWELL, HARRISON *und* BERG

Klasse 1: Enthält alle Flüssigkeiten, die ein dreidimensionales Netzwerk von starken H-Brückenbindungen bilden können.

Beispiele: Wasser; mehrwertige Alkohole wie Glykol, Glyzerin; Aminoalkohole, Hydroxylamin, Oxysäuren, mehrwertige Phenole, Amide.

Klasse 2: Enthält alle Flüssigkeiten, deren Moleküle zu schwacher H-Brückenbildung fähig sind, bzw. deren Moleküle sowohl aktive H-Atome als auch Donor-Atome (O, N, F) besitzen.

Beispiele: Einwertige Alkohole, einwertige Phenole, primäre und sekundäre Amine, Oxime, Nitroverbindungen und Nitrile mit α-ständigem Wasserstoff, Ammoniak, Hydrazin, Fluorwasserstoff, Blausäure.

Klasse 3: Enthält alle Flüssigkeiten, deren Moleküle zwar Donor-Atome (N, O, F), aber keine aktiven H-Atome besitzen.

Beispiele: Äther, Ketone, Aldehyde, Ester, tertiäre Amine, Pyridin, Nitroverbindungen und Nitrile ohne α-ständigen Wasserstoff.

Klasse 4: Enthält alle Flüssigkeiten, die zwar aktive H-Atome, aber keine Donor-Atome besitzen.

Beispiele: $HCCl_3$, H_2CCl_2, CH_3CHCl_2, CH_2ClCH_2Cl, $CH_2ClCHCl_2$, also Moleküle, die zwei oder drei Halogenatome (kein F) und ein H-Atom am selben C-Atom haben; oder ein Halogenatom (kein F) und H-Atom am selben C-Atom und ein oder mehr Halogenatome am benachbarten C-Atom.

Klasse 5: Enthält alle anderen Flüssigkeiten.

Beispiele: Kohlenwasserstoffe, CS_2, Sulfide, Merkaptane, nicht in Klasse 4 gehörige, halogenierte Kohlenwasserstoffe, Metalloide wie J_2, P, S.

Klasse 1 und 2 enthält die normalerweise als „assoziiert" bezeichneten Flüssigkeiten; sie zeichnen sich aus durch große Verdampfungswärmen (Abweichung von der TROUTONschen Regel), hohe Oberflächenspannung und hohe Dielektrizitätskonstante. Die Klasse 5 enthält sehr viel mehr Stoffe

Tabelle 3

Vorhersage des Vorzeichens und der ungefähren Größe
der Mischungsfunktion $\lg G^E$ bzw. des A-Wertes nach EWELL, HARRISON, BERG

Binäre Mischung aus Klasse	Vorhersage für A-Wert		Vorhersage $\Delta \overline{G}^E_{max}$ cal/Mol	Bemerkungen
	Vorzeichen	Betrag		
1 + 5	+	1 bis 10	150 bis 300	H-Brückenbindungen werden gelöst
2 + 5	+	0,8 bis 4	150 bis 300	
3 + 4	—	0,2 bis 1,5	−60 bis −150	Assoziation über H-Brücke
1 + 4	+	1 bis 5	150 bis 300	
2 + 4	+	1 bis 2	150 bis 300	
1 + 1	+	0 bis 1	0 bis 150	Es können auch
1 + 2	+	0 bis 1	0 bis 150	schwach negative
1 + 3	+	0 bis 1	0 bis 150	A-Werte auftreten
2 + 2	+	0 bis 1	0 bis 150	
2 + 3	+	0 bis 1	0 bis 150	
3 + 3	+ (—)	0 bis 0,5	0 bis 80	Meistens sind die
3 + 5	+ (—)	0 bis 0,5	0 bis 80	A-Werte positiv
4 + 4	+ (—)	0 bis 0,5	0 bis 80	
4 + 5	+ (—)	0 bis 0,5	0 bis 80	
5 + 5	+ (—)	0 bis 0,5	0 bis 80	

als die anderen Klassen, was in der Natur des gewählten Einteilungsprinzips liegt. Bei Mischungen von Stoffen der Klasse 5 untereinander kann man die Methode des „inneren Drucks" [nach HILDEBRAND (61)] anwenden zur qualitativen Vorausberechnung der Mischungsfunktionen. Auch für Mischungen aus Klassen 5 + 4, 4 + 3 und 5 + 3 ist diese Methode noch anwendbar. Zu bemerken ist noch, daß die meisten Maximumazeotrope sich nicht nach EWELL, HARRISON, BERG klassifizieren lassen. Die Autoren (8) haben folgende Klassifizierung der Maximumazeotrope vorgenommen:

1. H_2O mit HCl, HBr, HJ, HNO_3.
2. H_2O mit HCOOH, Hydrazin, Äthylendiamin.
3. Klasse 3 + 4, Tab. 3.
4. Organische Säuren mit Aminen; z. B. $CH_3COOH/(C_2H_5)_3N$; auch mit Pyridinbasen [vgl. SWIETOSLAWSKI (174)].
5. Phenole mit Aminen, z. B. Phenol/Anilin; auch mit Pyridinbasen vgl. [(174)].
6. Phenole mit O-haltigen Donorflüssigkeiten; z. B. Phenol/Methylhexylketon; o-Kresol/Äthyloxalat.
7. Phenole mit Alkoholen; z. B. Phenol/n-Octanol.

Die vorstehend aufgezählten Mischungen weichen also in negativer Weise vom RAOULTschen Gesetz ab. – Wegen der Azeotrope von Phenolen mit Pyridinbasen vgl. MATHES (143), SWIETOSLAWSKI (175).

Tabelle 4
Beispiele für die Einteilung von Azeotropen nach EWELL, HARRISON, BERG; wenn nicht angemerkt, dann Minimumazeotrop

Binäre Mischung aus Klasse	Komponente 1	Komponente 2	t_{az}, °C	x_{1az}
			für 760 mm Hg	
2 + 1	Äthanol	Wasser	78,1	0,892
2 + 1	Propanol	Wasser	87,7	0,432
3 + 1	Dioxan	Wasser	87,8	0,47
3 + 1	Methyl-äthyl-Keton	Wasser	73,5	0,67
2 + 5	Diäthylamin	n-Pentan	35	85 Gew.
2 + 5	Äthanol	Toluol	76,7	0,83
2 + 5	Methanol	CCl_4	55,7	0,555
2 + 5	Phenol	p-Bromtoluol	176,2	0,58
2 + 5	Benzylalkohol	Naphthalin	204,3	0,64
2 + 5	Anilin	Inden	176,8	55 Gew.
3 + 4	Azeton	Chloroform	64,5	0,345
2 + 2	Methanol	Azetonitril	63,5	0,845
2 + 2	Phenol	Zyklohexanol	182,5	0,90max
2 + 3	Azeton	Methanol	54,6	0,86
2 + 3	Benzylalkohol	Nitrobenzol	204,3	0,61
2 + 3	Methanol	Äthylformiat	50,1	0,305
2 + 4	Methanol	Chloroform	53,5	0,35
2 + 4	Äthanol	Tetrachloräthan	77,95	0,94
3 + 5	Azeton	n-Hexan	49,8	0,68
3 + 5	Äthylazetat	CCl_4	74,8	0,57
3 + 5	Methylphthalat	Dibenzyl	280,5	47 Gew.
4 + 5	Chloroform	n-Hexan	59,9	28 Gew.
5 + 5	n-Hexan	Benzol	68,9	81 Gew.
5 + 5	n-Pentan	Äthylbromid	33	50 Gew.
5 + 5	Benzol	Methylzyklopentan	71,4	0,10
5 + 5	Benzol	Zyklohexan	77,5	0,54

b) Methode von HILDEBRAND, *innerer Druck*

Unter der Annahme einer idealen Mischungsentropie nach Gl. [10c] und mit der Voraussetzung, daß keine Volumenänderung beim Mischen auftritt, hat SCATCHARD eine Beziehung für $\Delta \bar{G}^E$ abgeleitet

$$\Delta \bar{G}^E = V_m (\delta_1 - \delta_2)^2 \varphi_1 \varphi_2 .\qquad [32\text{a}]$$

φ_1 und φ_2 sind die Volumenbrüche der Stoffe 1 und 2. V_m ist gleich $x_1 V_{01} + x_2 V_{02}$, wobei V_{01} und V_{02} die Molvolumina der flüssigen, reinen Komponenten 1 und 2 sind; V_m ist also das Molvolumen der Mischung. δ_1 und δ_2 sind die sog. Löslichkeitsparameter. Gl. 32a läßt sich nur dann mit einigen Erfolg anwenden, wenn man V_m, δ_1 und δ_2 als temperaturabhängig ansieht, wie es HILDEBRAND (61) tut. Dann kann aber die Zusatzentropie $\Delta \overline{S^E}$ nicht null sein. Man kennt bis heute kein einziges Beispiel, bei dem isotherme Messungen über einen größeren Konzentrationsbereich den SCATCHARD-HILDEBRANDschen Ansatz bestätigt hätten. Die Löslichkeitsparameter berechnet man am einfachsten aus der Verdampfungsenthalpie und dem Molvolumen der reinen Komponenten [vgl. HILDEBRAND (61)].

$$\delta_i = \left(\frac{\Delta H_{vi} - RT}{V_{0i}} \right)^{\frac{1}{2}} = \left(\frac{\Delta U_{vi}}{V_{0i}} \right)^{\frac{1}{2}}. \qquad [33]$$

$\Delta U_{vi}/V_{0i}$ ist ein Maß für den „inneren Druck" einer Flüssigkeit. Die folgende Tabelle gibt einen in diesem Zusammenhang interessierenden Auszug aus einer von HILDEBRAND (61) besorgten Zusammenstellung verschiedener Löslichkeitsparameter. Je größer der Unterschied der δ_i-Werte der Komponenten einer Mischung ist, desto unidealer verhält sich die Mischung, um so größer ist $\Delta \overline{G}^E_{\max}$ bzw. der A-Wert.

Der Volumenbruch ist definiert durch

$$\varphi_i = \frac{x_i V_{0i}}{V_m};$$

dann ist

$$V_m \varphi_1 \varphi_2 = V_{01} V_{02} \cdot \frac{x_1 x_2}{V_m},$$

und

$$\Delta \overline{G}^E = V_{01} V_{02} (\delta_1 - \delta_2)^2 \cdot \frac{x_1 x_2}{V_m}. \qquad [32b]$$

Wenn der Konzentrationsverlauf von $\Delta \overline{G}^E$ etwa symmetrisch in bezug auf den Molenbruch ist (also $V_{01} \approx V_{02}$), so liegt $\Delta \overline{G}^E_{\max}$ an der Stelle $x_1 = x_2 = 0{,}5$, und es gilt

$$\Delta \overline{G}^E_{\max} \approx \frac{V_{01} V_{02} (\delta_1 - \delta_2)^2}{2 (V_{01} + V_{02})}, \qquad [34a]$$

oder

$$A \approx \frac{2 V_{01} V_{02} (\delta_1 - \delta_2)^2}{RT (V_{01} + V_{02})} \approx \frac{V_{01} (\delta_1 - \delta_2)^2}{RT}.$$

Diese Näherungsgleichungen [34] kann man zur qualitativen Abschätzung von $\Delta \overline{G}^E_{\max}$ bzw. A für Systeme aus Klasse $5 + 5$, $5 + 4$, $5 + 3$ und $4 + 3$ der Einteilung von HARRISON, EWELL und BERG (8) verwenden, obwohl natürlich die Voraussetzungen der Ableitung der Gl. [32] nur selten

Tabelle 5
Löslichkeitsparameter nach HILDEBRAND (61). T in °K, V_{0i} in cm³/Mol, ΔH_{vi} in Kcal/Mol, δ_i in (cal/cm³)^½

Substanz	T	V_0	$\Delta \overline{H}_{vi}$	δ_i
CCl_4	298	97	7,83	8,6
C_3H_8	298	89	3,60	6,0
n-C_4H_{10}	298	101	5,04	6,7
n-C_5H_{12}	298	116	6,32	7,05
n-C_6H_{14}	298	132	7,54	7,30
	342	140	6,94	6,7
n-C_7H_{16}	298	147	8,74	7,45
	371	163	7,66	6,5
n-C_8H_{18}	298	164	9,92	7,55
	399	186	8,36	6,4
2,2,4-Trimethylpentan	298	166	8,40	6,85
	372	184	7,41	6,1
n-C_9H_{18}	298	180	11,1	7,65
	424	210	9,03	6,3
n-$C_{16}H_{34}$	298	295	19,3	8,0
C_5H_{10} Zyklopentan	298	95	6,81	8,10
C_6H_{12} Zyklohexan	298	109	7,90	8,20
C_7H_{14} Methylzyklohexan	298	128	8,45	7,85
C_6H_6 Benzol	298	89	8,09	9,15
	353	96	7,35	8,3
C_7H_8 Toluol	298	107	9,08	8,90
C_8H_{10} Äthylbenzol	298	123	10,10	8,80
C_8H_{10} p-Xylol	298	124	10,13	8,75
C_9H_{12} n-Propylbenzol	298	140	11,05	8,65
C_2H_4 Äthylen	169	46	3,24	7,9
C_3H_6 Propylen	225	69	4,40	7,6
C_4H_8 1-Buten	298	95	4,87	6,7
C_4H_6 1,3-Butadien	298	88	4,97	7,1
C_6F_{14} per-fluoro-n-Hexan	298	205	7,1	5,6
C_7F_{16} per-fluoro-n-Heptan	298	227	8,1	5,7
C_6F_{12} per-fluoro-zyklo-Hexan	298	170	6,8	6,0
C_6F_6 per-fluoro-Benzol	298	115	8,1	8,1
CH_3Cl Methylchlorid	298	56	4,76	8,6
CH_2Cl_2 Methylenchlorid	298	65	6,7	9,7
$CHCl_3$ Chloroform	298	81	7,6	9,3
CCl_4 Tetrachlorkohlenstoff	298	97	7,83	8,6
$C_2H_4Cl_2$ 1,2-Dichloräthan	298	79	8,2	9,8
$CHBr_3$ Bromoform	298	88	10,3	10,5
$(CH_3)_2O$ Methyläther	248	60	5,14	8,8
$(C_2H_5)_2O$ Äthyläther	298	105	6,36	7,4
$C_4H_8O_2$ Dioxan	298	86		10,0
CH_3NO_2 Nitromethan	298	54	9,15	12,6
$C_6H_5NO_2$ Nitrobenzol	298	103		10,0
$(CH_3)_2S$ Methylsulfid	298	74	6,60	9,0
CS_2 Schwefelkohlenstoff	298	61	6,7	10,0
C_2H_3CN Akrylnitril	298	66	7,8	10,5
C_5H_5N Pyridin	298	81	9,85	10,7
C_6H_5Cl Chlorbenzol	298	102	9,83	9,5

erfüllt sind. Gl. [32] ergibt nur positive Abweichungen vom RAOULTschen Gesetz. Das System n-Heptan/n-Hexadekan besitzt aber bei 20° C schwach negative Abweichungen ($\Delta \overline{G}^E_{max} = -13$ cal/Mol).

Beispiel Benzol/Zyklohexan: Mit den Werten aus Tab. 5 erhält man für 25° C: $\Delta \overline{G}^E_{max} \approx 25$ cal/Mol, was ein größenordnungsmäßig richtiger, aber um etwa 40 cal/Mol zu niedriger Wert ist. Immerhin würde man ein Azeotrop im mittleren Konzentrationsbereich vorhersagen, da α_0 praktisch gleich 1 ist.

Beispiel n-Heptan/Methylzyklohexan: In der gleichen Weise wie oben erhält man $\Delta \overline{G}^E_{max} \approx 6$ cal/Mol bei 25° C; tatsächlich ist das Gemisch aber pseudoideal, und $\Delta \overline{G}^E$ ist sicher kleiner als ± 1 cal/Mol, vgl. (11).

c) Polaritätsregeln

Nach dem Wert der Dielektrizitätskonstanten bzw. nach dem Wert des Dipolmoments kann man die reinen Flüssigkeiten in drei Klassen unterteilen: 1) polare Stoffe, 2) schwach polare Stoffe und 3) unpolare Stoffe. Tab. 5 gibt Zahlenwerte für einige Stoffe und gleichzeitig eine Unterteilung in die drei Polaritätsklassen, die natürlich nicht ohne eine gewisse Willkür möglich ist.

Für das thermodynamische Verhalten der Mischungen von Stoffen der Klassen „polar" – „schwach polar" – „unpolar" lassen sich empirisch folgende Regeln ableiten; vgl. auch das auf S. 11 betr. des Konzentrationsverlaufs von $\Delta \overline{G}^E$ Gesagte:

Mischung polar-unpolar: Große bis mittlere, positive Abweichungen vom RAOULTschen Gesetz, A-Werte von 1 bis 10. Diese Regel gilt mit einiger Sicherheit. Beispiele: Anilin/Zyklohexan; Glykol/Toluol; Nitrobenzol/Xylol; Azeton/Butan; Furfurol/Butan.

Mischung polar-schwach polar: Mittlere bis kleine, positive und seltener negative Abweichungen vom RAOULTschen Gesetz, A-Werte zwischen 0 und ± 1. Eine genauere Vorhersage ist nicht möglich; H_2O bildet Systeme mit A-Werten über 2. Beispiele: Äthanol/Äthylazetat; Azeton/Äthylazetat; Azeton/Chloroform; Äthanol/Chloroform.

Mischung schwach polar-unpolar: Mittlere bis kleine, positive Abweichungen vom RAOULTschen Gesetz, A-Werte zwischen 0 und 1. Diese Regel gilt mit einiger Sicherheit. Beispiele: Äthylbromid/n-Hexan; Chlorbenzol/Benzol.

Mischungen polar-polar, schwach polar-schwach polar und unpolar-unpolar: Kleine, positive Abweichungen vom RAOULTschen Gesetz; A-Werte von 0 bis 0,5, in seltenen Fällen (bei polar-polar) bis 1. Diese Regel gilt mit mäßiger Sicherheit. Beispiele: Methanol/Äthanol; Methyläther/Äthyläther; n-Hexan/n-Heptan; n-Heptan/Toluol.

Tabelle 6

Dielektrizitätskonstanten ε und Dipolmomente μ (elektrostatische Einheiten) für reine Flüssigkeiten bei Raumtemperatur. Werte aus (61) und (64)

Stoff	Klasse	ε	$\mu \cdot 10^{18}$	$t\,°C$
Wasser	polar	78,5	1,84	25
Methylalkohol	,,	31,2	1,68	
Äthylalkohol	,,	24,6	1,70	20
Glykol	,,	41,2		
Benzylalkohol	,,	13	1,68	
Ammoniak	,,	17,8	1,48	15
Äthylamin	,,	6,2	1,2	
Triäthylamin	schwach polar	3,2		
Pyridin	polar	12,5	2,20	20
Anilin	,,	7,0	1,53	
Azetamid	,,	59	3,6	
Nitromethan	,,		3,54	
Nitrobenzol	,,	36,1	3,90	
Äthylenglykolmonoäthyläther	,,	14,7		
Azetonitril	,,	38,8	3,4	
Benzonitril	,,	25,2	3,90	25
Azeton	,,	21,5	2,85	20
Furfurol	,,	41,7		
Azetylazeton	,,	23	2,9	
Azetaldehyd	,,	14,8	2,55	
Äthylbromid	,,	9,4	1,80	20
Chlorbenzol	schwach polar	5,6	1,56	
o-Dichlorbenzol	polar		2,24	
Äthylazetat	schwach polar	6,11	1,81	
Phenol	polar	9,7	1,56	45
Allylsulfid	schwach polar	4,9		
Äthyläther	,, ,,	4,4	1,15	20
Benzylamin	,, ,,	4,6		
Dioxan	unpolar	3,0	0	
Chloroform	schwach polar	5,14	1,10	
Monofluordichlormethan	,, ,,		1,29	
Benzol	unpolar	2,24	0,08	
Toluol	unpolar	2,34	0,37	
o-Xylol	unpolar	2,57	0,52	
Tetrachlorkohlenstoff	,,	2,25	0	
Schwefelkohlenstoff	,,		0	
p-Dichlorbenzol	,,		0	
p-Xylol	,,	2,23		
m-Xylol	,,	2,34	0,36	
n-Hexan	,,	1,88	0	
Zyklohexan	,,	2,06	0	
Zyklopentan	,,		0,37	
n-Heptan	,,	1,97	0	
n-Dekan	,,	1,96	0	

Die Fragwürdigkeit der Einteilung in „Polaritätsklassen" läßt sich am Beispiel der disubstituierten Benzole aufzeigen: o- und m-Dichlorbenzol sowie m- und o-Xylol besitzen ein Dipolmoment; die o- und m-Verbindungen müssen demnach zu den schwach polaren Stoffen, die p-Verbindungen zu den unpolaren Stoffen gezählt werden, obwohl o, m und p-Dichlorbenzol sich in ihrem Mischungsverhalten (bezüglich $\Delta \overline{G}^E$) mit z. B. Äthanol oder n-Heptan nur unwesentlich unterscheiden.

Die Einteilung in die drei Klassen der Tab. 6 erfolgt schematisch nach der Dielektrizitätskonstanten: $\varepsilon > 10$, polar; $3{,}5 < \varepsilon < 10$, polar bis schwach polar; $\varepsilon < 3{,}5$ unpolar. Für diese qualitative Einteilung ist die DK als Maßstab besser geeignet als das Dipolmoment.

d) Korrelation der Grenzwerte der Aktivitätskoeffizienten nach PIEROTTI, DEAL *und* DERR

PIEROTTI, DEAL und DERR (169, 177) betrachten den Stoff 1 als gelöste Substanz im Lösungsmittel bzw. Zusatzstoff (3). Die beiden Stoffe besitzen die schematische molekulare Struktur $R\,X$, wobei R eine Kohlenwasserstoffkette und X eine funktionelle Gruppe (wie —OH, —CO, —COOH) symbolisiert. PIEROTTI nimmt nun an, daß die zusätzliche partielle molare freie Energie, d. i. das chemische Potential $\Delta \mu_1^E$ des gelösten Stoffes $R_1 X_1$, bei unendlicher Verdünnung im Lösungsmittel $R_3 X_3$ als Summe der energetischen Wechselwirkungen zwischen den strukturellen Gruppen der beiden Stoffe gedeutet werden kann.

Die folgenden Wechselwirkungen sind denkbar:

1. X_1—X_3, R_1—X_3, X_1—R_3, R_1—R_3
   Wechselwirkungen zwischen den beiden Stoffen.
2. X_1—X_1, X_1—R_1, R_1—R_1
   Wechselwirkungen im reinen Stoff $R_1 X_1$.
3. X_3—X_3, X_3—R_3, R_3—R_3
   Wechselwirkungen im reinen Stoff $R_3 X_3$.

PIEROTTI stellt sich die unendlich verdünnte Lösung des Stoffes $R_1 X_1$ im Lösungsmittel $R_3 X_3$ sozusagen als „Mischung" der vier strukturellen Gruppen R_1, R_3, X_1 und X_3 vor. Mit Hilfe von experimentellen Daten, die er teilweise in der Literatur vorfand und durch eigene Messungen weitgehend ergänzte, entwickelte er die folgende Korrelations-Gleichung:

$$\lim_{x_1 \to 0} \frac{\Delta \mu_1^E}{2{,}3 RT} = \log \gamma_{1\,G} = K + B \frac{n_1}{n_3} + C \frac{1}{n_1} + D\,(n_1 - n_3)^2 + \frac{F}{n_3}. \quad [34\,\mathrm{c}]$$

n_1 bzw. n_3 ist die Zahl der C-Atome der strukturellen Gruppen R_1 bzw. R_3. n_1 und n_3 liegen im Bereich von 1 bis 30; die Formel gilt also für niedrigmolekulare Stoffe. Die verschiedenen Terme der Gleichung sollen den folgenden Wechselwirkungen entsprechen:

K-Term: X_1—X_1, X_1—X_3, X_3—X_3.

B-Term: X_3—X_3, R_1—X_3; unabhängig von X_1.

C-Term: X_1—X_1, R_1—X_1; unabhängig vom Lösungsmittel.

D-Term: R_1—R_1, R_1—R_3, R_3—R_3; unabhängig von X_1, X_3.

F-Term: X_3—X_3, R_3—X_3, X_1—X_3.

PIEROTTI versucht, eine qualitative Begründung für die Art der Abhängigkeit von n_1 bzw. n_3 der verschiedenen Terme zu geben. Für den Zweck dieses Büchleins reicht es aus, Gl. [34c] als experimentell gesicherte Inter- und Extrapolationsgleichung anzusehen. Die Form des D-Terms stammt von BROENSTED und KOEFOED (178). Aus der Arbeit von BUTLER, RAMCHANDANI und THOMSON (179) ergab sich, daß $\log \gamma_1$ von aliphatischen Alkoholen in Wasser proportional zu n_1 ist; dies war ein Hinweis auf die Form des B-Terms.

Gl. [34c] vereinfacht sich wesentlich, wenn die γ_1 von Stoffen einer homologen Reihe in einem bestimmten Lösungsmittel betrachtet werden. Dann ist $n_3 = $ const, so daß

$$\log \gamma_{1G} = K + B n_1 + C \frac{1}{n_1} + D (n_1 - n_3)^2$$

wird. Wenn n_1 oder n_3 gleich null sind, dann werden die betreffenden Terme auch noch in der Konstanten K „absorbiert", z. B. wenn Wasser als Lösungsmittel oder gelöster Stoff auftritt.

Der Zusammenhang zwischen $\log \gamma_{1G}$ und dem A-Wert (vgl. Gl. [19b] und [20a]) ist wegen

$$\ln \gamma_1 = A x_3^2, \qquad [20a]$$

$$\lim_{x_3 \to 1} \ln \gamma_1 = A$$

gegeben durch

$$\log \gamma_{1G} = \frac{A}{2,3},$$

wobei vorausgesetzt wird, daß der Ansatz [19b] und [20a] die Konzentrationsabhängigkeit der thermodynamischen Funktionen genügend genau wiedergibt. –

Die Genauigkeit der nach Gl. [34c] berechneten $\log \gamma_{1G}$-Werte beträgt im Mittel 3%, für γ_1 im Mittel 8%, wenn die γ_{1G}-Werte kleiner als 1000 sind.

Qualitative Vorhersagen und Berechnung binärer, flüssiger Systeme 39

1. Beispiel; *Verschiedene organische Stoffe in Wasser als Lösungsmittel*

Die folgende Tab. 7a gibt die Werte der Konstanten K, B und C wieder für den Fall, daß Wasser als Lösungsmittel und verschiedene Typen organischer Substanzen als gelöster Stoff betrachtet werden. Ein D-Term tritt hierbei nicht auf.

$$\log \gamma_{1G} = K + B n_1 + C \frac{1}{n_1}.$$

Wenn der Kohlenwasserstoffrest R_1 verzweigt ist, dann wird der C-Term modifiziert. Für sekundäre Alkohole bzw. tertiäre Alkohole muß er heißen:

$$C \left(\frac{1}{n_1'} + \frac{1}{n_1''} \right) \text{ bzw. } C \left(\frac{1}{n_1'} + \frac{1}{n_1''} + \frac{1}{n_1'''} \right),$$

wobei n_1', n_1'' und n_1''' die Zahl der C-Atome der Verzweigungen sind, und zwar von der polaren Gruppe an gerechnet. Zum Beispiel wird für tert. Butylalkohol $n_1' = n_1'' = n_1''' = 2$, das zentrale C-Atom wird mitgezählt. Eine ähnliche Überlegung gilt für Äther und Ester, wo der C-Term

$$C \left(\frac{1}{n_1'} + \frac{1}{n_1''} \right)$$

heißen muß, und —O— und —COO— als die polaren Gruppen aufzufassen sind. — Bei der Gruppe der n-Alkylbenzole wird mit $C/(n_1 - 4)$ gerechnet. Für Acetale der Formel $R'''(OR')(OR'')$ wird der C-Term in der Form $C(1/n_1' + 1/n_1'' + 1/n_1''')$ verwendet.

Tabelle 7a

K, B und C-Werte für verschiedene organische Stoffe in H_2O als Lösungsmittel. $\log \gamma_{1G} = K + B n_1 + C/n_1$; γ_{1G} = Aktivitätskoeffizient des gelösten Stoffes bei unendlicher Verdünnung in Wasser. n_1 = Zahl der C-Atome des gelösten Stoffes; betr. Alkohole, Äther, Azetale und Ester s. Text.

Gelöster Stoff	Temp. °C	K	B	C
n-Säuren	25	— 1,00	0,622	0,490
	50	— 0,80	0,590	0,290
	100	— 0,62	0,517	0,140
n-Primäre Alkohole	25	— 0,995	0,622	0,558
	60	— 0,755	0,583	0,460
	100	— 0,420	0,517	0,230
n-Sekundäre Alkohole	25	— 1,220	0,622	0,170
	60	— 1,023	0,583	0,252
	100	— 0,870	0,517	0,400
n-Tertiäre Alkohole	25	— 1,740	0,622	0,170
	60	— 1,477	0,583	0,252
	100	— 1,291	0,517	0,400
n-Allyl Alkohole	25	— 1,180	0,622	0,558
	60	— 0,929	0,583	0,460
	100	— 0,650	0,517	0,230
n-Aldehyde.	25	— 0,780	0,622	0,320
	60	— 0,400	0,583	0,210
	100	— 0,03	0,517	0,0

Tabelle 7a. (Fortsetzung)

Gelöster Stoff	Temp. °C	K	B	C
n-Ketone	25	— 1,475	0,622	0,500
	60	— 1,040	0,583	0,330
	100	— 0,621	0,517	0,200
n-Acetale	25	— 2,556	0,622	0,486
	60	— 2,184	0,583	0,451
	100	— 1,780	0,517	0,426
n-Äther (n-Alkohol + n-Alkohol)	20	— 0,770	0,640	0,195
n-Nitrile	25	— 0,587	0,622	0,760
	60	— 0,368	0,583	0,413
	100	— 0,095	0,517	0,0
n-Ester (n-Alkohol + n-Säure)	20	— 0,930	0,640	0,260
n-Formiate	20	— 0,585	0,640	0,260
n-Alkylmonochloride	20	1,265	0,640	0,073
n-Paraffine	16	0,688	0,642	0,00
n-Alkylbenzole	25	3,554	0,642	— 0,466

2. Beispiel: *Verschiedene Paarungen*

Für verschiedene Paarungen „Gelöster Stoff/Lösungsmittel" enthält Tab. 7b die numerischen Werte der Konstanten K, B, C, D und F.

Tabelle 7b. Verschiedene Gemische, vgl. die Anmerkungen

Gelöster Stoff	Lösungs- mittel	Temp. °C	K	B	C	$D \cdot 10^3$	F
Alkohole[1])	Paraffine	25	1,960	null	0,475	— 0,49	null
		60	1,460	,,	0,390	— 0,57	,,
		100	1,070	,,	0,340	— 0,61	,,
Ketone[2])	Paraffine	25	0,088	null	0,757	— 0,49	null
		60	0,016	,,	0,680	— 0,57	,,
		100	— 0,067	,,	0,605	— 0,61	,,
Ketone[2])	n-Alkohole	25	— 0,088	0,176	0,50	— 0,49	— 0,63
		60	— 0,035	0,138	0,33	— 0,57	— 0,44
		100	— 0,035	0,112	0,20	— 0,61	— 0,28
Aldehyde	n-Alkohole	25	— 0,701	0,176	0,320	— 0,49	— 0,63
		60	— 0,239	0,138	0,210	— 0,57	— 0,44
Ester[3])	n-Alkohole	25	0,212	0,176	0,260	— 0,49	— 0,63
		60	0,055	0,138	0,240	— 0,57	— 0,44
		100	0,0	0,112	0,220	— 0,61	— 0,28
Acetale[4])	n-Alkohole	60	— 1,10	0,138	0,451	— 0,57	— 0,44
Paraffine	Ketone[5])	25	null	0,1821	null	— 0,49	0,402
		60	,,	0,1145	,,	— 0,57	0,402
		90	,,	0,0746	,,	— 0,61	0,401
Wasser	n-Alkohole	25	0,760	null	null	null	— 0,630
		60	0,680	,,	,,	,,	— 0,440
		100	0,617	,,	,,	,,	— 0,280
Wasser	n-Ketone[5])	25	1,857	,,	,,	,,	— 1,019
		60	1,493	,,	,,	,,	— 0,73
		100	1,231	,,	,,	,,	— 0,557

Anmerkungen:

[1]) n_1', n_1'', n_1''' sind die Zahlen der C-Atome der an der OH-Gruppe hängenden C-Ketten, wobei das zentrale C-Atom immer mitgezählt wird. Der C-Term

Qualitative Vorhersagen und Berechnung binärer, flüssiger Systeme   41

3. Beispiel: *Kohlenwasserstoffe in polaren Lösungsmitteln*

Zur Korrelation der γ_G-Werte verschiedener Kohlenwasserstoffe in polaren Lösungsmitteln hat PIEROTTI die Formel

$$\log \gamma_{1G} = K + B_p n_p + C/(n_p + 2) + D(n_1 - n_3)^2$$

benutzt.

n_p ist die Zahl der C-Atome in der Seitenkette eines cyklischen Kohlenwasserstoffs, während n_1 die Gesamtzahl der C-Atome ist. Der Wert der Konstante D ist für alle Systeme:

t, °C	25	50	70	90
$D \cdot 10^3$	— 0,49	— 0,55	— 0,58	— 0,61

Die Konstante B_p ist nur vom Lösungsmittel abhängig; für sie ergibt sich:

Tabelle 7c. B_p-Werte

Lösungsmittel	Werte für B_p bei			
	25°	50°	70°	90° C
n-Heptan	0,0	0,0	0,0	0,0
Methyläthylketon	0,0455	0,033	0,025	0,019
Furfurol	0,0937	0,0878	0,0810	0,0686
Phenol	0,0625	0,0590	0,0586	0,0581
Äthylalkohol	0,088	0,073	0,065	0,059
Äthylenglykol	0,275	0,249	0,236	0,226
Diäthylenglykol	0,191	0,179	0,173	0,158
Triäthylenglykol	—	0,161	—	0,134

Die Konstante C ist nur vom gelösten Stoff abhängig; für sie ergibt sich:

Tabelle 7d. C-Werte

Gelöster Stoff	Werte für C bei			
	25°	50°	70°	90°
Paraffine	0,0	0,0	0,0	0,0
Alkylcyklohexane	— 0,260	— 0,220	— 0,195	— 0,180
Alkylbenzole	— 0,466	— 0,390	— 0,362	— 0,350
Alkylnaphthaline	— 0,10	— 0,14	— 0,173	— 0,204

Die Konstante K ist sowohl vom Lösungsmittel als auch vom gelösten Stoff abhängig; die Werte für K sind:

---

lautet für primäre Alkohole: $C(1/n_1 - 1)$; für sekundäre Alkohole: $C[(1/n_1' - 1) + (1/n_1'' - 1)]$ und für tertiäre Alkohole: $C[(1/n_1' - 1) + (1/n_1'' - 1) + (1/n_1''' - 1)]$.

[2]) n_1' und n_1'' sind die C-Zahlen der an der —CO—Gruppe hängenden C-Ketten. Der C-Term lautet: $C[1/n_1' + 1/n_1'']$.

[3]) n_1' und n_1'' sind die C-Zahlen der an der —COO—Gruppe hängenden C-Ketten. Der C-Term lautet: $C[1/n_1' + 1/n_1'']$.

[4]) Acetale der allgemeinen Struktur $R'''(OR')(OR'')$ haben als C-Term: $C[1/n_1' + 1/n_1'' + 2/n_1''']$.

[5]) Vgl. Anmerkung [2]); der F-Term lautet: $F[1/n_3' + 1/n_3'']$.

Tabelle 7e. K-Werte

Gelöster Stoff	Temp. °C	Werte der Konstanten K für						
		Heptan	Methyl-äthyl-keton	Fur-furol	Phenol	Äthyl-alkohol	Äthy-len-glykol	Triä-thylen-glykol
Paraffine	25	0,0	0,335	0,916	0,870	0,580	—	—
	50	0,0	0,332	0,756	0,755	0,570	1,208	0,72
	70	0,0	0,331	0,737	0,690	0,590	1,154	—
	90	0,0	0,330	0,771	0,620	0,610	1,089	0,68
Alkylcyklo-hexane	25	0,18	0,70	1,26	1,20	1,06	—	—
	50	—	0,650	1,120	1,040	1,01	2,36	1,46
	70	0,131	0,581	1,020	0,935	0,972	2,22	—
	90	0,09	0,480	0,930	0,843	0,925	2,08	1,25
Alkylbenzole	25	0,328	0,277	0,67	0,694	1,011	—	—
	50	0,243	—	0,55	0,580	0,938	1,595	0,80
	70	0,225	0,240	0,45	0,500	0,900	1,51	—
	90	0,202	0,239	0,44	0,420	0,892	1,43	0,74
Alkyl-napthaline	25	0,53	0,169	0,46	0,595	1,06	—	—
	50	0,53	0,141	0,40	0,54	1,03	1,92	0,75
	70	0,53	0,215	0,39	0,497	1,02	1,82	—
	90	0,53	0,232	—	0,445	—	1,765	0,83

Die Benutzung dieser Tabellen (7c, 7d, 7e) sei an einem Beispiel erläutert. Das Aktivitätskoeffizientenverhältnis für p-Dimethylcyklohexan (1) zu p-Xylol (2) in Äthylenglykol (3) als Lösungsmittel wird gesucht.

Dann ist für $t = 90°$ C:

$$\log \gamma_{1G} = 2{,}08 + 2 \cdot 0{,}226 - \frac{0{,}180}{2+2} - 0{,}61 \cdot 10^{-3} (8-2)^2$$

und

$$\log \gamma_{2G} = 1{,}43 + 2 \cdot 0{,}226 - \frac{0{,}350}{2+2} - 0{,}61 \cdot 10^{-3} (8-2)^2.$$

Das Ergebnis ist:

$$\log \gamma_{1G} = 2{,}47; \quad \gamma_{1G} = 290 \quad \frac{\gamma_{1G}}{\gamma_{2G}} = 4{,}9.$$
$$\log \gamma_{2G} = 1{,}77; \quad \gamma_{2G} = 59$$

Da das Dampfdruckverhältnis der beiden Stoffe nicht sehr von 1 verschieden sein wird, bestimmt das Aktivitätskoeffizientenverhältnis den Trennfaktor

$$p_{01}/p_{02} \approx 1, \quad \text{also} \quad \alpha_{zG} \approx \gamma_{1G}/\gamma_{2G}$$

wobei der Index „ZG" andeutet, daß es sich um den Trennfaktor der beiden Stoffe bei unendlicher Verdünnung mit dem Lösungsmittel bzw. Zusatzstoff handelt; ZG = Zusatzstoff bei Grenzkonzentration.

Wenn man mit Hilfe dieser beschriebenen *qualitativen* Methoden den „Bereich" der in Frage kommenden Zusatzkomponenten eingegrenzt hat, dann wird es sich immer lohnen, mit der Zusatzkomponente der Wahl einige orientierende Messungen des Verdampfungsgleichgewichts durchzuführen. Dadurch kann man dann *quantitative* Auskunft über die Wirkung der Zusatzkomponente erhalten. Apparaturen für solche Messungen werden in Abschnitt 6 besprochen.

4. Thermodynamische Grundlagen der extraktiven Destillation; Wahl der Zusatzkomponente

a) Allgemeine Gesichtspunkte

Wie schon früher erwähnt, ist es das Ziel der *extraktiven Destillation*, den Trennfaktor α eines binären Gemisches durch Zusatz einer dritten Komponente zu vergrößern.

$$|\log \alpha_z| > |\log \alpha|; \quad \alpha_z \neq 1. \qquad [35]$$

Der Siedepunkt der Zusatzkomponenten soll dabei im allgemeinen so hoch, bzw. ihr Dampfdruck p_{03} so niedrig sein, daß kein Azeotrop mit einer der Komponenten des zu trennenden binären Gemisches gebildet wird. Der Trennfaktor α des binären Gemisches ist

$$\alpha = \frac{p_{01}}{p_{02}} \left(\frac{\gamma_1}{\gamma_2}\right)_{\text{binär}},$$

und des durch den Zusatz entstehenden ternären Gemisches

$$\alpha_z = \frac{p_{01}}{p_{02}} \left(\frac{\gamma_1}{\gamma_2}\right)_{\text{ternär}}.$$

Das Verhältnis p_{01}/p_{02} bleibt durch den Zusatz unbeeinflußt; es soll $p_{01} \geq p_{02}$ sein. Ideal wäre ein Zusatzstoff, der γ_1 positiv und γ_2 negativ beeinflußt:

$$\gamma_{1\,\text{ternär}} > \gamma_{1\,\text{binär}}; \quad \gamma_{2\,\text{ternär}} < \gamma_{2\,\text{binär}}; \quad \text{für } \left(\frac{x_1}{x_2}\right)_{\text{binär}} = \left(\frac{x_1}{x_2}\right)_{\text{ternär}}. \qquad [35\,\text{a}]$$

Dann ist natürlich

$$\left(\frac{\gamma_1}{\gamma_2}\right)_{\text{ternär}} > \left(\frac{\gamma_1}{\gamma_2}\right)_{\text{binär}}. \qquad [35\,\text{a}]$$

Meistens erreicht man aber nur eine gleichsinnige, doch unterschiedlich starke Beeinflussung der Aktivitätskoeffizienten ($x_1/x_2 = $ const)

$$\gamma_{1\,\text{ternär}} > \gamma_{1\,\text{binär}}; \quad \gamma_{2\,\text{ternär}} > \gamma_{2\,\text{binär}}; \qquad [35\,\text{b}]$$

und

$$\left(\frac{\gamma_1}{\gamma_2}\right)_{\text{ternär}} > \left(\frac{\gamma_1}{\gamma_2}\right)_{\text{binär}}. \qquad [35\,\text{b}]$$

Unerwünscht ist es aber, wenn die Zusatzkomponente das Verhältnis γ_1/γ_2 so beeinflußt, daß es kleiner wird und in seiner Auswirkung dem Dampfdruckverhältnis entgegenwirkt. *Die Zusatzkomponente soll also den Aktivitätskoeffizienten der tiefersiedenden Komponente stärker erhöhen als den der höhersiedenden Komponente.* (Selektivität).

Bei der technischen Durchführung der extraktiven Destillation läßt man die Zusatzkomponente von oben nach unten durch die Kolonne fließen. Dadurch ist sie auf den Böden der Kolonne in praktisch konstanter Konzentration vorhanden. Diese Tatsache legt es nahe, bei der theoretischen und experimentellen Untersuchung der Wirkung der Zusatzkomponente Schnitte mit $x_3' = \text{const}$ durch das Dreiecksdiagramm zu legen (vgl. Abb. 1) und für einen solchen Schnitt das Verhältnis $(\gamma_1/\gamma_2)_{\text{ternär}}$ als Funktion von x_1' zu diskutieren. Zum Beispiel sei $x_3' = 0,6$; dann kann x_1' von 0 bis 0,4 und ebenso x_2' von 0 bis 0,4 variieren. Damit man den Vergleich mit dem binären System ohne Zusatzkomponente leicht durchführen kann, empfiehlt sich die Einführung der Größen

$$\mathfrak{x}_1 = \frac{x_1}{x_1 + x_2}; \quad \mathfrak{x}_2 = \frac{x_2}{x_1 + x_2}; \quad \mathfrak{x}_1 = 1 - \mathfrak{x}_2, \qquad [36]$$

die in obigem Beispiel und bei jeder beliebigen Konzentration $x_3' = \text{const}$ von 0 bis 1 variieren können. Wenn man jetzt $\log \gamma_1/\gamma_2$ als Funktion von $\mathfrak{x}_1$ für das binäre System aus Stoff 1 und 2 und auch für das ternäre System darstellt, ergeben sich z. B. die schematischen Kurven der Abb. 12a, die den Vorteil der zweidimensionalen Darstellung besitzt. Die entsprechende dreidimensionale Darstellung mit dem Dreieckskoordinatensystem zeigt Abb. 12b. Abb. 12c stellt die $\ln \gamma_i$-Kurven für γ_1 im binären System 1–3 und für γ_2 im binären System 2–3 in einer Weise dar, die den Zusammenhang mit dem ternären System leicht erkennen läßt. Es gilt

$$(\ln \gamma_1)_{1-3} = A_{1-3} (1 - x_1')^2 \qquad [37\,\text{a}]$$

und

$$(\ln \gamma_2)_{2-3} = A_{2-3} (1 - x_2')^2 \qquad [37\,\text{b}]$$

für die beiden binären Systeme, falls der symmetrische Ansatz [20] für die Beschreibung der Mischungsfunktion ausreicht. Wenn die beiden Konzentrationen x_1' und x_2' gegen Null gehen, so geht x_3' gegen 1 und man befindet sich auf der Spitze 3 des Konzentrationsdreiecks. Im Grenzfall $x_3' \to 1$ gelten die Gln. [37] für diese Spitze des ternären Systems; man erhält

$$\lim_{x_3 \to 1} \ln \left(\frac{\gamma_1}{\gamma_2} \right)_{\text{ternär}} = A_{1-3} - A_{2-3}, \qquad [38\,\text{a}]$$

oder für den Trennfaktor

$$\lim_{x_3 \to 1} \ln \alpha_z = \ln \frac{p_{01}}{p_{02}} + (A_{1-3} - A_{2-3}). \qquad [38\,\text{b}]$$

Wenn man also die A-Werte für die binären Systeme der zu trennenden Stoffe 1 und 2 mit der Zusatzkomponente 3 kennt, kann man den Grenz-

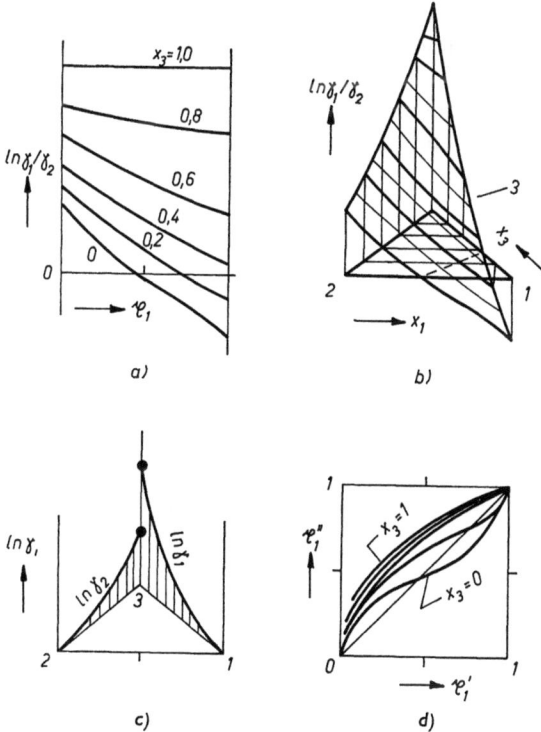

Abb. 12. a) $\ln \gamma_1/\gamma_2$ als Funktion von x_1; der Parameter der Kurven ist die Konzentration x_3' der Zusatzkomponente; b) $\ln \gamma_1/\gamma_2$ als Funktion von x_1' und x_3' in dreidimensionaler Darstellung; c) $\ln \gamma_2$ des binären Systems 2–3 und $\ln \gamma_1$ des binären Systems 1–3; d) Gleichgewichtskurven $x_1'' = f(x_1')$ nach Abb. 12a mit der Annahme, daß $\ln \alpha_0 \approx 0$ ist. Der Parameter der Kurven ist wieder die Konzentration x_3'.
Sämtliche Abb. 12a bis 12d sind schematisch und können für T oder P gleich const. gelten.

trennfaktor α_{zG}

$$\alpha_{zG} = \lim_{x_3 \to 1} \alpha_z$$

berechnen. Diese Berechnung liefert schon eine qualitativ befriedigende Vorhersage über die Wirkung der Zusatzkomponente. Man braucht hierbei den Ansatz [20] bzw. Gln. [37] nicht zu benutzen, wenn die Grenzwerte γ_{1G} und γ_{2G} der Aktivitätskoeffizienten der Stoffe 1 und 2 in binärer Mischung mit Komponente 3 bekannt sind. Dann gilt analog zu [38a]

$$\ln \alpha_{zG} = \ln \frac{p_{01}}{p_{02}} + \ln \frac{\gamma_{1G}}{\gamma_{2G}}. \qquad [38c]$$

Die Grenzwerte γ_{1G} und γ_{2G} sind mit dem Hilfsmittel der Gaschromatographie sehr einfach und schnell zu bestimmen, vgl. Abschnitt 6, S. 82, oder können nach der Methode von PIEROTTI, S. 37, berechnet werden.

BAUMGARTEN und GERSTER (117) haben die Grenzwerte γ_{iG} von n-Paraffinen und n-Olefinen (C_3 bis C_5) in Furfurol gemessen und daraus γ_{1G}/γ_{2G} des Paraffins gegenüber dem Olefin berechnet:

Tabelle 8

Zahl der C-Atome	3	4	5
γ_{1G}, n-Paraffin . . .	10,5	11,1	12,8
γ_{2G}, n-Olefin	6,3	6,32	7,12
γ_{1G}/γ_{2G} (Furfurol) . .	1,67	1,75	1,80

Bei der praktischen Durchführung der extraktiven Destillation sind die Grenzkonzentrationen, für die α_{zG} gilt, uninteressant, da man ja nach Möglichkeit hohe Durchsätze an Stoff 1 und 2 anstrebt. Andererseits wird bei niedrigeren Konzentrationen der Zusatzkomponente ihre Wirkung immer geringer, vgl. Abb. 12a. Diese beiden Umstände, die Forderung nach hohem Durchsatz und die Aussage der Mischphasenthermodynamik, zwingen den Praktiker zu einem Kompromiß: Man verwendet den Zusatzstoff meistens in Konzentrationen zwischen $0,5 < x_3' < 0,9$.

In diesem Bereich ist α_z kleiner als α_{zG}. Die genauen Werte von $\alpha_z = f(x_1', x_2')$ muß man entweder experimentell bestimmen (vgl. Abschnitt 6) oder aus bekannten Daten für das ternäre und die binären Systeme und mit Hilfe von Interpolationsgleichung [vgl. (1, 56, 53 und 6)] berechnen.

HERINGTON (161) leitete eine Beziehung zwischen isobar gemessenen Siedepunkten ab, mit der sich für eine bestimmte Konzentration x_3' des Zusatzstoffes der mittlere Logarithmus des isobaren Trennfaktors α_z der Stoffe 1 und 2 berechnen läßt. Man bestimmt hierzu die Siedepunkte T_1 und T_2 der reinen Stoffe 1 und 2, sowie die Siedepunkte T_{13} und T_{23} von binären Mischungen der Stoffe 1 und 2 mit 3, wobei diese Mischungen die Konzentration x_3' besitzen. Dann gilt

$$\Delta_{21} = T_2 - T_1,$$
$$\Delta_{23} = T_{23} - T_2; \quad \Delta_{13} = T_{13} - T_1.$$
$$T = \frac{T_{23} + T_{13}}{2}.$$
$$[\log \alpha_z]_{x'_3} \approx \frac{4{,}56}{T} \left[\Delta_{21} + \frac{1}{x_3'} (\Delta_{23} - \Delta_{13}) \right].$$

Diese Formel gestattet die Abschätzung des Trennfaktors α_z im ternären Gebiet aus nur 4 Siedepunktsmessungen, z. B. mit einem Apparat nach Abb. 32, S. 81.

Im Folgenden werden einige Beispiele für Trennungen azeotroper oder schwer trennbarer Gemische durch extraktive Destillation behandelt.

b) Beispiel Azeton/Chloroform, Zusatzstoff Methylisobutylketon

Gemäß der Klassifizierung auf S. 30 muß man als Zusatzstoff entweder ein hochsiedendes Keton (Klasse 3) oder einen hochsiedenden, chlorierten Kohlenwasserstoff der Klasse 4 einsetzen. Im ersten Fall bildet das hochsiedende Keton mit Azeton eine nahezu ideale Mischung (Klasse 3 + 3), während mit dem Chloroform negative Abweichungen vom RAOULTschen Gesetz zu erwarten sind (Klasse 3 + 4). Abb. 13a zeigt schematisch den Verlauf der $\ln \gamma_i$ der binären Systeme Azeton/hochsiedendes Keton und

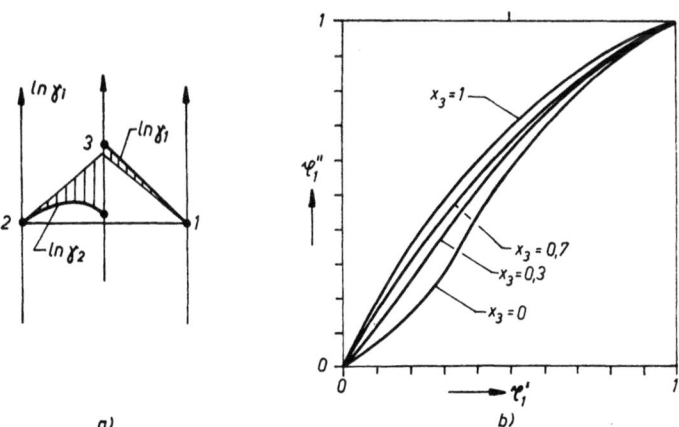

Abb. 13. a) Schematische $\ln \gamma_i$-Kurven für Azeton(1)/Methylisobutylketon(3) und Chloroform(2)/Methylisobutylketon(3); b) Gleichgewichtskurven für Azeton/Chloroform bei verschiedenen Konzentrationen des Zusatzstoffes Methylisobutylketon, $P = 760$ mm Hg.

Chloroform/hochsiedendes Keton. Daraus ersieht man, daß γ_1 (Azeton) erhöht wird relativ zu γ_2 (Chloroform).

Abb. 13b gibt das $\mathfrak{x}_1''/\mathfrak{x}_1'$-Diagramm wieder mit Methylisobutylketon als Zusatzstoff, nach Messungen von KARR et al. (10) bei $P = 760$ mm Hg.

c) Beispiel Benzol/Zyklohexan; Zusatzstoff Anilin

Die Klassifizierung von S. 30 ordnet Benzol und Zyklohexan in Klasse 5, Anilin in Klasse 2 ein. Benzol und Zyklohexan bilden eine nur „schwach" nichtideale Mischung; bei rund 1 Atm. bzw. 80° C beträgt der maximale $\Delta \overline{G}^E$-Wert etwa 50 cal/Mol oder $A \approx 0{,}28$. Auf Grund der Klassifizierung auf S. 30 sollte man erwarten, daß Benzol und Zyklohexan etwa gleich große positive Abweichungen vom RAOULTschen Gesetz zeigen, wenn sie mit Anilin gemischt werden. Das ist nicht der Fall: Zyklohexan/Anilin hat einen erheblich größeren A-Wert (etwa 2 bei 30° C) als Benzol/Anilin (etwa 0,7 bei 30° C). Auf diesen Sachverhalt weist auch die Tatsache hin, daß das System Zyklohexan/Anilin unterhalb 30° C eine Mischungslücke besitzt, während eine Mischungslücke für Benzol/Anilin bis herab zum Schmelzpunkt des Anilins nicht bekannt ist.

Wenn man noch das System n-Heptan/Anilin mit in den Kreis dieser Betrachtung zieht, so stellt man hier unterhalb 70° C eine Mischungslücke fest (also $A \approx 2{,}3$ bei 30° C). Vergleicht man nun die Abweichungen vom RAOULTschen Gesetz für diese drei Kohlenwasserstoffe in ihren binären Mischungen mit Anilin, so sind sie beim Paraffin n-Heptan am größten, beim Naphthen Zyklohexan groß und beim Aromat Benzol mittel. Dieser Befund kann zu der Regel ausgeweitet werden, daß *bei Mischungen von polaren Stoffen (Alkohole, H_2O, Amine, Phenole) mit Kohlenwasserstoffen die Abweichungen vom RAOULTschen Gesetz positiv sind und in der Reihenfolge Paraffin-Naphthen-Olefin-Aromat abnehmen.* Diese Regel läßt sich auch anders ausdrücken, indem man sagt: Je mehr ungesättigt ein Kohlenwasserstoff von bestimmter C-Zahl ist, desto kleiner sind seine Abweichungen vom RAOULTschen Gesetz im Gemisch mit einem polaren Zusatzstoff. Die Aktivitätskoeffizienten von Aromaten betragen oft nur $1/3$ bis $1/2$ derjenigen von Paraffinen gleicher C-Zahl bei gleicher Konzentration im gleichen Zusatzstoff. Geradkettige und verzweigte Paraffine zeigen keine wesentlichen Unterschiede in den Aktivitätskoeffizienten, für verzweigte sind sie meist etwas höher. Diolefine und Acetylene verhalten sich etwa wie Aromaten.

Benzol siedet bei 80,2° C, Zyklohexan bei 80,8° C, das binäre Azeotrop bei 77,5° C, $x_{1az} = 0{,}54$. Das Dampfdruckverhältnis p_{01}/p_{02} ist nur wenig größer als 1. Die Wirkung des Zusatzes Anilins auf das Verhältnis γ_1/γ_2 geht der Wirkung des Dampfdruckverhältnisses entgegen; da p_{01}/p_{02} aber sowieso praktisch 1 ist, spielt dies keine Rolle.

Abb. 14a zeigt schematisch die $\ln \gamma_i$-Kurven der binären Systeme mit Anilin, während in Abb. 14b die $\mathfrak{x}_1''/\mathfrak{x}_1'$-Kurven mit x_3' als Parameter dargestellt sind [vgl. (17)]. Da in den ternären Gemischen mit Anilin der Aktivitätskoeffizient γ_2 des Zyklohexans relativ stark erhöht wird, baucht sich die $\mathfrak{x}_1''/\mathfrak{x}_1'$-Kurve nach unten aus; Zyklohexan wird im Dampf bei allen

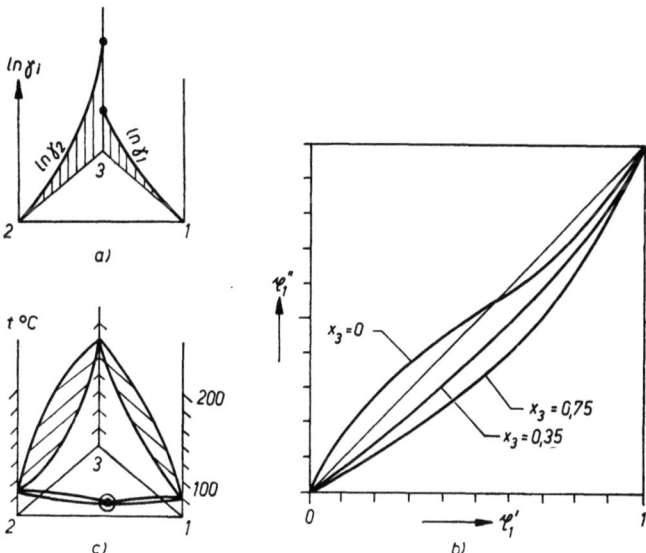

Abb. 14. a) Schematische $\ln \gamma_i$-Kurven für Benzol(1)/Anilin(3) und Zyklohexan(2)/Anilin(1); b) Gleichgewichtskurven für Benzol/Zyklohexan bei verschiedenen Konzentrationen des Zusatzstoffes Anilin, $P = 760$ mm Hg; c) Schematische Siedediagramme der drei binären Systeme. Anilin bildet infolge seines hohen Siedepunkts bzw. kleinen Dampfdrucks weder mit Zyklohexan noch mit Benzol ein Azeotrop. Es ist $p_{01}/p_{03} \gg \gamma_1/\gamma_3$ und $p_{02}/p_{03} \gg \gamma_2/\gamma_3$, vgl. auch Abb. 3.

Konzentrationen angereichert, wenn $x_3' > 0{,}3$ ist. Die Siedediagramme der drei binären Systeme sind in Abb. 14c dargestellt.

Gemäß der Klassifizierung nach Polaritäten auf S. 35 ist Anilin polar, während Benzol und Zyklohexan beide unpolar sind; allerdings hat Benzol noch ein sehr kleines Dipolmoment (s. Tab. 6, S. 36) und eine große Polarisierbarkeit ($n_D^{20} \approx 1{,}5$), während Zyklohexan kein Dipolmoment besitzt und nur wenig polarisierbar ist ($n_D^{20} \approx 1{,}42$). Diese Unterschiede erklären in qualitativer Weise die kleineren Abweichungen vom RAOULTschen Gesetz für Benzol in Mischung mit Anilin, verglichen mit Zyklohexan in Mischung mit Anilin.

d) Beispiel n-Heptan/Methylzyklohexan; Zusatzstoff Anilin

Das binäre Gemisch n-Heptan/Methylzyklohexan verhält sich im bis jetzt untersuchten Temperaturbereich 20 bis 100° C pseudoideal [vgl. (11)]. Es ist also $\Delta \overline{G}^E \approx 0$, obwohl ΔH und $T \Delta \overline{S}^E$ von Null verschieden, wenn auch nicht sehr groß sind. Bei solchen pseudoidealen Systemen besteht durchaus noch die Chance, den Trennfaktor durch einen Zusatzstoff zu erhöhen. n-Heptan siedet bei 98,5° C, Methylzyklohexan bei 101,1° C; der Trennfaktor ist $\alpha_0 = 1.075$ bei $P = 760$ mm Hg. Für eine wirtschaftliche, destillative Trennung ist dieser Trennfaktor zu klein. Der polare Zusatzstoff Anilin

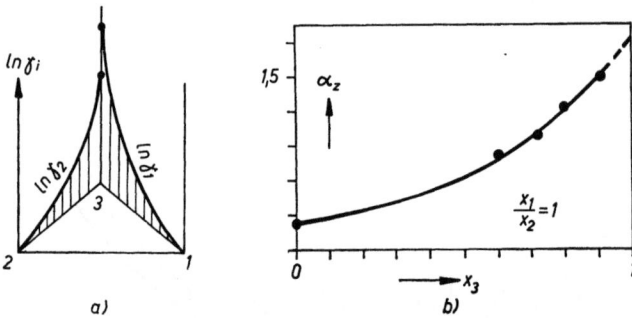

Abb. 15. a) Schematische $\ln \gamma_i$-Kurven für n-Heptan(1)/Methylzyklohexan(2) mit Anilin(3) als Zusatzkomponente; b) α_z als Funktion von x_3' für $\mathfrak{x}_1 = \mathfrak{x}_2 = 0,5$ bzw. $x_1'/x_2' = 1$; $P = 760$ mm Hg.

ergibt mit dem Paraffin n-Heptan größere positive Abweichungen vom RAOULTschen Gesetz als mit dem Naphthen Methylzyklohexan, vgl. Abb. 15a. Der Unterschied ist nicht sehr groß, führt aber doch zu einer wesentlichen Erhöhung des Trennfaktors, wie es in folgender Tab. 9 für äquimolare Gemische dargestellt ist [vgl. (42)]. In dieser Tabelle sind auch noch Trennfaktoren angegeben, die bei Verwendung anderer, polarer Zusatzstoffe resultieren.

Tabelle 9
Trennfaktoren für n-Heptan/Methylzyklohexan mit verschiedenen Zusatzstoffen

Zusatzstoff (3)	x_3'	α_z
ohne	0	1,07
Anilin	0,58	1,26
Anilin	0,70	1,27
Anilin	0,78	1,40
Anilin	0,92	1,52
Furfurol	0,80	1,35
Phenol	0,80	1,31
Nitrobenzol . . .	0,80	1,31

Abb. 15b stellt die Abhängigkeit des Trennfaktors für $\mathfrak{x}_1' = \mathfrak{x}_2' = 0{,}5$ als Funktion der Konzentration x_3' des Anilins dar.

e) Beispiel n-Heptan/Toluol; Zusatzstoff Anilin

Das System n-Heptan/Toluol verhält sich ähnlich wie Zyklohexan/Benzol bei Zusatz von Anilin, vgl. JOST (17), s. Tab. 10.

Tabelle 10
Trennfaktor α ohne Zusatz und Trennfaktor α_z mit Zusatz von Anilin (3) für n-Heptan (1)/Toluol (2)

$\mathfrak{x}_1'$	$\mathfrak{x}_2'$	x_3'	α	α_z
0,70	0,30	0,16	1,24	1,56
0,70	0,30	0,39	1,24	1,96
0,40	0,60	0,67	1,47	2,83
0,71	0,29	0,70	1,18	2,26
0,50	0,50	0,96	1,37	3,56

f) Beispiel binäre ideale Mischungen + Zusatzstoff

Bei einem wirklich sich ideal verhaltenden, binären System, in dem also $\varDelta \overline{G}^E = 0$; $\varDelta \overline{H} = 0$; $\varDelta \overline{S}^E = 0$ ist, kann ein Zusatzstoff die destillative Trennbarkeit nicht beeinflussen. Zwar bildet jeder Partner des binären, idealen Systems in Mischung mit der Zusatzkomponente Abweichungen vom RAOULTschen Gesetz, doch sind diese für beide Partner gleich, das Verhältnis γ_1/γ_2 bleibt immer gleich 1, vgl. Abb. 16. Derartige ideale Mischungen sind relativ selten. Nach EBERT und TSCHAMLER (12) kann man bei folgenden Mischungen ideales Verhalten erwarten:

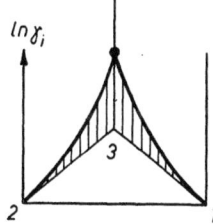

Abb. 16. Schematische $\ln \gamma_i$-Kurven für p-Xylol(1)/m-Xylol (2) mit Anilin (3) als Zusatzkomponente. Der Zusatzstoff verbessert die destillative Trennbarkeit nicht.

1. Gemische von Molekülen mit isotopen Atomen,
2. Gemische von optischen Antipoden,
3. Gemische von Stereoisomeren,
4. Gemische von Strukturisomeren,
5. Gemische von Nachbarn in homologen Reihen.

Ein bekannter Fall, wo extraktive und azeotrope Destillation versagen, ist die destillative Trennung des Gemisches p-Xylol/m-Xylol; der Trennfaktor für Temperaturen um 138° beträgt 1,032, die Siedepunktsdifferenz ist 0,80° C. Zusatzstoffe wie Glykol, Anilin, Phenol, Triäthanolamin, Zyklohexanol, Glykolmonoäthyläther und Methanol ergeben keine Verbesserung des Trennfaktors.

g) *Beispiel Äthanol/Wasser; Zusatzstoff Salze*

Bei Mischungen binärer Systeme, wo die eine Komponente Wasser und die andere ein organischer Stoff ist, läßt sich der Partialdruck des Wassers durch Zusatz von Salzen relativ zum Partialdruck der anderen Komponente stark erniedrigen. Diese Wirkung erklärt sich mit der Hydratation der vom Salz gebildeten Ionen. Die Wassermolekeln werden von den Ionen „gebunden"; die Partialdruckkurve des Wassers zeigt negative Abweichung vom RAOULTschen Gesetz. Das zugesetzte Salz muß auch in dem organischen Stoff eine genügend große Löslichkeit besitzen, da ja, wie schon früher erwähnt, nur eine hohe Konzentration des Zusatzstoffes eine spürbare Wirkung ausübt. Der Salzzusatz zu Gemischen von Wasser mit organischen Stoffen ist die älteste Form der extraktiven Destillation, vgl. BITTEL (180).

Der Zusatz von Salzen zum System Äthanol/Wasser erhöht die relative Flüchtigkeit des Äthanols bzw. den Trennfaktor, vgl. Abb. 17a und b, sowie

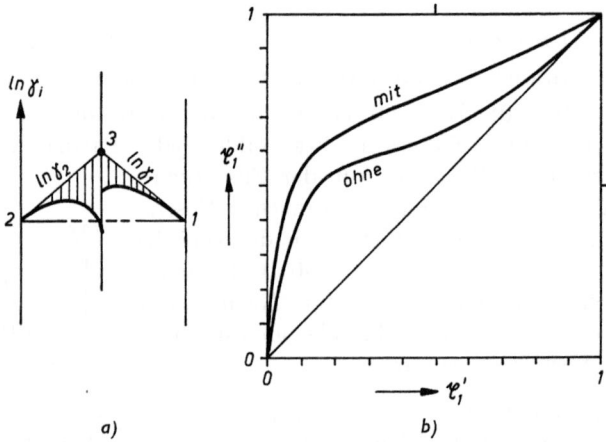

Abb. 17. a) Schematische ln γ_i-Kurven für Äthanol(1)/Wasser(2) mit $CaCl_2$ als Zusatzstoff (3); b) Gleichgewichtskurve $\mathfrak{x}_1' = f(\mathfrak{x}_1'')$ für $P = 760$ mm Hg. Einmal ist die Kurve ohne $CaCl_2$-Zusatz eingetragen; das andere Mal ist die Kurve für einen Zusatz von 10 g $CaCl_2$ auf 100 cm³ binäres Gemisch dargestellt.

(13) und (14). Durch Zusatz von NH_4NO_3 zu Isopropylalkohol/Wasser erhält man ebenfalls eine $\mathfrak{x}_1''/\mathfrak{x}_1'$-Kurve ohne azeotropen Punkt [vgl. (18)].

Im System Wasser/Essigsäure ist ohne Zusatz das Wasser der leichterflüchtige Stoff. Bei Zusatz von mehr als 10 Gew.% $CaCl_2$ wird die Essigsäure der leichterflüchtige Stoff, vgl. Abb. 18 sowie (15).

Ähnlich wie Systeme „Wasser/organischer Stoff" verhalten sich auch Systeme „Alkohol/organischer Stoff" bei Zusatz von wäßrigen Salzlösungen.

Azeton/Methanol bilden ein Azeotrop bei 54,6°C, $P = 760$ mm H, $x_{1az} = 0,86$. Durch Zusatz einer 2,3-molaren wäßrigen CaCl$_2$-Lösung im Verhältnis 3 Teile Lösung auf 1 Teil Gemisch wird die relative Flüchtigkeit des Azetons

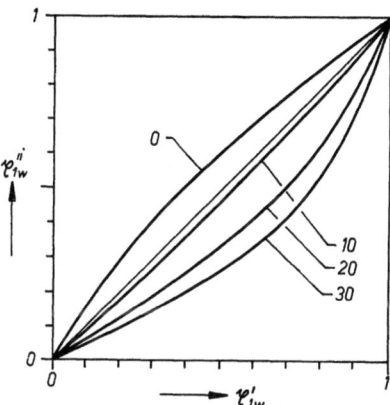

Abb. 18. Gleichgewichtskurve Wasser(1)/Essigsäure(2) mit Zusatz von CaCl$_2$(3) bei $P = 760$ mm Hg. $\mathfrak{x}_{1'w}$ bedeutet den Gewichtsbruch des Wassers in der salzfreien Flüssigkeit, vgl. die Gl. [36]. Die Zahlen an den Kurven geben die Konzentration des CaCl$_2$ in Gew.% an. Die Löslichkeit von CaCl$_2$ in siedender, reiner Essigsäure beträgt etwa 35 Gew.%.

gegenüber dem Methanol erhöht, so daß kein azeotroper Punkt mehr auftritt [vgl. (16)].

h) Technische Anwendungen der extraktiven Destillation

Aus dem Buch von ROBINSON und GILLILAND (53) wurde die folgende Zusammenstellung entnommen.

Tabelle 11

Zu trennendes Gemisch	Zusatzstoff	Kopfprodukt bei extraktiver Destillation
1. Salzsäure/Wasser	Schwefelsäure	Salzsäure
2. Salpetersäure/Wasser	Schwefelsäure	Salpetersäure
3. Äthanol/Wasser	Glyzerin	Äthanol
4. Buten/Butan	Azeton, Furfurol	Butan
5. Buten/Butadiën	Azeton	Buten
6. Isopren/Penten	Azeton	Penten
7. Toluol/Paraffine	Phenol	Paraffine
8. Azeton/Methanol	Wasser	Azeton
9. Buten/Butadiën	Ammoniakalische Lösung von Kupfer-I-azetat	Buten

Bei den Beispielen Nr. 1 und 2 „bindet" die Schwefelsäure das Wasser, so daß die Säuren in wasserfreier Form erhalten werden können. Die wasserhaltige Schwefelsäure wird durch destillative Entfernung des H_2O regeneriert. — Alkohol kann durch extraktive Destillation mit Glyzerin absolutiert werden. - Beispiel Nr. 4, 5 und 6 veranschaulichen die Anwendung des Verfahrens zur Trennung von C_4- und C_3-Kohlenwasserstoffen, wobei man dem Azeton bzw. Furfurol noch Wasser zusetzt zur Erhöhung der Selektivität, z. B. 12–18 bzw. 4–6 Gew. % H_2O. - Die Abtrennung von Toluol aus Gemischen mit Paraffinen gleicher Siedelage (z. B. n-Heptan) kann auch mit Anilin als Zusatzstoff durchgeführt werden, vgl. JOST (17).

i) Zusammenfassung der wünschenswerten Eigenschaften einer Zusatzkomponente bei der extraktiven Destillation

Die Zusatzkomponente für die Stofftrennung durch extraktive Destillation soll:

1. In Mischung mit den zu trennenden Stoffen mindestens graduell verschiedene Abweichungen vom RAOULTschen Gesetz geben.
2. Kein Azeotrop mit einem der zu trennenden Stoffe bilden, d. h. sie muß erheblich höher sieden, als der höchstsiedende der zu trennenden Stoffe.
3. Bei Destillationstemperatur und den angewendeten Konzentrationen mit den zu trennenden Stoffen mischbar sein.
4. Zu niedrigen Kosten in ausreichender Menge und Reinheit verfügbar sein.
5. Nicht korrodierend wirken auf das Konstruktions- bzw. Füllungsmaterial der Kolonne.
6. Eine niedrige Viskosität besitzen.

Zu diesen Punkten sei bemerkt:

1. Die Gründe für diesen Anspruch wurden auf den vorhergehenden Seiten ausführlich diskutiert. Theoretisch erzielt man den besten Effekt bei möglichst hoher Konzentration des Zusatzstoffes. Aus praktisch-wirtschaftlichen Erwägungen wendet man Konzentrationen $0{,}5 < x_3' < 0{,}9$ an.
2. Diese Forderung gewährleistet die leichte Abtrennung des Zusatzstoffes durch gewöhnliche Destillation aus den Gemischen mit den zu trennenden Stoffen. Für den Fall, daß die Zusatzkomponente mit dem nach Zusatz leichter flüchtigen Stoff ein Heteroazeotrop bildet, kann man von dieser Forderung abgehen, da der Zusatzstoff durch Phasentrennung*) abgesondert werden kann, vgl. S. 69. Zum Beispiel kann man das Azeotrop zwischen Azeton und Chloroform dadurch trennen, daß man H_2O als Zusatzstoff verwendet. Als Sumpfprodukt der extraktiven Kolonne fällt ein Gemisch H_2O/Azeton an, das durch gewöhnliche Destillation trennbar ist, während als Kopfprodukt

---

*) Trennen der beiden koexistenten flüssigen Phasen.

das Heteroazeotrop H_2O/Chloroform erscheint. Derartige Fälle liegen im Grenzgebiet zwischen extraktiver und azeotroper Destillation.
3. Die Wirksamkeit der meisten Destillationskolonnen läßt sehr nach, wenn zwei flüssige Phasen anwesend sind. Es wäre daher ein unerwünschter Effekt, wenn der Zusatzstoff zur Ausbildung von zwei flüssigen Phasen in der Kolonne führt.
4. und 5. Diese technischen Gesichtspunkte spielen im Laboratorium keine große Rolle.
6. Die niedrige Viskosität ist wichtig, weil dann ein hoher Bodenwirkungsgrad bzw. ein guter Stoffaustausch auch in der extraktiven Kolonne erzielt wird.

5. Thermodynamische Grundlagen der azeotropen Destillation Wahl des azeotropbildenden Zusatzstoffes

a) Allgemeine Gesichtspunkte

Genau wie bei der extraktiven Destillation soll auch bei der *azeotropen Destillation* der Trennfaktor α für zwei Komponenten eines binären Gemisches durch Zusatz einer dritten Komponente vergrößert werden.

$$|\log \alpha_z| > |\log \alpha|\ ;\quad \alpha_z \neq 1\ . \qquad [5]$$

Im Gegensatz zur extraktiven Destillation besitzt aber bei der *azeotropen Destillation die Zusatzkomponente einen Siedepunkt, der etwa bei der gleichen Temperatur liegt wie die Siedepunkte der zu trennenden Stoffe;* der Temperaturbereich dürfte ungefähr $\pm 35°$ C betragen. Diese Feststellung lautet in anderer Ausdrucksweise: *Der Dampfdruck p_{03} ist von vergleichbarer Größenordnung mit p_{01} und p_{02}.*

Die auf Grund der oben erwähnten Gl. [5] an die Aktivitätskoeffizienten zu stellende Forderung lautet

$$\left(\frac{\gamma_1}{\gamma_2}\right)_{\text{ternär}} > \left(\frac{\gamma_1}{\gamma_2}\right)_{\text{binär}}. \qquad [35]$$

Da nun aber die Zusatzkomponente 3 ihrerseits einen hohen Dampfdruck besitzt, bildet sie mit der einen oder auch mit beiden Komponenten des zu trennenden Gemisches binäre Azeotrope. Bei der extraktiven Destillation war es leicht möglich, die Konzentration der Zusatzkomponenten in der Kolonne auf jeden gewünschten Wert einzustellen, da der Zusatzstoff wegen seines hohen Siedepunktes keine Azeotrope bildete. Im Fall der azeotropen Destillation soll der Zusatzstoff Azeotrope bilden, und es ist weder opportun, noch technisch leicht realisierbar, eine bestimmte Konzentration des Zusatzstoffes in der Kolonne einzustellen. Man gibt bei der absatzweisen, azeotropen Destillation lediglich soviel Zusatzstoff zu dem zu trennenden Gemisch, daß das tiefstsiedende Azeotrop (z. B. aus Komponente 1 und 3) am Kopf der Kolonne abdestilliert werden kann; im Sumpf der Kolonne erhält man dann die reine andere Komponente (z. B. Stoff 2). Die absolute und relative Menge des azeotropen Zusatzstoffes ist also gegeben durch die Konzentration des Stoffes 3 im tiefstsiedenden Azeotrop, wenn es sich um die Trennung eines binären Gemisches handelt.

Die thermodynamischen Grundlagen sollen mit Hilfe von Daten eines in neuerer Zeit gemessenen ternären Systems diskutiert werden. Es handelt sich um Zyklohexan(1)-Benzol(2)-Äthylazetat(3), vgl. CHAO und HOUGEN (62). Abb. 19 enthält in mehreren graphischen Darstellungen einen Überblick über die Messungen der Autoren (62) bei $P = 760$ mm Hg; ein ternäres Azeotrop existiert nicht.

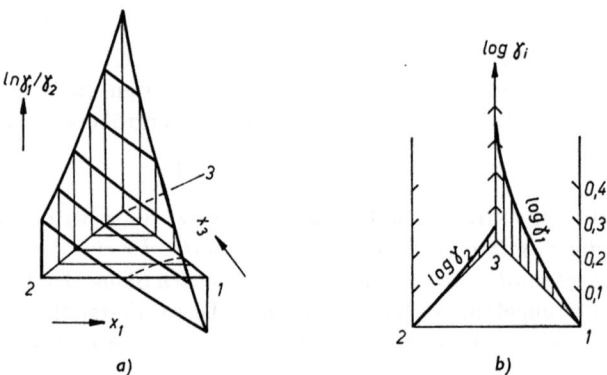

Abb. 19. System Zyklohexan(1)-Benzol(2)-Äthylazetat(3), vgl. (62). a) Schematische, dreidimensionale Darstellung von $\ln \gamma_1/\gamma_2$; P oder T gleich const; b) $\log \gamma_i$-Kurven der binären Systeme 1–3 und 2–3; $P = 760$ mm Hg.

Abb. 19a zeigt schematisch die Beeinflussung des Verhältnisses der Aktivitätskoeffizienten von Zyklohexan und Benzol. Abb. 19b stellt die $\log \gamma_1$-Kurve des Systems 1–3 und die $\log \gamma_2$-Kurve des Systems 2–3 dar. *Der Zusatzstoff Äthylazetat erhöht demnach den Aktivitätskoeffizienten des Zyklohexans erheblich stärker als den des Benzols*, Äthylazetat besitzt für das zu trennende System eine ausgezeichnete *selektive Wirkung*. Dieses Verhalten kann man auch aus Abb. 19c herauslesen, wo die $\Delta \overline{G}^E$-Kurven für die drei binären Systeme bei $P = 760$ mm Hg aufgezeichnet sind. Die $\Delta \overline{G}^E_{\max}$- und A-Werte sind $(A = 4 \Delta \overline{G}^E_{\max}/RT)$:

Tabelle 12

System	$\Delta \overline{G}^E_{max}$, cal/Mol	A
1–3	168	0,97
1–2	61	0,35
2–3	15	0,085

Die *Selektivität* des Äthylazetats bei der Trennung von Zyklohexan/Benzol ist vergleichbar mit der des Anilins beim gleichen Trennproblem, s. S. 49. Nach der Klassifizierung von EWELL, HARRISON und BERG (8), s. S. 30, könnte man diesen Effekt nicht vorhersagen. Mit Hilfe der Polaritätsregeln erscheint dieses Ergebnis plausibel: Das schwach polare Äthylazetat bildet mit dem sehr schwach polaren Benzol ein System sehr kleiner Abweichungen vom RAOULTschen Gesetz, während es in Mischung mit dem gänzlich unpolaren Zyklohexan große Abweichungen vom RAOULTschen Gesetz liefert.

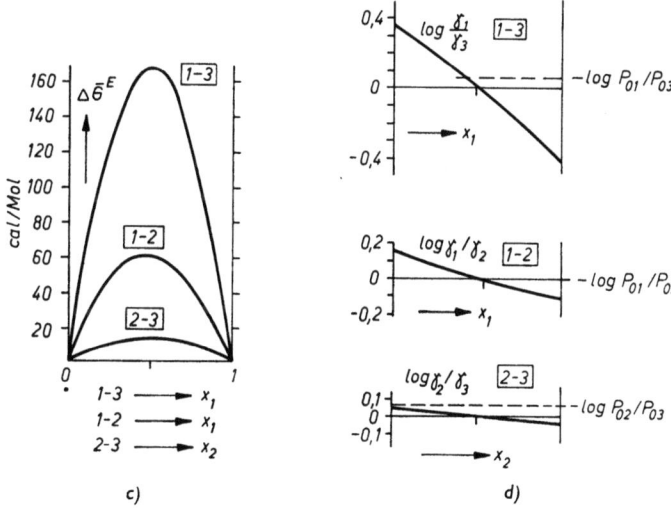

Abb. 19 c) $\Delta \overline{G}^E$-Kurven der binären Systeme 1–3, 1–2 und 2–3 bei konstantem Druck, $P = 760$ mm Hg; d) oben: $\log \gamma_1/\gamma_3$; Mitte: $\log \gamma_1/\gamma_2$; unten $\log \gamma_2/\gamma_3$, jeweils als Funktion des eingezeichneten Molenbruchs für die bezeichneten binären Systeme. Der Wert des zu jedem System gehörigen Dampfdruckverhältnisses ist am rechten Rand vermerkt.

Abb. 19 d gibt die $\log \gamma_1/\gamma_3$, $\log \gamma_1/\gamma_2$ und $\log \gamma_2/\gamma_3$-Kurven der drei binären Systeme wieder. Die Neigung der Kurven ist proportional zum A-Wert, s. Gl. [22]. In diesen Diagrammen sind am rechten Rand die Werte für $\log p_{01}/p_{03}$, $\log p_{01}/p_{02}$ und $\log p_{02}/p_{03}$ eingezeichnet; ihre numerischen Werte betragen 0,045; 0,007 und 0,038. Ein binäres Azeotrop tritt auf, wenn

$$\log \gamma_1/\gamma_2 = \log p_{02}/p_{01}, \quad \text{z. B. für System 1–2,}$$

ist, vgl. Gl. [3b, 25a]. Das zu trennende System 1–2 besitzt bei $x_{1az} = 0,47$ und $t_{az} = 77,6°$ C $P = 760$ mm Hg ein Azeotrop. Infolge dieses Azeotrops kann eine Mischung Zyklohexan/Benzol nicht durch gewöhnliche Destillation in ihre beiden reinen Komponenten zerlegt werden. Wie aus den Abb. 19a bis 19d hervorgeht, *verändert der Zusatzstoff Äthylazetat die relative Flüchtigkeit α_z der beiden zu trennenden Stoffe in günstiger Weise*. Dieselbe Argumentation galt bei der Diskussion der extraktiven Destillation, s. S. 43. Die azeotrope Destillation unterscheidet sich aber nun dadurch von der extraktiven Destillation, daß die Dampfdruckverhältnisse p_{01}/p_{03} und p_{02}/p_{03} von gleicher Größenordnung sind wie γ_1/γ_3 und γ_2/γ_3; bei der extraktiven Destillation ist $p_{0i}/p_{03} \gg \gamma_i/\gamma_3$.

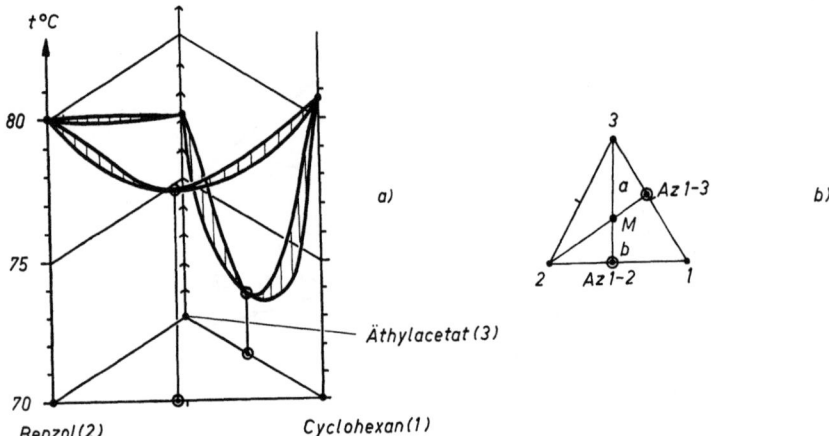

Abb. 20. a) Siedediagramm der drei binären Systeme Zyklohexan/Benzol/Äthylazetat in räumlicher Darstellung; b) azeotrope Konzentrationen im Dreiecksdiagramm.

In diesem speziellen Fall bildet Äthylazetat (3) mit Zyklohexan (1) ein Azeotrop bei $x_{1az} = 0,45$; $t_{az} = 71,6°$ C/760 mm Hg. In Mischung mit Benzol (2) tritt gerade kein Azeotrop auf, s. Abb. 19c. *Das Minimumazeotrop Äthylazetat/Zyklohexan besitzt den niedrigsten Siedepunkt im gesamten ternären System Zyklohexan/Benzol/Äthylazetat;* bei der Destillation eines solchen ternären Gemisches mit einer wirksamen Kolonne wird also immer das binäre Azeotrop Zyklohexan/Äthylazetat als erste Fraktion übergehen. Abb. 20a zeigt die drei isobaren Siedediagramme der drei binären Systeme. Es treten zwei binäre Azeotrope auf: Zyklohexan/Benzol,

$x_{1az} = 0{,}47$, $t_{az} = 77{,}6°$ C und Zyklohexan/Äthylazetat, $x_{1az} = 0{,}45$, $t_{az} = 71{,}6°$ C bei jeweils $P = 760$ mm Hg. Faßt man nun einmal die beiden Azeotrope als weitere „Komponenten" des betrachteten Systems auf, so kann man die „fünf Komponenten" des Systems nun eindeutig in eine Reihe nach steigenden Siedepunkten einordnen, da ja kein ternäres Azeotrop auftritt:

Tabelle 13

„Komponente"	Konzentration	t_{az}, °C
1. Zyklohexan/Äthylazetat	$x_{1az} = 0{,}45$	71,6
2. Äthylazetat	$x_3 = 1$	77,1
3. Zyklohexan/Benzol	$x_{1az} = 0{,}47$	77,6
4. Benzol	$x_2 = 1$	80,1
5. Zyklohexan	$x_1 = 1$	80,7

Bei der absatzweisen Destillation eines derartigen ternären Gemisches mit einer wirksamen Kolonne hängt es von der Zusammensetzung der ternären Mischung ab, welche „Komponenten" und in welcher Reihenfolge sie am Kolonnenkopf anfallen.

Bei der Trennung des Azeotrops Zyklohexan (1)/Benzol (2) durch Zusatz von Äthylazetat (3) würde man folgendermaßen vorgehen: 10 Mole des azeotropen Gemisches 1–2 enthalten 4,7 Mole Stoff 1. Man gibt zu 10 Molen des Gemisches aus 1–2 nun 5,74 Mole Stoff 3, da ja im Azeotrop 1–3 auf 1 Mol des Stoffes 1 genau 1,222 Mole des Stoffes 3 enthalten sind. Das entstandene ternäre Gemisch hat die Konzentrationen $x_1' = 0{,}299$, $x'_2 = 0{,}337$, $x_3' = 0{,}364$. Dieses Gemisch gibt man in die Blase einer wirksamen Kolonne und erhält dann die „Komponenten" in der Reihenfolge ihrer Siedepunkte und nach Maßgabe der Mengenverhältnisse, nämlich:

1. Azeotrop aus 1–3, wobei *alles* Zyklohexan mit dem gesamten Äthylazetat übergeht.
2. Reines Benzol.

Dieser Destillationsverlauf ist natürlich stark idealisiert: Einmal muß man mit Übergangsfraktionen rechnen, und dann lassen sich die Mengenverhältnisse nie so exakt einstellen. Daher erhöht man lieber die Menge des azeotropbildenden Zusatzstoffes über das unbedingt notwendige Maß hinaus, z. B. 10 Mole azeotropes Gemisch 1–2 und 6,5 Mole Zusatzstoff 3. Die Komponenten erscheinen dann am Kolonnenkopf in der folgenden Reihenfolge:

1. Azeotrop aus 1–3, wobei *alles* Zyklohexan (4,7 Mole) mit dem Großteil (5,74 Mol) des Äthylazetats übergeht.
2. Übergangsfraktion von Azeotrop 1–3 auf Stoff 3.

3. Reiner Stoff 3, Äthylazetat (0,76 Mole).
4. Übergangsfraktion von Stoff 3 auf Stoff 2.
5. Reiner Stoff 2, Benzol (5,3 Mole).

Die überschüssige Menge des Zusatzstoffes Äthylazetat bildet eine Fraktion Nr. 3, die die beiden zu trennenden Fraktionen Nr. 1 und 5 noch zusätzlich „auseinanderschiebt", ein sehr wünschenswerter Effekt, den man aber nicht immer erzielen kann. Die Fraktionen Nr. 1 und 2 werden vereinigt und mit Wasser extrahiert zur Entfernung des Äthylazetats; dasselbe geschieht mit Fraktion 4 und 5. Dadurch erhält man die beiden zu trennenden Stoffe Zyklohexan und Benzol in getrennter, reiner Form.

Die Mengenverhältnisse des betrachteten Beispiels lassen sich an Hand von Abb. 20b übersichtlich diskutieren. Das Azeotrop 1–2 soll getrennt werden in das Azeotrop 1–3 und den reinen Stoff 2. Alle Mischungen von Az 1–2 mit Zusatzstoff 3 liegen auf der Linie von Az 1–2 nach 3. Um mit einer wirksamen Kolonne die Trennung in Az 1–3 und reinen Stoff 2 zu erreichen, muß man *mindestens* soviel Stoff 3 zugeben, daß die ternäre Ausgangsmischung M erhalten wird. Durch die Kolonnendestillation der Mischung M erhält man dann Az 1–3 und Stoff 2 als reine Komponenten. Das Mengenverhältnis des Stoffes 3 zum Az 1–2 ist gleich b/a (für Punkt M).

Abb. 21 zeigt schematisch den Verlauf der Siedetemperaturen und des Brechungsindexes für das am Kopf einer wirksamen Destillationskolonne anfallende Produkt bei der Destillation eines ternären Gemisches aus 10 Molen

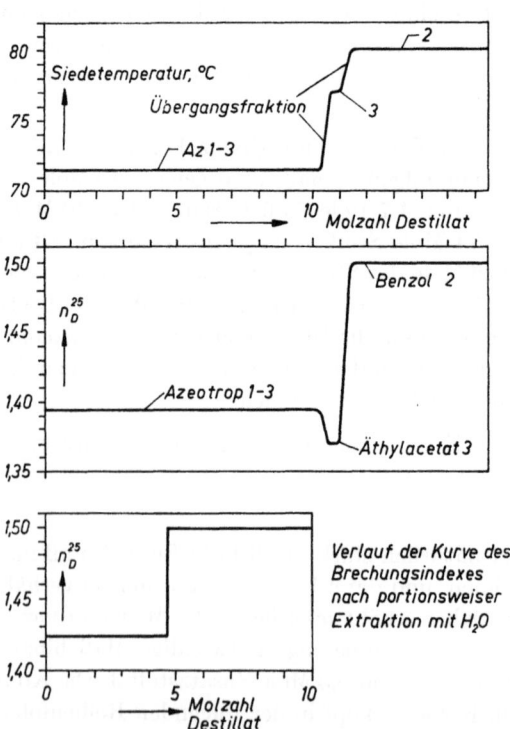

Abb. 21. Verlauf der Siedetemperatur und des Brechungsindexes bei der azeotropen Destillation des Gemisches Zyklohexan/Benzol mit Äthylazetat.

Az 1–2 und 6,5 Molen Zusatzstoff 3. Die Übergangsfraktion Nr. 4 ist größer als die Übergangsfraktion Nr. 2 wegen des kleineren Trennfaktors im zweiten Fall. Die Trennfaktoren zwischen den „Komponenten" kann man sich näherungsweise mit der Formel

$$\log \alpha_{in} = 8{,}9 \, \frac{T_i - T_n}{T_i + T_n} \qquad [39]$$

aus den Siedepunkten T_i und T_n (absolute Temperaturen) ausrechnen (unter Vernachlässigung der Konzentrationsabhängigkeit von $\alpha_{i,\,n}$). So erhält man für den Trennfaktor zwischen Az 1–3 und Stoff 3 $\alpha = 1{,}18$, während sich für den Trennfaktor zwischen Äthylazetat (3) und Benzol (2) der Wert $\alpha_0 = 1{,}09$ ergibt. Die Erfahrung zeigt, daß Azeotrope sich von der anderen „Komponente" immer besser trennen lassen, als man nach Gl. [39] berechnet.

Die in Abb. 21 dargestellten Kurven, bei denen das Benzol restlos im Destillat anfällt, sind natürlich nur dadurch realisierbar, daß man dem ternären Gemisch noch einen hochsiedenden, die geplante Trennung nicht störenden Stoff zusetzt, z. B. ein Xylol. Das Xylol treibt dann auch die letzten Reste Benzol aus der Siedeblase und Kolonne aus. Benzol besitzt gegenüber Xylol einen genügend großen Trennfaktor, wodurch die Übergangsfraktion zwischen diesen beiden Stoffen klein bleibt (z. B. für Benzol/p-Xylol $\alpha_0 = 4{,}7$).

Zum Schluß sei auf Abb. 22 hingewiesen, wo die Dampf-Flüssigkeitsgleichgewichtsmessungen nach CHAO und HOUGEN (62) im ternären Gebiet

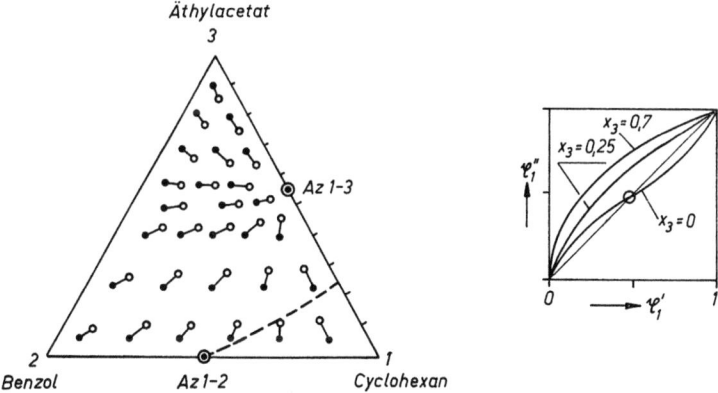

Abb. 22. Dampf-Flüssigkeitsgleichgewichtsmessungen im ternären System Zyklohexan/Benzol/Äthylazetat, $P = 760$ mm Hg, schematisch, nach CHAO und HOUGEN (62). ● gibt die Flüssigkeitskonzentration an und ⊙ markiert die zugehörige Dampfzusammensetzung. Die gestrichelte Kurve verbindet alle Flüssigkeitskonzentrationen, wo $\mathfrak{x}_1' = \mathfrak{x}_1''$ bzw. $\mathfrak{x}_2' = \mathfrak{x}_2''$ ist; d. h. also: Die gestrichelte Linie charakterisiert die „Verschiebung des azeotropen Punktes" des pseudobinären Systems Zyklohexan/Benzol durch den Zusatzstoff Äthylazetat.

des Systems Zyklohexan/Benzol/Äthylazetat und im pseudobinären x_1''/x_1' Diagramm (vgl. Gl. [36]) dargestellt sind.

Im folgenden werden einige weitere Beispiele für die Auswahl der Zusatzkomponente bei der azeotropen Destillation behandelt (vgl. (199, 200)):

b) Trennung verschiedener Typen von Kohlenwasserstoffen mit etwa gleicher Lage des Siedepunkts

Diese Methode wurde von ROSSINI, MAIR et al. (4) im großen Umfang bei der Isolierung einzelner Kohlenwasserstoffe aus Erdöldestillaten verwendet. Sie beruht darauf, daß verschiedene Typen von Kohlenwasserstoffen gleicher Siedelage je nach Zahl der im Molekül enthaltenen $C = C$-Doppelbindungen (bzw. je nach dem Grad des „Ungesättigtseins") bei der Mischung mit einem polaren Lösungsmittel verschieden große positive Abweichungen vom RAOULTschen Gesetz ergeben. Dieses Verhalten und die daraus abzuleitenden Konsequenzen für die azeotrope Destillation sind in Abb. 23 schematisch dargestellt. Die $\Delta \bar{G}^E_{max}$- bzw. A-Werte steigen an in der Reihenfolge Aromat-Olefin-Naphthen-Paraffin, vgl. auch S. 48. Bei gleichem Siedepunkt der reinen Kohlenwasserstoffe hat also das azeotrope Gemisch aus Paraffin + polarer Zusatzstoff den niedrigsten Siede-

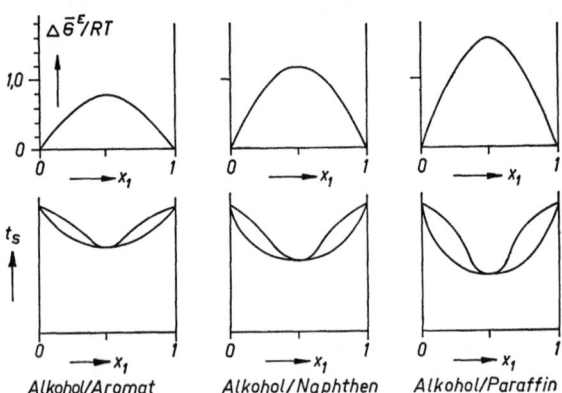

Abb. 23. $\Delta \bar{G}^E$-Kurven und Siedediagramme (schematisch) für Gemische eines Alkohols mit einem aromatischen, einem naphthenischen und einem paraffinischen Kohlenwasserstoff. Die Siedepunkte der drei Kohlenwasserstoffe und des Alkohols sollen gleich sein.

punkt, s. Abb. 23. ROSSINI, MAIR et al. (4) empfehlen folgende Stoffe als azeotropbildende Zusatzkomponente bei der Trennung von Kohlenwasserstoffen: Azeton, 56,5; Methanol, 64,7; Äthanol 78,4; Azetonitril 82; Isopropylalkohol, 82,5; Essigsäure 118; Äthylenglykolmonomethyläther, 124,4;

Äthylenglykolmonoäthyläther 135,1; Äthylenglykolmonomethylätherazetat 144; Äthylenglykolmonobutyläther, 171,2; Diäthylenglykolmonomethyläther 194,2. Die Zahl hinter dem Stoffnamen ist die Siedetemperatur des reinen Stoffes in °C, $P = 760$ mm Hg. Die Autoren (4) haben Tabellen der azeotropen Gemische dieser Stoffe mit verschiedenen Kohlenwasserstoffen zusammengestellt.

Interessant ist in diesem Zusammenhang, daß die verschiedenen Typen von Alkoholen gleicher Siedelage ebenfalls in eine Reihe geordnet werden können, wenn man die Abweichungen vom RAOULTschen Gesetz für Gemische dieser Stoffe mit z. B. Aromaten betrachtet. Die $\Delta \overline{G}^E_{max}$- bzw. A-Werte für Mischungen von Alkoholen mit aromatischen Kohlenwasserstoffen nehmen zu in der Reihenfolge tertiärer Alkohol- sekundärer Alkohol- primärer Alkohol [vgl. (4)]. − Ähnliche Gesetzmäßigkeiten werden für andere Stoffklassen gelten, z. B. tertiäre, sekundäre und primäre Amine in Mischungen mit Kohlenwasserstoffen. *So wie man Kohlenwasserstoffe verschiedenen Typs durch azeotrope Destillation mit einem Alkohol trennen kann, lassen sich also auch Gemische von Alkoholen verschiedener molekularer Struktur aber gleicher Siedelage durch azeotrope Destillation mit einem Kohlenwasserstoff als Zusatzkomponente zerlegen.*

Abb. 23 würde bei der Zerlegung des ternären Gemisches n-Hexan/Zyklohexan/Benzol durch diskontinuierliche, azeotrope Destillation zu folgenden Schlüssen führen: 1. Man verwendet Äthanol als Zusatzstoff in einer solchen Menge, daß alle Kohlenwasserstoffe als Azeotrope mit Äthanol am Kopf der Kolonne übergehen; als letzte Fraktion erscheint am Kolonnenkopf (bzw. bleibt in der Blase) das Äthanol. 2. Die Kohlenwasserstoffe fallen in Form ihrer azeotropen Gemische mit Äthanol in der Reihenfolge n-Hexan-Zyklohexan-Benzol an. Der relativ niedrige Siedepunkt des n-Hexans begünstigt die Trennung. 3. Das Äthanol wird aus den einzelnen Fraktionen mit Wasser extrahiert, wodurch man die reinen Kohlenwasserstoffe erhält.

Wenn n-Heptan statt n-Hexan in obiger ternärer Mischung abzutrennen wäre, so würde dies die Trennung erschweren. Das relativ hochsiedende n-Heptan bildet zwar ebenfalls Gemische mit hohen positiven Abweichungen vom RAOULTschen Gesetz, doch liegt natürlich der Siedepunkt des Azeotrops Alkohol/n-Heptan ebenfalls höher und verschiebt die Reihenfolge der Azeotrope:

Tabelle 14.

Gemisch	$x_{a\,z,\,Alkohol}$	t_{az}, °C	Siedepunkt, °C Kohlenwasserstoff
Äthanol/n-Hexan . . .	0,332	58,7	69,0
Äthanol/Zyklohexan .	0,445	64,9	80,8
Äthanol/Benzol	0,448	68,2	80,1
Äthanol/n-Heptan . . .	0,67	72	98,5

Diese Überlegungen zeigen, daß es *für das Gelingen der azeotropen Destillation eines polynären Gemisches von größter Wichtigkeit ist, daß dieses polynäre Gemisch einen möglichst engen Siedebereich hat.* Wenn dies nicht der Fall ist, muß man das Gemisch durch gewöhnliche Destillation in mehrere engsiedende Fraktionen vorzerlegen und nun diese Fraktionen azeotrop destillieren. Tut man dies nicht, so verliert man automatisch die Vorteile der azeotropen Destillation und braucht sich über Mißerfolge nicht zu wundern, vgl. hierzu (4). Die niedriger siedenden isomeren Heptane würden beispielsweise mit Äthanol Azeotrope geben, deren Siedepunkte nahe bei oder zwischen den Siedepunkten der Äthanol/Benzol- und Äthanol/Zyklohexan-Azeotrope liegen.

c) Trennung des Aceton/Methanol-Azeotrops mit Methylenchlorid als Zusatzkomponente

Azeton (1) und Methanol (2) bilden bei Atmosphärendruck ein azeotropes Gemisch mit $x_{1az} = 0,86$; $t_{az} = 54,8°$ C. Nach der Klassifikation von EWELL, HARRISON und BERG (8), s. S. 30, ist zu erwarten, daß Methylenchlorid (3) im Gemisch mit Azeton negative, im Gemisch mit Methanol dagegen positive Abweichungen vom RAOULTschen Gesetz ergeben würde. Es ist dieses Verhalten einer der wenigen Fälle der „idealen Wirkung" einer Zusatzkomponente: Die Zusatzkomponente bildet mit den zu trennenden Stoffen nicht nur Systeme mit graduell verschiedenen Abweichungen vom RAOULTschen Gesetz, sondern es unterscheidet sich sogar das Vorzeichen der Abweichung bei den beiden mit der Zusatzkomponenten gebildeten Systemen. Abb. 24a zeigt schematisch den Verlauf der $\ln \gamma_1$ und $\ln \gamma_2$ in Mischung mit Methylenchlorid. Die negativen Abweichungen im Falle Azeton/Methylenchlorid reichen bei der Siedepunktsdifferenz von 15° zur Azeotropbildung nicht aus.

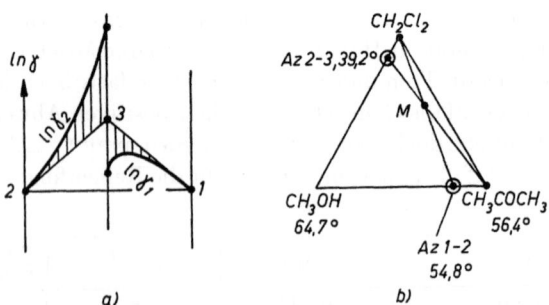

Abb. 24. a) Schematische $\ln \gamma_i$-Kurven der Systeme Azeton(1)/Methylenchlorid(3) und Methanol(2)/Methylenchlorid(3); b) ternäres Diagramm zur Ermittlung der Menge des Zusatzstoffes [Daten aus (8)]

Dagegen bilden Methanol/Methylenchlorid ein Azeotrop mit Minimumsiedepunkt, $x_{3az} \approx 0{,}92$; $t_{az} = 39{,}2°$ C bei einer Siedepunktsdifferenz der reinen Komponenten von 23° C. Ein ternäres Azeotrop wird nicht gebildet.

Wenn man das Methanol/Azeton-Azeotrop zerlegen will, muß man zu diesem Gemisch Az 1–2 mindestens soviel Zusatzstoff (3) zugeben, daß ein ternäres Gemisch entsteht, dessen Zusammensetzung zwischen Punkt M und der Spitze 3 des Konzentrationsdreiecks liegt, s. Abb. 24b. Bei der diskontinuierlichen Destillation dieses Gemisches mit einer wirksamen Kolonne geht als erste Fraktion das Azeotrop Methanol/Methylenchlorid über, gefolgt von dem eventuellen Überschuß des Methylenchlorids und der anschließenden Azetonfraktion, vgl. (195).

d) Azeotrope von Kohlenwasserstoffen untereinander und deren Zerlegung durch azeotrope Destillation

Die verschiedenen Typen von Kohlenwasserstoffen lassen sich in eine Reihe ordnen, in der die Mischungen benachbart stehender Typen nur geringe positive Abweichungen von Raoultschen Gesetz zeigen, während entfernter stehende Typen größere Abweichungen ergeben (vgl. (197)):

Paraffine – Naphthene – Olefine – Diolefine/Acetylene-Aromaten.

Paraffine untereinander verhalten sich praktisch ideal und bilden keine Azeotrope, wenn sie nicht sehr nahe beieinander sieden, siehe (197); dasselbe gilt für Mischungen aus Naphthenen untereinander, Aromaten untereinander usw. Mischungen von Aromaten mit Paraffinen und/oder Naphthenen zeigen mittelgroße Abweichungen vom Raoultschen Gesetz: A-Werte bis 0,5 sind möglich. Deswegen bilden Benzol bzw. Toluol mit paraffinischen und naphthenischen Kohlenwasserstoffen von etwa gleicher Siedelage Azeotrope, vgl. z. B. Abb. 10. Bei der Herstellung von Toluol aus Erdöl durch Hydroforming werden solche Azeotrope mit Hilfe von Methanol als azeotropem Agens zerlegt, nachdem die Kohlenwasserstoffmischung innerhalb enger Siedegrenzen vorfraktioniert wurde. CH_3OH-Naphthen-Gemische weisen sehr große positive Abweichungen vom Raoultschen Gesetz auf, während CH_3OH-Aromat-Gemische nur große Abweichungen ergeben, vgl. Abb. 23, 11f und 11g. Bei diskontinuierlicher Destillation werden die Naphthene als Azeotrope mit CH_3OH entfernt (Vorlauf), als Hauptfraktion erhält man Toluol in einer Reinheit über 99%.

Die Trennung des Butadiens von den Butenen gelingt mit NH_3 als azeotropem Zusatzstoff; die Butene werden als Azeotrope mit NH_3 am Kopf der Kolonne erhalten.

e) Ternäre azeotrope Gemische

Die bisher diskutierten Beispiele bildeten keine Azeotrope im ternären Gebiet. Ternäre Azeotrope sind nicht eben selten. Auf ihr Auftreten sollte man immer gefaßt sein und experimentell ihre Nicht-Existenz sicherstellen; HAASE (63), (126) sowie EWELL und WELCH (195) diskutieren ternäre Azeotrope. Für die Trennung von Gemischen durch azeotrope Destillation spielen sie keine Rolle, da man wohl immer eine gleich wirksame Zusatzkomponente ausfindig machen kann, die nicht die Komplikation eines ternären Azeotrops mit sich bringt. Man kann aber auch ternäre Azeotrope bei der Stofftrennung verwenden, wenn nur das Verhältnis x_1/x_2 der zu trennenden Stoffe im ternären Azeotrop verschieden ist von dem Verhältnis x_1/x_2 im Ausgangsgemisch. Vom wirtschaftlichen Standpunkt aus betrachtet sind Trennverfahren mit Verwendung ternärer Azeotrope unrentabler als solche mit Verwendung binärer Azeotrope, wo die eine Komponente des zu trennenden Gemisches in reiner Form (bis auf die Verunreinigung mit der Zusatzkomponente) erhalten wird. Beispiele für ternäre Azeotrope sind in Tab. 15 zusammengestellt, vgl. (6, 63).

Tabelle 15
Ternäre azeotrope Gemische

Nr.	Stoffe	Konzentration im Azeotrop			Sdp. Az. °C
		x_1	x_2	x_3	
1	Zyklohexan/Methanol/Azeton ..	0,28	0,29	0,43	54,8
2	Zyklohexan/Methanol/Methylazetat	0,24	0,35	0,41	50,8
3	Azeton/Methanol/Chloroform ..	0,32	0,45	0,23	57,5

Nr. 1 und 2 sind ternäre Minimumazeotrope, während Nr. 3 ein Sattelpunktsazeotrop bildet. – SWIETOSLAWSKI und Mitarb. (176) haben den polynären azeotropen Gemischen eingehende Arbeiten gewidmet.

f) Zusammenstellung der Forderungen an eine „gute", azeotrop-bildende Zusatzkomponente

1. Sie soll in Mischung mit den zu trennenden Stoffen mindestens graduell verschiedene Abweichungen vom RAOULTschen Gesetz ergeben.
2. Sie soll innerhalb eines Bereiches von $\pm 35°$ C in der Nähe der Siedepunkte der zu trennenden Stoffe sieden. Aus 1. und 2. muß sich ergeben, daß sie wenigstens mit einem der zu trennenden Stoffe ein Azeotrop bildet.
3. Sie soll bei Destillationstemperatur und wenig unterhalb davon in den zu trennenden Stoffen vollkommen löslich sein.
4. Aus den binären Gemischen der Zusatzkomponente mit den zu trennenden Stoffen soll die Zusatzkomponente auf einfachem Wege entfernt werden können.

5. Die Zusatzkomponente soll zu niedrigen Kosten in ausreichender Menge und Reinheit verfügbar sein.
6. Sie soll nicht korrodierend wirken auf das Konstruktions- bzw. Füllungsmaterial der Kolonne.
7. Der Volumenbruch der zu trennenden Stoffe im azeotropen Gemisch mit der Zusatzkomponente soll etwa 0,2 bis 0,7 betragen.

Zu diesen Forderungen sei folgendes bemerkt:

1. und 2. Die Gründe für diese Ansprüche wurden in den vorhergehenden Seiten diskutiert.
3. Bei sehr großen, positiven Abweichungen vom RAOULTschen Gesetz tritt Entmischung in zwei flüssige Phasen auf, vgl. S. 15, 69. Da die Wirksamkeit der meisten Kolonnentypen bei der Anwesenheit zweier flüssiger Phasen sehr nachläßt, ist es nicht sinnvoll, einen Zusatzstoff zu wählen, der mit einen oder beiden der zu trennenden Stoffe bei Destillationstemperatur oder wenig darunter (Rückflußkondensator) nur teilweise mischbar ist.
4. Die Zerlegung des Azeotropes der Zusatzkomponenten mit dem zu gewinnenden Stoff kann auf mehreren Wegen erfolgen:
    a) Entmischung durch Abkühlung von Destillationstemperatur bis unter die OKLT*) des betr. Gemisches und Dekantieren der beiden flüssigen Phasen; die an Zusatzstoff reiche Phase wird dann als Rücklauf auf die Kolonne gegeben.
    b) Entmischung durch Aussalzen und Dekantieren der beiden flüssigen Phasen.
    c) Kristallisation des abzutrennenden Stoffes, Rückführung der an Zusatzstoff reichen Mutterlauge als Rücklauf für die Kolonne.
    d) Flüssig-Flüssig-Extraktion; z. B. Alkohole aus Kohlenwasserstoffen mit Wasser extrahieren.
    e) Chemische Entfernung, z. B. Amine mit verd. Säuren aus Kohlenwasserstoffen entfernen.
    f) Extraktive Destillation.
    g) Nochmalige azeotrope Destillation, damit dann eine der Methoden a) bis e) anwendbar wird.
5. und 6. Diese beiden Forderungen sind vor allem bei der technischen Durchführung interessant; im Laboratorium spielen sie keine große Rolle.
7. Der letzte Anspruch ist ein Kompromiß zwischen der Erkenntnis der Thermodynamik, daß nur ausreichend große Konzentrationen der Zusatzkomponente wirksam sind, und der Forderung der Technik nach Wirtschaftlichkeit: Möglichst kleine Apparatur mit möglichst hohem Durchsatz der zu trennenden Stoffe in möglichst kurzer Zeit bei kleinem Energieaufwand; bei

---

*) OKLT = Obere kritische Lösungstemperatur.

diskontinuierlicher Destillation muß noch bedacht werden, daß das Volumen der Destillationsblase nicht beliebig groß gemacht werden kann. Vom wirtschaftlichen Standpunkt aus betrachtet ist eine Zusatzkomponente um so geeigneter, je geringer ihre Konzentration sein darf, um einen gewünschten Effekt zu erzielen. In der Technik ist dieser Punkt wegen der zusätzlich aufzuwendenden Verdampfungswärme von großer Bedeutung. Im Laboratorium wird man es sich leisten können, im Bereich $x_{3az} = 0{,}5$ bis $0{,}9$ zu arbeiten.

6. Heterogene Azeotrope

a) Allgemeine Gesichtspunkte

Die bisher besprochenen Azeotrope waren homogene Azeotrope (Homoazeotrope). Die Flüssigkeit mit der Konzentration x_i' steht dabei im Gleichgewicht mit einem Dampf der gleichen Konzentration x_i''. Der Ausdruck „homogen" soll auf die homogene, einphasige Beschaffenheit der flüssigen Phase hinweisen.

Wenn die Abweichungen vom RAOULTschen Gesetz im positiven Sinne sehr groß werden, tritt das Phänomen der Entmischung in zwei koexistente, flüssige Phasen auf. Es stehen dann zwei flüssige Phasen und die Dampfphase miteinander im Gleichgewicht. Dieses Gleichgewicht läßt sich dadurch charakterisieren, daß jede Komponente in bzw. über jeder Phase den gleichen Partialdruck (besser: das gleiche chemische Potential) besitzt. Die beiden flüssigen, koexistenten Phasen sollen durch I und II unterschieden werden. Dann muß für ein binäres System gelten (vgl. Gl. [1] und [2]):

$$p_1 = p_{01}(x_1' \gamma_1)_\mathrm{I} = p_{01}(x_1' \gamma_1)_\mathrm{II} = x_1'' P, \qquad [40\,\mathrm{a}]$$

$$p_2 = p_{02}(x_2' \gamma_2)_\mathrm{I} = p_{02}(x_2' \gamma_2)_\mathrm{II} = x_2'' P, \qquad [40\,\mathrm{b}]$$

$$(x_1' \gamma_1)_\mathrm{I} = (x_1' \gamma_1)_\mathrm{II}; \quad (x_2' \gamma_2)_\mathrm{I} = (x_2' \gamma_2)_\mathrm{II}. \qquad [40\,\mathrm{c}]$$

Die beiden koexistenten, flüssigen Phasen bilden demnach (jede für sich) einen Dampf gleicher Zusammensetzung. Formal kann man sich aus dem Mengenverhältnis der beiden flüssigen, koexistenten Phasen I und II „Bruttokonzentrationen" $x_1'_B$ und $x_2'_B$ ausrechnen, die zwischen den beiden „Grenzkonzentrationen" $x_1'_\mathrm{I}$, $x_2'_\mathrm{I}$ und $x_1'_\mathrm{II}$, $x_2'_\mathrm{II}$ liegen müssen. Wenn n_I und n_II die molaren Mengen der koexistenten flüssigen Phasen bezeichnen, so gilt

$$x_1'_B = \frac{x_1'_\mathrm{I}\, n_\mathrm{I} + x_1'_\mathrm{II}\, n_\mathrm{II}}{n_\mathrm{I} + n_\mathrm{II}}, \qquad [41\,\mathrm{a}]$$

$$x_2'_B = \frac{x_2'_\mathrm{I}\, n_\mathrm{I} + x_2'_\mathrm{II}\, n_\mathrm{II}}{n_\mathrm{I} + n_\mathrm{II}} = 1 - x_1'_B. \qquad [41\,\mathrm{b}]$$

Die Bruttokonzentration $x_1'_B$ der Flüssigkeit variiert also zwischen $x_1'_\mathrm{I} \geqq x_1'_B \geqq x_1'_\mathrm{II}$ (Phase I soll die an Stoff I reichere sein), wobei die

Dampfkonzentration aber immer dieselbe ist:

$$\frac{x_1''}{x_2''} = \frac{p_{01}}{p_{02}}\left(\frac{\gamma_1 x_1'}{\gamma_2 x_2'}\right)_I = \frac{p_{01}}{p_{02}}\left(\frac{\gamma_1 x_1'}{\gamma_2 x_2'}\right)_{II}. \qquad [42]$$

Solche heterogenen „Flüssigkeiten" weisen also *bei variabler Bruttokonzentration des zweiphasigen Flüssigkeitsgemisches eine konstante, von der Bruttokonzentration der Flüssigkeit unabhängige Dampfkonzentration* auf. Sie berechnet sich nach Gl. [42] aus den Konzentrationen und Aktivitätskoeffizienten der flüssigen Phasen I und II. Wenn p_{01} und p_{02} bzw. die Siedepunkte nicht sehr verschieden sind, dann liegt die Dampfkonzentration nach (42) innerhalb der Mischungslücke, also $x_1'_I > x_1'' > x_1'_{II}$. Stimmt die Bruttokonzentration $x_1'_B$ mit der Dampfzusammensetzung x_1'' überein, so spricht man von einem *heteroazeotropen Punkt*, kurz *Heteroazeotrop**). In Abb. 27 ist das Siedediagramm eines Systems mit Heteroazeotrop dargestellt. Diese spezielle Art dreiphasiger, binärer Dampf-Flüssigkeitsgleichgewichte ist für die Technik der Stofftrennung am interessantesten. Die anderen, möglichen Fälle diskutieren z. B. HAASE (56) und KORTÜM/BUCHHOLZ-MEISENHEIMER (6). Wird der Dampf eines Heteroazeotrops bei Destillationstemperatur total kondensiert, so besteht das Kondensat aus zwei flüssigen Phasen, vgl. Abb. 27.

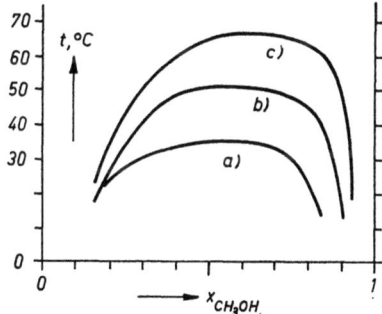

Abb. 25. Löslichkeitskurven dreier n-Paraffine mit Methanol bei $P \approx 760$ mm Hg. a) n-Hexan, b) n-Heptan, c) n-Oktan. Messungen von SIEG (65).

In Abb. 25 sind drei „Löslichkeitskurven" nach Messungen von SIEG (65) abgebildet. Horizontale Schnitte in solchen Diagrammen liefern die Konzentrationen $x_1'_I$ und $x_1'_{II}$ der bei der gewählten Temperatur miteinander im Gleichgewicht stehenden flüssigen Phasen. Die oberen kritischen Lösungs-

---

*) Die Bezeichnung „heterogenes Azeotrop" oder „Heteroazeotrop" ist nicht sehr sinnvoll, vgl. (6).

temperaturen (OKLT) sind für n-Hexan 34,8°, n-Heptan 51,0°, n-Octan 66,7° C in Mischung mit Methanol. Aus dieser Reihenfolge läßt sich abschätzen, daß n-Paraffine sich bei zunehmender Kettenlänge in Mischung mit Methanol immer „unidealer" verhalten.

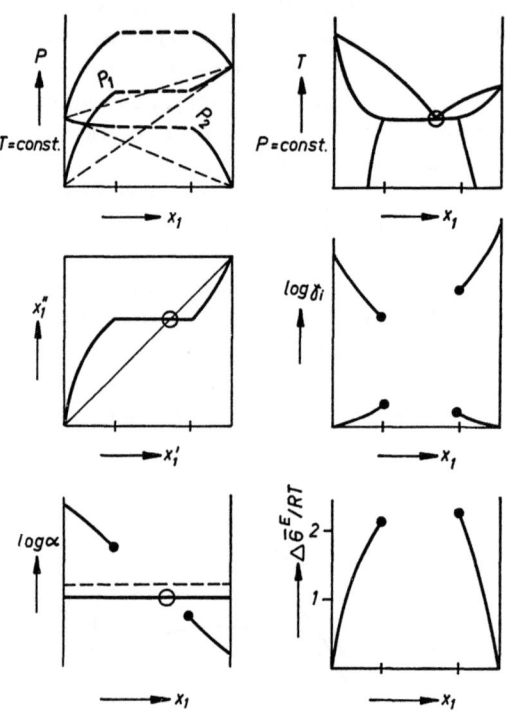

Abb. 26. Schematische Darstellung der thermodynamischen Funktionen für ein System mit Mischungslücke; oben links: Dampfdruckdiagramm; oben rechts: Siedediagramm; Mitte links: Gleichgewichtskurve; Mitte rechts: Verlauf der Aktivitätskoeffizienten; unten links: Verlauf des Trennfaktors; $\log \alpha_0$ ist gestrichelt eingezeichnet; unten rechts: die Funktion $\Delta \overline{G}^E / RT$.

Die thermodynamischen Funktionen für ein binäres System mit „Mischungslücke" sind schematisch in Abb. 26 dargestellt. Das Siedediagramm für das System Wasser/Butanol wird in Abb. 27 als ein praktisches Beispiel gebracht.

Das Heteroazeotrop Wasser/Butanol siedet bei rund 92° C. Wenn man also kleine Mengen Wasser aus n-Butanol entfernen will (Entwässerung, Absolutierung), so destilliert man unter Verwendung einer Kolonne dieses

Heteroazeotrop mit rund 75 Mol% H_2O ab, wobei man kaum mehr als 5 theoretische Böden benötigt. Immerhin gehen mit dem Heteroazeotrop noch 25 Mol% n-Butanol mit über, was volumen- oder gewichtsmäßig ein beträchtlicher Verlust ist. Dieser Nachteil läßt sich vermeiden, wenn man dem zu trennenden Wasser/Butanol-Gemisch soviel Benzol zusetzt, daß alles Wasser als heteroazeotropes Gemisch mit Benzol abdestilliert werden kann. Benzol und Wasser sind ineinander praktisch unlöslich; das Dampfdruck- und Siedediagramm ist daher besonders einfach, s. Abb. 28. Der Siedepunkt des heteroazeotropen Gemischs Benzol/Wasser liegt bei rund 70° C, also etwa 22° tiefer als der Siedepunkt des Heteroazeotrops Wasser/Butanol. Nun genügt eine nur wenig wirksame Kolonne, um das im Butanol enthaltene Wasser mit Hilfe des Zusatzes Benzol als Heteroazeotrop Wasser/Benzol zu entfernen, wobei nur noch geringe Verluste an Butanol eintreten.

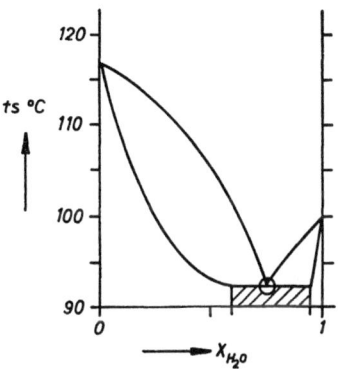

Abb. 27. Siedediagramm des nur teilweise mischbaren Systems Wasser/Butanol. Die Mischungslücke hat bei 92,4° C etwa die Grenzen $x_1' = 0{,}60$ bis $0{,}97$ (schraffiert). Die Dampfzusammensetzung des Heteroazeotrops ist $x_1'' = 0{,}75$ bei 92,4° C. Daten aus (7).

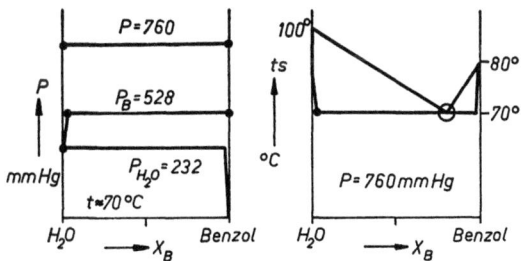

Abb. 28. Dampfdruck- und Siedediagramm System Benzol/Wasser. Beide Stoffe sind praktisch ineinander unlöslich. Die Totaldruckkurve ergibt sich durch Addition der Dampfdrucke der reinen Stoffe. Die Dampfzusammensetzung des Heteroazeotrops ist $x_1'' = 0{,}695$, $x_2'' = 0{,}305$, oder rund 10 Gew.-Teile Benzol auf 1 Gew.-Teil Wasser. P_{H_2O}/P ist gleich x_2''.

Da sich der kondensierte Dampf des Heteroazeotrops in zwei flüssige Phasen scheidet, kann man sogar noch eine wesentliche Einsparung der Menge Zusatzstoff erzielen, indem man die zusatzstoffreiche Phase (hier

Benzol) als Rücklauf auf die Kolonne zurückfließen läßt und nur die zusatzstoffarme Phase (hier Wasser) als Erzeugnis entnimmt.

In dieser oder einer analogen Art und Weise kann die heteroazeotrope Destillation (auch *pseudoazeotrope Destillation* genannt) für die Entfernung von Wasser aus organischen Stoffen, aber auch bei anderen Gelegenheiten, verwendet werden. Natürlich ist es dann unvermeidbar, daß wenigstens im oberen Teil der Kolonne zwei koexistente, flüssige Phasen vorhanden sind. Als interessante Beispiele seien erwähnt:

b) Beispiel: Entwässerung von Pyridin

Wasser/Pyridin bilden ein bei 92° C siedendes, homogenes Minimumazeotrop mit 54 Gew.% Pyridin. Geeignete Zusatzstoffe sollen mit Wasser ein Heteroazeotrop ergeben, das tiefer siedet als 92° C und mit Pyridin kein Azeotrop bilden. Weiterhin soll der Zusatzstoff so beschaffen sein, daß er pro Gewichtseinheit möglichst viel Wasser entfernt. Wie man aus Abb. 28 herausliest, müßte er dann einen möglichst tiefen Dampfdruck bzw. hohen Siedepunkt haben, was aber mit der ersten Forderung kollidiert. So schließt man einen Kompromiß und wählt die Zusatzstoffe der Tab. 16, vgl. (6).

Tabelle 16
Zusatzstoffe für die Entwässerung von Pyridin; Daten nach (6)

Zusatzstoff	Siedepunkt °C	Siedepunkt des Heteroazeotrops, °C	Gew.teile pro Gew.teil H_2O i. Heteroazeotrop mit H_2O
Äthylenchlorid	83	72	11
1,2-Dichlorpropan ...	96,8	78	7,4
Benzol	80,2	69,3	10,2
Toluol	110,7	84,1	6,4
Äthylisobutyrat	111,7	85,2	5,6
Diisobutyläther	122,2	88,6	3,4
Amylformiat	132	91,6	2,5

c) Beispiel: Entwässerung von Essigsäure

Wasser und Essigsäure haben eine Siedepunktsdifferenz von 18° C. Bei hohen Essigsäurekonzentrationen nähert sich der Trennfaktor dem Wert 1; man würde auf diese Weise eine sehr wirksame Kolonne benötigen, um das Wasser durch gewöhnliche Destillation zu entfernen. Ein sehr geeigneter

Zusatzstoff ist n-Butylazetat, das mit Wasser ein bei 90,5° C siedendes, heteroazeotropes Gemisch bildet, s. Abb. 29.

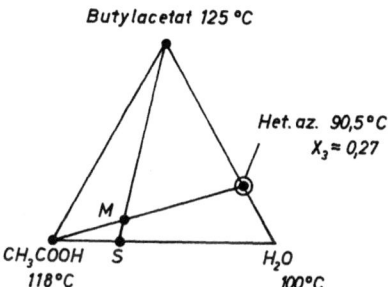

Abb. 29. Entwässerung einer Essigsäure der molaren Konzentration S durch heteroazeotrope Destillation mit n-Butylazetat.

7. Zur Frage der Nomenklatur

Die technischen Anwendungen der verschiedenen Arten der Destillation erfolgten fast immer vor der theoretischen Begründung der Phänomene. Dadurch erklärt es sich, daß die Begriffe *extraktive Destillation* und *azeotrope Destillation* nicht klar definiert sind. Der Begriff *extraktive Destillation* wird abgeleitet aus der verfahrenstechnischen Durchführung: Zugabe des Zusatzstoffes an einer bestimmten Stelle der Kolonne, unterhalb dieser Stelle sind die Konzentrationen des Zusatzstoffes in der flüssigen Phase durch die Mengenbilanzen festgelegt. Dagegen hat der Begriff *azeotrope Destillation* seine Wurzel im thermodynamischen Verhalten der flüssigen Mischung: Bei der azeotropen Konzentration sind die Zusammensetzungen von dampfförmiger und flüssiger Phase gleich.

Auf den vorhergehenden Seiten war gezeigt worden, daß sowohl bei der extraktiven als auch bei der azeotropen Destillation das entscheidende, gemeinsame Merkmal *die Beeinflussung des Aktivitätskoeffizientenverhältnisses* der beiden zu trennenden Stoffe durch einen Zusatzstoff ist. Als gemeinsamen, übergeordneten Begriff hat man daher die Bezeichnung *selektive Destillation* geprägt. Die untergeordneten Begriffe „extraktive Destillation" und „azeotrope Destillation" lassen sich infolge ihrer inkonsistenten Begründung nicht immer klar und eindeutig begrenzen; die Übergänge sind fließend. Die Verfahren der selektiven Destillation lassen sich in die *selektive Destillation mit Azeotropbildung* und die *selektive Destillation ohne Azeotropbildung* unterteilen.

Bei der extraktiven Destillation wird die Zusatzkomponente im allgemeinen so ausgewählt, daß sie mit den Komponenten des zu trennenden Gemisches kein Azeotrop bildet: *Selektive Destillation ohne Azeotropbildung.* Man kann aber auch „extraktiv destillieren", d. h. mit Zulauf des Zusatzstoffes an einer bestimmten Stelle der Kolonne, wobei eine der Komponenten ein binäres Homo- oder Hetero-Azeotrop mit dem Zusatzstoff bildet: *Selektive Destillation mit Azeotropbildung.*

Als Beispiel für die selektive Destillation ohne Azeotropbildung bzw. für die extraktive Destillation sei die Trennung des Gemisches Azeton/Chloroform mit höhersiedenden Ketonen (Methylisobutylketon) erwähnt, siehe S. 47.

Als Beispiel für eine selektive Destillation mit Homoazeotropbildung diene die Trennung des Gemisches Azeton/Methanol mit Methylenchlorid als Zusatzstoff, siehe S. 64. Dort ist beschrieben, wie man diese Trennung als diskontinuierliche, azeotrope Destillation durchführt, vgl. auch S. 59 zur üblichen verfahrenstechnischen Durchführung der diskontinuierlichen azeotropen Destillation. Man kann jedoch diese diskontinuierliche Trennung auch mit den verfahrenstechnischen Merkmalen der extraktiven Destillation durchführen: Man setzt die Zusatzkomponente Methylenchlorid nicht einmal (zu Beginn) in ausreichender Menge dem Azeton/Methanol-Gemisch zu, sondern gibt das Methylenchlorid laufend an einer bestimmten Stelle der Kolonne auf. Die Zugabe muß mindestens so groß sein, daß alles Methanol als Azeotrop mit Methylenchlorid über Kopf der Kolonne geht; ein evtl. Überschuß an Methylenchlorid läuft in die Blase und erscheint bei der diskontinuierlichen Destillation als Zwischenfraktion vor dem Azeton.

Als Beispiel für die selektive Destillation mit Heteroazeotropbildung war auf S. 54 die Trennung des Gemisches Azeton/Chloroform mit Wasser als Zusatzstoff besprochen worden. Das an einer bestimmten Stelle der Kolonne zulaufende Wasser bildet mit Chloroform das über Kopf abziehende Heteroazeotrop Chloroform/Wasser, während der Überschuß an Wasser in die Blase läuft und vom Azeton durch gewöhnliche Destillation abgetrennt wird.

Die *gewöhnliche Destillation* kann man als *Destillation ohne Zusatzkomponente* bzw. als *nicht-selektive Destillation* von der selektiven abgrenzen.

Vorstehende Überlegungen sind richtig, wenn der Totaldruck 5 bis 10 ata nicht überschreitet. Dann beschränkt sich die selektive Wirkung auf die Änderung des Aktivitätskoeffizientenverhältnisses in der flüssigen Phase. Bei höheren Drucken kann der Zusatzstoff auch in der Gasphase eine selektive Wirkung ausüben. Die auf S. 2 gemachte Annahme des idealen Mischungsverhaltens der Gasphase (d. h. $\gamma_{Gas} = 1$ für alle Konz. und Komp.) ist dann nicht mehr zulässig.

8. Messung des Verdampfungsgleichgewichts

a) Apparatur zur Messung des Siedegleichgewichts

Dieses Kapitel soll nicht eine erschöpfende Übersicht über die experimentellen Methoden zur Messung von Verdampfungsgleichgewichten sein. Es werden lediglich die von den Mitarbeitern des Göttinger Instituts verwendeten Apparaturen und Methoden beschrieben, um daran Prinzip und Fehlerquellen derartiger Messungen zu zeigen.

Die Meßmethoden von Verdampfungsgleichgewichten lassen sich einteilen in *dynamische* und *statische* Methoden. Die dynamischen oder Siede-Methoden werden allgemein bevorzugt, da sie apparativ einfacher sind und pro Zeiteinheit mehr Ergebnisse liefern als statische Methoden. Für die Ziele dieses Büchleins genügt eine Diskussion der dynamischen Verfahren. Ein modernes statisches Verfahren wird z. B. von KORTÜM, MOEGLING und WOERNER (23), sowie IBL et al. (60) beschrieben. Die Autoren (23) haben auch zwei moderne Umlaufapparaturen (dynamische M.) verwendet. Die historische Entwicklung der Messung von Siedegleichgewichten wurde von FOWLER (24) und RIDGWAY (59) aufgezeichnet; SCHÄFER und STAGE (33) gaben einen kritischen Überblick über verschiedene Methoden.

Die dynamische Methode hat folgendes Prinzip: Der aus einer siedenden Flüssigkeit entweichende Dampf wird in einem abgesonderten Kühler total kondensiert und dann wieder in die siedende Flüssigkeit zurückgeführt (Umlauf des Dampfes bzw. des Kondensats). Nach genügend langer Zeit stellt sich ein stationärer Zustand ein, bei dem sich die Konzentration x_1' der siedenden Flüssigkeit und die Konzentration x_1'' des Dampfes bzw. Kondensats nicht mehr ändern. Bei geeigneter Konstruktion der Apparatur und sachgemäßer Durchführung der Messung stellen diese Werte x_1' und x_1'' die Konzentrationen der koexistenten, flüssigen und dampfförmigen Phasen dar. Der technischen Realisierung dieses einfachen Prinzips stellen sich verschiedene Schwierigkeiten entgegen:

1. Die in einer siedenden Flüssigkeit entwickelten Dampfblasen brauchen nicht unbedingt im thermodynamischen Gleichgewicht mit der Flüssigkeit zu sein.
2. Es kann eine vorzeitige partielle Kondensation des Dampfes eintreten.
3. Der Dampf kann Flüssigkeitströpfchen mit sich reißen.
4. Die siedende Flüssigkeit und das rückfließende Kondensat mit Dampfzusammensetzung werden ungenügend gemischt.
5. Störung des stationären Zustands durch die Probenahme.

In Abb. 30 ist eine Umlaufapparatur dargestellt, die von SIEG und RÖCK (25) entwickelt wurde. Sie vereinigt verschiedene Prinzipien älterer Bauweisen in sich; Konstruktionsmaterial ist Duran oder Pyrex-Glas. Im unteren Teil der etwa 250 ml fassenden Siedeblase werden durch direkte oder auch indirekte Beheizung Dampfblasen erzeugt, die beim Aufsteigen die Flüssigkeit durchwirbeln und umrühren. Die Siedeblase wird bis kurz vor den Ansatz des nach oben führenden COTTRELL-Rohres [vgl. (145)] gefüllt, so daß die emporsteigenden Dampfblasen Flüssigkeit vor sich herschieben, wenn sie das COTTRELL-Rohr passieren. Hierbei wird ein inniger Kontakt von Dampf und Flüssigkeit erzwungen. Gleichzeitig wird Flüssigkeit durch den Dampf gefördert. Das Dampf-Flüssigkeitsgemisch ergießt sich dann über die Temperaturmeßstelle und trennt sich in nach oben entweichenden Dampf und nach unten abfließende Flüssigkeit. Der Spritzerschutz und die Querschnittserweiterung sollen das Mitreißen von Flüssigkeitströpfchen verhindern. Die COTTRELL-Pumpe (145) und der Dampfraum sind in einen Vakuummantel eingebaut, dessen äußere Wände von einem Umlaufthermostaten auf Siedetemperatur gehalten werden. Diese Maßnahme soll eine partielle Kondensation des Dampfes vermeiden. Der Dampf strömt in den Kühler hinüber und wird totalkondensiert. Das Kondensat mit Dampfzusammensetzung x_1'' läuft nach Passieren des Tropfenzählers und des Sammelgefäßes (je nach Analysenmethode 1 bis 15 ml) zurück in die Siedeblase. Durch Umschwenken des Tropfenzählers mit Hilfe eines Magneten kann der Kondensatfluß so gelenkt werden, daß das Sammelgefäß umgangen wird. Das Kondensat wird schon vor dem Eintritt in die Blase mit der aus der COTTRELL-Pumpe über ein Probenahmegefäß ablaufenden Flüssigkeit vermischt. Es werden also zwei „Umläufe" überlagert: Der Kreislauf des Dampfes und der Kreislauf der Flüssigkeit. Aus den beiden Probenahmegefäßen werden nach momentanem Abschalten der Heizung und Einlassen von Inertgas die Proben zur analytischen Bestimmung von x_1' und x_1'' (bei binären Gemischen) entnommen. Als bequemste Analysenmethode dient bei Flüssigkeiten die Bestimmung des Brechungsindex. Wenn man mit Hilfe der Schliffe oberhalb der Probenahmegefäße spezielle, gut gekühlte Entnahmeröhrchen und -gefäße anbringt, können die Proben während des Betriebs der Apparatur entnommen werden. Es versteht sich von selbst, daß Siedeblase und Flüssigkeitsumlauf noch gut wärmeisoliert werden.

An keiner Stelle der Apparatur kommen Dampf oder Flüssigkeit mit Hähnen oder Schliffen in Berührung; eine Verunreinigung mit Schlifffett wird dadurch ausgeschaltet. Die Heizung soll so einreguliert werden, daß im Tropfenzähler in 2 bis 5 sec ein Tropfen erscheint (Kondensatfluß). Der

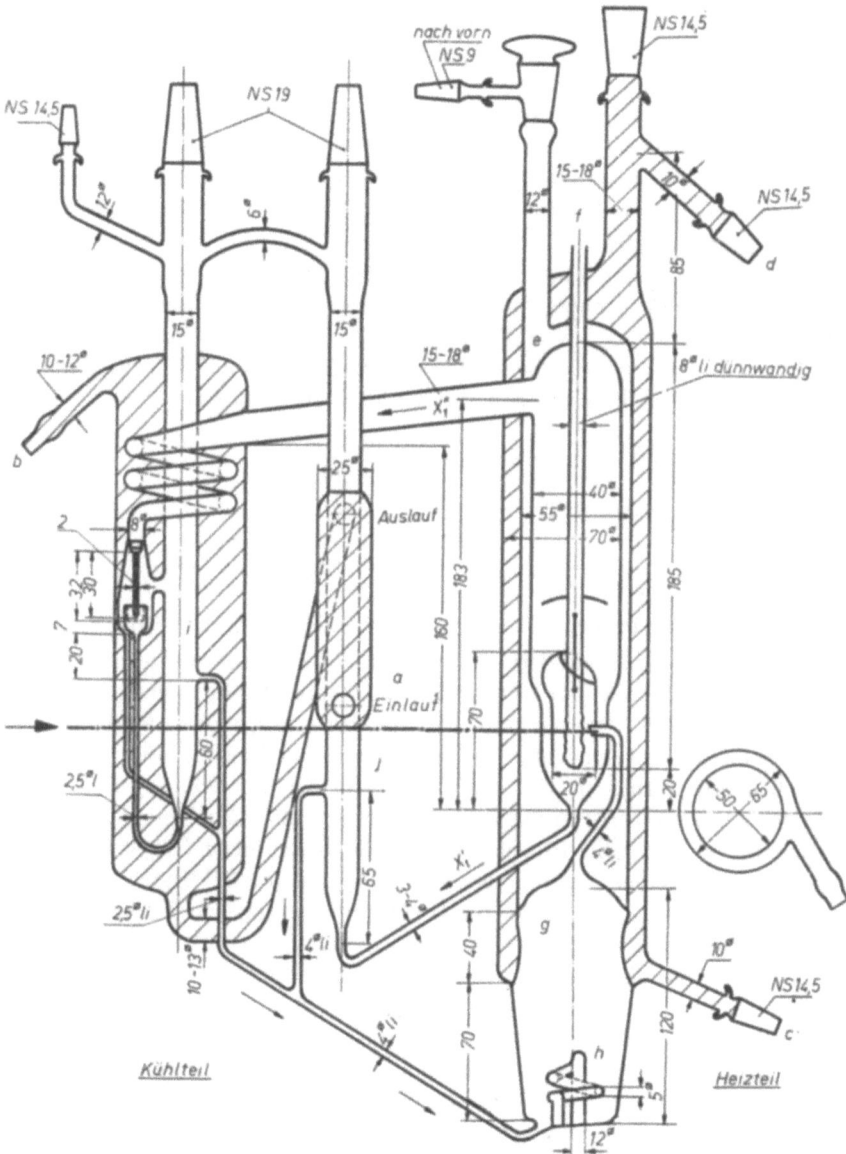

Abb. 30. Gleichgewichtsapparatur: a Einlauf Kühlmittel, b Auslauf Kühlmittel, c Einlauf der Thermostatenflüssigkeit, d Auslauf der Thermostatenflüssigkeit, e Vakuummantel, f Röhre für Thermometer, g Siedeblase, h Glasrohr für elektrische Beheizung, i Probenahmegefäß für Dampfkonzentration, j Probenahmegefäß für Flüssigkeit. Der große Pfeil (links) markiert eine Höhe, die bei der Konstruktion eingehalten werden muß.

Flüssigkeitsumlauf beträgt dann bei richtiger Füllhöhe 100 bis 200 ml/min. Die Größe des Destillatsammelgefäßes soll das Verhältnis von 1:20 zum Volumen der Blase nicht überschreiten. An das schräg nach oben führende Rohr (links oben in Abb. 30) wird ein Manostat angeschlossen, vgl. z. B. (26) und (42). Eine bestimmte Siedetemperatur t kann damit durch Vorgabe des Drucks P einreguliert und durch Einführung von Thermometern, Widerstandsthermometern oder Thermoelementen in das entsprechende Rohr gemessen werden.

Nun sind alle charakteristischen Daten für das Verdampfungsgleichgewicht bekannt: Temperatur t in ° C, Druck P in mm Hg und die Konzentrationen x_1' und x_1'' von Flüssigkeit und Dampf des binären Gemischs (bzw. x_1', x_2' und x_1'', x_2'' bei ternären Gemischen). Nach Gl. [4a] kann man dann den Trennfaktor berechnen (für binäre Mischungen)

$$\alpha = \frac{x_1''}{1-x_1'} \cdot \frac{1-x_1''}{x_1'} \qquad [4\,\text{a}]$$

sowie die Aktivitätskoeffizienten

$$[2\,\text{c}] \quad \gamma_1 = \frac{x_1'' P}{x_1' p_{01}} \qquad\qquad [2\,\text{d}] \quad \gamma_2 = \frac{(1-x_1'')P}{(1-x_1')p_{02}}$$

woraus sich alle übrigen thermodynamischen Mischungsfunktionen ergeben.

Die vorstehend geschilderte Apparatur ist verwendbar bei leichtem Überdruck, Normaldruck und Unterdruck bis 50 mm Hg für homogene flüssige Mischungen. Bei Drucken unter 50 mm Hg versagt diese Methode prinzipiell infolge des schlechten Siedeverhaltens der meisten Flüssigkeiten bei solchen Unterdrucken. Eine Apparatur für niedrige (50 bis 0,1 mm Hg) Drucke beschreiben LYDERSEN und HAMMER (58). Zur Messung im Überdruckgebiet von 1 bis 10 atü wird die hier beschriebene Apparatur modifiziert und in einen Autoklaven gesetzt, vgl. JOST und Mitarb. (27), sowie SCHRÖDER (28). Andere moderne Umlaufapparaturen zur Bestimmung des Verdampfungsgleichgewichts haben u. a. KÜMMERLE (29), ROSE und WILLIAMS (30), KRETSCHMER und WIEBE (31, 32) beschrieben. Das Prinzip des Umlaufs des kondensierten Dampfes hat OTHMER (34, 35) eingeführt. In dem Buch von HALA, PICK, FRIED und VILIM (45) werden die theoretischen und praktischen Aspekte der Messung von Verdampfungsgleichgewichten diskutiert. – Messungen des Siedegleichgewichts sollten immer auf ihre thermodynamische Konsistenz geprüft werden, vgl. z. B. (70), (193), (194).

Wie würde man nun vorgehen, um mit Hilfe der beschriebenen Apparatur die Wirkung einer Zusatzkomponenten bei einem schwer trennbaren Gemisch zu bestimmen? Das soll an zwei Beispielen erläutert werden. Ein drittes Beispiel zeigt, wie die Gaschromatographie als Hilfsmittel bei der Auswahl geeigneter Zusatzstoffe für die extraktive Destillation eingesetzt werden kann.

b) Anwendung – Extraktive Destillation

Das System Benzol(1)/Zyklohexan(2) mit Anilin(3) als Zusatzstoff soll untersucht werden. Die Siedepunktsunterschiede der beiden Komponenten Benzol und Zyklohexan gegenüber Anilin betragen rund 103° C. Bei derart großen Differenzen der Siedepunkte ist die gute Wärmeisolierung des Dampfraums und der COTTRELL-Pumpe sehr wichtig, da sonst durch partielle Kondensation und durch den dabei entstehenden Rückfluß die Dampfkonzentrationen erheblich verfälscht werden.

Es liegt in der Natur der extraktiven Destillation, daß sich die Siedepunkte der beiden zu trennenden Stoffe stark vom Siedepunkt der Zusatzkomponenten unterscheiden, da ja die beiden binären Systeme mit der Zusatzkomponente kein Azeotrop bilden sollen, was voraussetzt, daß $p_{03} \ll p_{01}$, $p_{03} \ll p_{02}$ ist, vgl. Abb. 31.

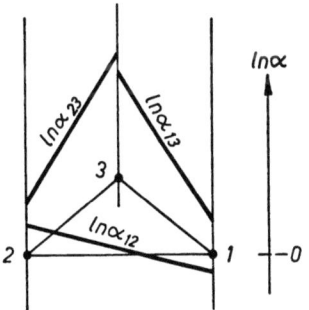

Abb. 31. Schematisches $\ln \alpha$-Diagramm für die drei binären Systeme 1–2, 1–3 und 2–3. Die Stoffe 1 und 2 bilden ein Azeotrop; die Systeme 2–3 und 1–3 weisen kein Azeotrop auf, da p_{03} viel kleiner als p_{01} und p_{02} ist, bzw. weil 3 viel höher siedet als 1 und 2.

Damit man schnell und in einfacher Weise eine Übersicht erhält, mißt man die isobaren Verdampfungsgleichgewichte der binären Systeme 1–3 und 2–3 bei hohen Konzentrationen x_3'; z. B. $x_3' = 0{,}7$; 0,8; 0,9 und 0,95. Nach Gl. [2c] berechnet man die Aktivitätskoeffizienten

$$\gamma_1 = \frac{x_1'' P}{x_1' p_{01}}, \quad \text{im System 1–3,}$$

$$\gamma_2 = \frac{x_2'' P}{x_2' p_{02}}, \quad \text{im System 2–3.}$$

Man trägt diese Werte in ein $\ln \gamma_i/x_3'$-Diagramm ein, extrapoliert auf $x_3' \to 1$ und erhält so die Grenzwerte γ_{1G} und γ_{2G}. Einsetzen dieser Werte in Gl. [38c] liefert den gesuchten Wert

$$\ln \alpha_{zG} = \ln \frac{p_{01}}{p_{02}} + \ln \frac{\gamma_{1G}}{\gamma_{2G}}. \qquad [38c]$$

Für p_{01} und p_{02} sind natürlich immer die zur entsprechenden Siedetemperatur gehörigen Werte einzusetzen. Der Wert $\ln \gamma_{2G}$ ist rund 0,9 für Zyklohexan/Anilin bei 184° C [extrapoliert nach Messungen von RÖCK und SCHNEIDER (36)], während für Benzol/Anilin $\ln \gamma_{1G} = 0{,}39$ ist [nach

Messungen von KORTÜM und Mitarb. (23)]. Also wird $\ln \alpha_{zG} \approx -0{,}5$, da ja $p_{01} \approx p_{02}$ ist, oder $\alpha_{zG} \approx 0{,}6$ bei $x_3' = 1$, $t = 184°$ C; s. auch S. 48.

Nach der von HERINGTON (161) angegebenen Formel (s. S. 47) kann man mittlere α_z-Werte für bestimmte Konzentrationen x_3' des Zusatzstoffes berechnen, wenn man die Siedepunkte T_{23} und T_{13} der binären Systeme 2–3 und 1–3 für die bestimmte Konzentration x_3' mißt. Die Formel stellt eine Extrapolation binärer Messungen in das ternäre Gebiet dar.

Diese wenigen binären Messungen geben schnell Auskunft über den maximal erreichbaren sowie den „mittleren" Wert des Trennfaktors und erlauben es, die Wirksamkeit verschiedener Zusatzkomponenten untereinander zu vergleichen. Wenn man nun einen bestimmten Zusatzstoff ausgewählt hat und Näheres über den Verlauf des Trennfaktors α_{zG} im ternären System wissen will, so muß man Messungen im ternären System durchführen, wobei es günstig ist, bei bestimmten Werten x_3' zu messen. Damit erhält man dann Kurven wie sie in Abb. 14 oder Abb. 15 dargestellt sind.

Im Fall der extraktiven Destillation empfiehlt es sich bei geringen Effekten der Zusatzkomponenten, den Einzeleffekt durch Destillation in einer Laborbodenkolonne bei totalem Rückfluß zu vergrößern. Unter diesen Umständen wirkt die Kolonne mit n theoretischen Böden wie n hintereinandergeschaltete Gleichgewichtsapparaturen und vergrößert so die Differenz der Meßgrößen. Man muß natürlich sicherstellen, daß 1. die Bodenzahl n genau bekannt ist und 2. Menge und Konzentration der dritten Komponente exakt gemessen werden.

Dann gilt (für bestimmtes x_3')

$$\left(\frac{x_1}{x_2}\right)_{\text{Kopf}} = \alpha_z^{n+1} \left(\frac{x_1}{x_2}\right)_{\text{Blase}}.$$

c) Anwendung – Azeotrope Destillation

Hier kommt es darauf an, einen Zusatzstoff zu finden, der mit der einen Komponenten des zu trennenden Gemischs ein Azeotrop bildet, das möglichst weit unterhalb der Siedepunkte des zu trennenden Gemisches und eines eventuellen Azeotrops des Zusatzstoffes mit der anderen Komponente siedet. Es genügt unter diesen Umständen, die drei binären, isobaren Siedediagramme 1–2, 1–3 und 2–3 zu messen, um daraus die gewünschte Auskunft zu entnehmen. Allerdings besteht dann die Unsicherheit, ob im ternären Gebiet nicht auch noch ein ternäres Azeotrop auftritt. Diese Frage läßt sich entweder durch Messungen im ternären Gebiet oder aber einfacher durch eine Probedestillation mit einer gut wirkenden Kolonne klären. Die Messung der binären Siedediagramme 1–2, 1–3, 2–3 kann sogar noch soweit vereinfacht werden, daß man nur jeweils die Siedelinie bestimmt, also die Kurve Siedepunkt $= f(x_1')$. Die Messung der Dampfkonzentration x_1'' ist überflüssig; dementsprechend kann eine erheblich einfachere Apparatur verwendet werden. Abb. 32 zeigt einen solchen Apparat zur Bestimmung der Siedelinie. Man füllt ein Gemisch mit vorgegebener Konzentration x_1' ein,

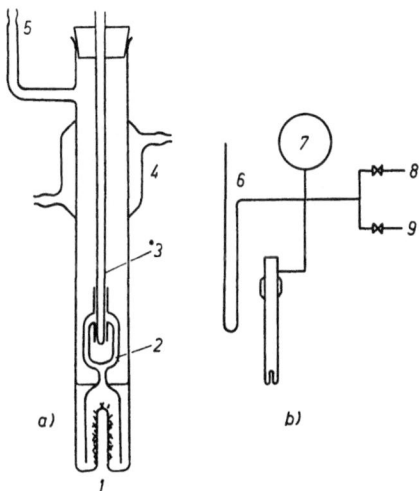

Abb. 32. a) COTTRELL-Pumpe zur Bestimmung der Siedetemperatur. *1* Heizfinger für Heizung; mit Glaspulver aufgerauhte Oberfläche auf der Innenseite, *2* COTTRELL-Einsatz, *3* Schutzrohr für Thermometer, *4* Kühler, *5* Anschluß an Manostat; b) Einfacher Manostat für COTTRELL-Pumpe, *6* Manometer, *7* Puffervolumen, *8* Anschluß an Vakuum, *9* Anschluß für Inertgas.

bringt dieses zum Sieden bei einem vorgegebenen Druck und mißt die Siedetemperatur. Damit die wahre Konzentration der siedenden Flüssigkeit mit der vorgegebenen Zusammensetzung übereinstimmt, muß die Substanzmenge, die als Dampf bzw. rücklaufendes Kondensat vorhanden ist, so klein wie möglich sein relativ zur Menge der siedenden Flüssigkeit. Zur Messung der wahren Gleichgewichtstemperatur wird wieder das Prinzip der COTTRELL-Pumpe verwendet, vgl. (11, 145). Die aufsteigenden Dampfblasen fördern Flüssigkeit, und es ergießt sich ein Dampf-Flüssigkeitsgemisch über die Temperaturmeßstelle. Ähnliche und genauer arbeitende Apparaturen haben u. a. SWIETOSLAWSKI und ANDERSON (46), HERINGTON und MARTIN (37), EBLIN (38) und VON WEBER (39) angegeben.

Für eine Übersicht genügen etwa vier Meßpunkte (isobar) pro binäres System, z. B. bei 20, 40, 60 und 80 Mol%. Wenn das Azeotrop am Rande des Konzentrationsbereichs liegt, empfiehlt es sich, in diesem Gebiet zusätzliche genauere Messungen mit der Apparatur der Abb. 30 anzustellen, wo dann auch x_1'' gemessen werden kann. Zur genauen Feststellung der Konzentration und Siedetemperatur eines Azeotrops ist eine absatzweise Destillation mit einer gut wirkenden Kolonne vorzüglich geeignet.

In den meisten Fällen wird man mit Hilfe der Apparatur der Abb. 32 genügend gute Informationen über das Siedeverhalten der drei binären Systeme erhalten. Als Beispiel sei die azeotrope Zerlegung des Systems Azeton/Methanol mit Methylenchlorid als Zusatzstoff erwähnt. Azeton (1) bildet mit Methanol (2) ein Minimumazeotrop ($x_{1az} \approx 0{,}85$; $t_{az} = 54{,}8°C$), also positive Abweichungen vom RAOULTschen Gesetz. Methylenchlorid (3) gibt mit Methanol positive Abweichungen vom RAOULTschen Gesetz, aber mit Azeton negative Abweichungen. Diese Beobachtungen stimmen überein mit der Klassifizierung auf S. 30 und 31. Das System Methylenchlorid-Methanol weist ein Minimumazeotrop bei $x_{3az} \approx 0{,}9$ und $t_{az} = 39{,}2°$ C auf, während das System Methylenchlorid/Azeton kein Azeotrop bildet. Die schematischen Siedelinien ($P = 760$ mm Hg) sind in Abb. 33 dargestellt, vgl. (8).

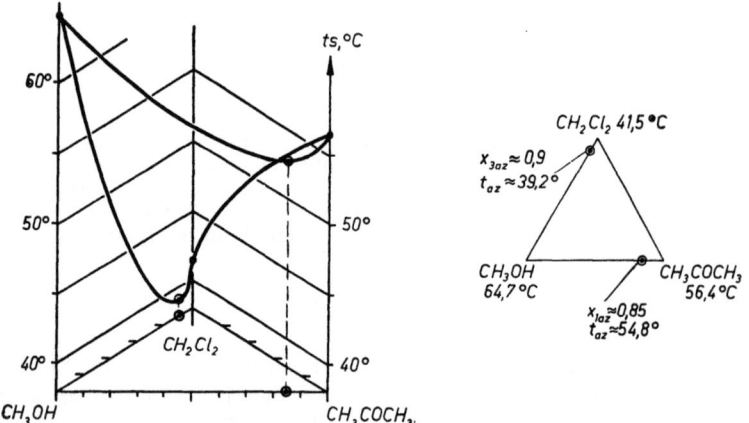

Abb. 33. Schematische Siedediagramme der drei binären Systeme aus Azeton, Methanol, Methylenchlorid. $P = 760$ mm Hg.

d) Gaschromatographie und extraktive Destillation

Bei der Entwicklungs-Verteilungs-Gaschromatographie (vgl. 40, 41) wird ein verdampftes Substanzgemisch durch einen Trägergasstrom (mobile Phase) über eine stationäre, flüssige Phase getrieben. Die stationäre Phase ist eine relativ schwerflüchtige Flüssigkeit, die sich als dünner Film auf der Oberfläche eines porösen, inerten Trägermaterials (z. B. Kieselgur) befindet.

Infolge ihrer verschiedenen Löslichkeit in der stationären Phase werden die Substanzen verschieden schnell „eluiert". Für die Zeit des Austritts der maximalen Konzentration der Zone der Substanz i gilt [vgl. (40, 41)] in guter Näherung

$$\vartheta_{\max,i} \sim \frac{1}{p_{0i}\gamma_{iG}},$$

wobei γ_{iG} der Grenzwert des Aktivitätskoeffizienten der Komponente i im binären Gemisch mit der stationären Phase für $x_i' \to 0$ ist. Das Verhältnis der Austrittszeiten der Stoffe 1 und 2 liefert demnach den Trennfaktor α_{zG} für die Stoffe 1 und 2 bei Zusatz der stationären Phase 3 für $x_3' \to 1$.

$$\frac{\vartheta_{\max,2}}{\vartheta_{\max,1}} = \frac{p_{01}\gamma_{1G}}{p_{02}\gamma_{2G}} = \alpha_{zG}.$$

Natürlich läßt sich α_{zG} nicht bei den Temperaturen messen, bei denen unter Atmosphärendruck destilliert würde, weil dann die Zusatzkomponente für ihre Verwendung als stationäre Phase bei der Gaschromatographie zu flüchtig wäre. Wenn man aber das Chromatogramm bei solchen Temperaturen mißt, wo die stationäre Phase einen Dampfdruck $p_{03} < 50$ mm Hg hat, so kann man durch Sättigen des Trägergasstroms mit der stationären Phase und Verwendung einer chromatographischen Kolonne mit kleinem relativen Druckabfall (Überdruckkolonne) das „Auswaschen" der stationären Phase in etwa verhindern. Eine Extrapolation der so gemessenen α_{zG}-Werte auf höhere Temperaturen, wie sie bei der extraktiven Destillation interessieren, ist möglich, wenn Werte bei mehreren, tieferen Temperaturen vorliegen. Es gilt

$$\frac{d\ln\alpha_{zG}}{dT} = \frac{d\ln\alpha_0}{dT} + \frac{d\ln\gamma_{1G}}{dT} - \frac{d\ln\gamma_{2G}}{dT},$$

oder mit Gl. [29] und [17]

$$\frac{d\ln\alpha_{zG}}{dT} = \frac{\Delta H_{v1} - \Delta H_{v2}}{RT^2} + \frac{\Delta h_{1G} - \Delta h_{2G}}{RT^2}.$$

Integration dieser Gleichung unter der Annahme konstanter ΔH_{vi} (molare Verdampfungsenthalpie) und Δh_{iG} (partielle molare Mischungsenthalpie bei unendlicher Verdünnung) liefert die Beziehung

$$\ln\alpha_{zG} = \frac{a}{T} + b, \quad a, b = \text{const},$$

für die Extrapolation. Am einfachsten trägt man $\ln\alpha_{zG}$ gegen $1/T$ auf, siehe (41).

Aber selbst, wenn man den Wert α_{zG} bei für die extraktive Destillation unpraktisch tiefen Temperaturen mißt, so kann man doch sehr schnell verschiedene Zusatzkomponenten auf ihre Wirksamkeit testen: Man braucht nur je eine chromatographische Kolonne mit der betr. Zusatzkomponente als stationäre Phase herzurichten, ermittelt die $\vartheta_{max,\,i}$-Zeiten für das zu trennende Gemisch und vergleicht die daraus für die verschiedenen Komponenten berechneten Trennfaktoren α_{zG}.

Als Beispiele seien die Trennfaktoren für drei schwer trennbare bzw. azeotrope Gemische angegeben, die gaschromatographisch bei 20° C für verschiedene Zusatzkomponenten bestimmt wurden, vgl. (41). Die drei Gemische sind Zyklohexan(1)/Benzol(2), Benzol(1)/Thiophen(2) und n-Heptan(1)/Methylzyklohexan(2). Die Dampfdrucke und die Dampfdruckverhältnisse bei 20° C enthält Tab. 17.

Tabelle 17
Dampfdrucke und Dampfdruckverhältnisse bei 20° C

	p_{0i}, mm Hg	α_i
Zyklohexan	78,0	1,05
Benzol	74,3	
Benzol	74,3	1,16
Thiophen	63,2	
n-Heptan	35,5	1,02
Methylzyklohexan .	34,8	

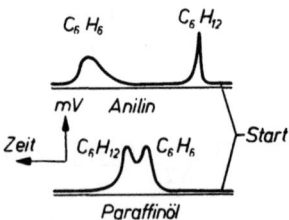

Abb. 34a. Chromatogramme des Gemisches Zyklohexan/Benzol bei 20° C mit Anilin oder Paraffinöl als stationäre Phase. Trägermaterial Celite 545, 40 Gew.% Flüssigkeit. Kolonne 50 cm lang, 6 mm im Durchm. Trägergas Luft, mit Anilin gesättigt, 20 bis 30 cm³/min, Druckabfall an Kolonne etwa 70 mm Hg, Absolutdruck rund 1 Atm., Probemenge 0,025 cm³ Gemisch.

Die gaschromatographisch ermittelten α_{zG} sind in Tab. 18 zusammengestellt; Abb. 34a zeigt zwei typische Chromatogramme, Daten nach (41).

Tabelle 18
Gaschromatographisch bestimmte Trennfaktoren, 20° C

Gemisch	Zusatz-komponente	α_{zG}	γ_{1G}/γ_{2G}
Zyklohexan/Benzol	Paraffinöl	0,80	0,76
,, ,,	Butylglykol	2,21	2,01
,, ,,	Chinolin	3,87	3,68
,, ,,	Glykol	5,5	5,3
,, ,,	Anilin	5,8	5,6
Benzol/Thiophen	Paraffinöl	1,00	0,86
,, ,,	Butylglykol	1,40	1,21
,, ,,	Anilin	1,60	1,38
,, ,,	Chinolin	1,66	1,43
,, ,,	Glykol	1,89	1,63
n-Heptan/Methylzyklohexan	Paraffinöl	1,22	1,20
,, ,,	Butylglykol	1,27	1,25
,, ,,	Chinolin	1,40	1,37
,, ,,	Anilin	1,60	1,57

Interessant ist ein Vergleich der gaschromatographisch ermittelten α_{zG} bzw. γ_{1G}/γ_{2G} mit Werten, die durch Messung des Verdampfungsgleichgewichts erhalten wurden. Nach JUNG (42) extrapoliert man für Zyklohexan/Anilin den Wert $\gamma_{1G} = 11{,}5$, für Benzol/Anilin $\gamma_{2G} = 2{,}1$, jeweils bei 20° C. Damit ergibt sich $\gamma_{1G}/\gamma_{2G} = 5{,}76$ (Verdampfungsgleichgewicht), was mit dem gaschromatographischen Wert 5,6 (s. Tab. 18) befriedigend gut übereinstimmt.

PIEROTTI et al. (169) haben mit Hilfe der Gaschromatographie und einiger zusätzlicher Messungen des Verdampfungsgleichgewichts die γ_G-Werte von Kohlenwasserstoffen in Mischung mit anderen Stoffen bestimmt, s. Abb. 34b.

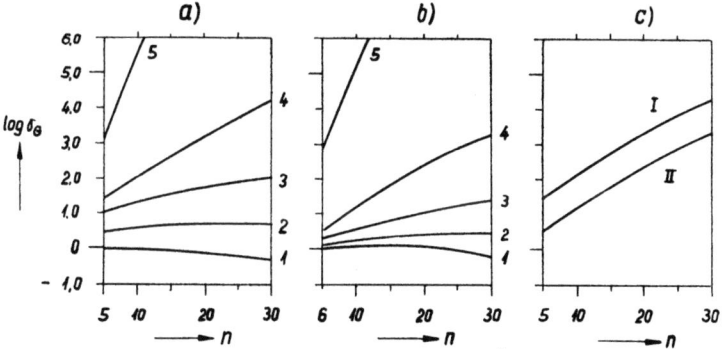

Abb. 34b. Werte für γ_G nach PIEROTTI et al. (169). n Zahl der C-Atome im n-Alkan oder n-Alkylbenzol; a) γ_G von n-Alkanen; b) γ_G von n-Alkylbenzolen in 1. n-Heptan, 2. Methyläthylketon, 3. Phenol, 4. Triäthylenglykol und 5. Wasser; c) γ_G von I = n-Alkanen und II = n-Alkylbenzolen in Triäthylenglykol. Werte für 1, 2, 3 und 4 bei 90° C, für 5 (H_2O) bei 25° C.

Sie leiten Korrelationsformeln ab für γ_G als Funktion der Zahl der C-Atome und der Art der Mischungspartner, vgl. S. 37. Das gaschromatographische Verfahren zur Bestimmung von γ_G wird bei (184) und (185) besprochen. — Röck (41) und Warren et al. (189) wiesen auf die Ähnlichkeit von Gaschromatographie und extraktiver Destillation hin.

9. Anhang zu Teil I

a) Literaturhinweise betr. Daten für azeotrope Gemische und Dampfdrucke reiner, organischer Stoffe

1. Lecat, M., Tables Azeotropiques, 2. Ed., (Bruxelles 1949).
   Enthält Daten über etwa 3500 Minimum- und etwa 300 Maximumazeotrope. Vgl. auch (19, 20).
2. Horsley, L. H., Anal. Chem. **19,** 508–600 (1947) und **21,** 871 (1949).
   Tables of Azeotropes and Nonazeotropes, sowie: Azeotropic Data, Nr. 6 der Serie: Advances in Chemistry, ACS (Washington 1952).
3. Lange, Handbook of Chemistry, 5th Ed. S. 1386–1395, (Sandusky 1944).
4. Rossini, F. D., Mair, B. J. u. A. J. Streiff, Hydrocarbons from Petroleum, (New York 1953).
   Enthält Angaben über die Azeotrope von Kohlenwasserstoffen mit den auf S. 62, Zeile 20 genannten Stoffen.
5. Ewell, R. H., Harrison, J. M. u. L. Berg, Petroleum Engr. **16** (1944), October 255, November 259, December 219.
   Zusammenstellung von Azeotropen mit Kohlenwasserstoffen.
6. Verschiedene Handbücher enthalten mehr oder weniger ausführliche Angaben über Azeotrope bzw. Siedegleichgewichte. Zum Beispiel Perry (7), D'Ans-Lax (64), Landolt-Börnstein (66), Kirschbaum (55) und International Critical Tables (67).
7. Gute Tabellen für die Dampfdrucke p_{0i} reiner Stoffe wurden kritisch zusammengestellt von Timmermans (49), Jordan (48) und Stull (50), (192). Weitere Angaben findet man in Handbüchern wie Landolt-Börnstein (66), D'Ans-Lax (64), Perry (7) und International Critical Tables (67).

b) Wahl der Zusatzkomponente auf Grund der Polaritätsregeln

Die Polaritätsregeln zur Abschätzung der Abweichungen eines binären Systems vom Raoultschen Gesetz wurden auf S. 35 behandelt, vgl. auch S. 11. In Kombination mit den „wünschenswerten Eigenschaften" einer Zusatzkomponente, s. S. 54 und 66, ergeben die Polaritätsregeln folgende Richtlinien für die Wahl des Zusatzstoffes. Komponente 2 ist schwerflüchtig. A_{2-3} ist der A-Wert des Systems 2-3, und A_{1-3} ist der A-Wert des Systems 1-3. In allen Fällen soll $A_{23} < A_{13}$ sein, damit die Wirkung des Zusatzes nicht dem Dampfdruckverhältnis α_0 entgegenarbeitet.

Anhang zu Teil I

Tabelle 19

Komponenten der Mischung	Zusatzkomponente (3) für	
	extraktive Destillation	azeotrope Destillation
1 polar/2 polar	polar oder unpolar	unpolar bis schwach polar
1 unpolar/2 unpolar	polar	polar bis schwach polar
1 polar/2 unpolar	unpolar	unpolar
1 unpolar/2 polar	polar	polar

c) Tabelle 20. $\Delta \overline{G}^E_{max}$-Werte und A-Werte für versch. bin. Systeme

Für die zitierten Systeme haben die Autoren (1) bis (52) der auf die Tabelle folgenden Literaturzusammenstellung meistens $\Delta \overline{G}^E$-Werte angegeben. Es ist

$$A = 4 \Delta \overline{G}^E_{max}/RT.$$

Unter „Bemerkungen" finden sich Hinweise auf kritische Lösungstemperaturen, auf genaue Gleichungen für $\Delta \overline{G}^E$, sowie auf die Einteilung der reinen Stoffe in die fünf Klassen, vgl. S. 30

Komponenten des binären Systems, Stoff 1 i. d. Erstgenannte	Literaturzitat	Temp. °C	$\Delta \overline{G}^E_{max}$ cal/Mol	A	Bemerkungen
n-Heptan/Methylzyklohexan .	5, 15	30–100	< 1	0,008	pseudo-ideal, 5+5
n-Dekan/trans-Dekalin . . .	5, 38	50–150	< 1	0,008	pseudo-ideal, 5+5
2,2,4-Trimethylpentan/n-Hexadekan	4	24,9	5	0,034	5+5
Zyklohexan/n-Heptan	34, 15	30	8	0,053	5+5
,, ,, ...	34	40	7	0,045	5+5
,, ,, ...	34	60	6	0,036	5+5
n-Oktan/Tetramethylmethan .	4	50	10	0,063	5+5
n-Hexan/Zyklohexan	4	20	16	0,11	5+5
n-Heptan/n-Hexadekan . . .	4	20	−13	−0,090	5+5
Benzol/Diphenyl	43	70	19	0,11	5+5
Benzol/Zyklohexan	24	20	78	0,54	5+5
Methylzyklohexan/Toluol . .	35	60	51,2	0,309	5+5
,, ,, . .	35	80	47,9	0,273	5+5
,, ,, . .	35	90	46,2	0,256	5+5
,, ,, . .	35	100	44,1	0,238	5+5
Benzol/1,2-Dibromäthan . .	41	20	42	0,29	5+5
Benzol/1,2-Dichloräthan . . .	16	20–70	9	0,057	5+5
Benzol/Tetrachlormethan . .	3	40	50	0,32	5+5
,, ,, . .	10	40	19	0,12	3) 5+5
,, ,, . .	10	70	17,5	0,10	3) 5+5
Zyklohexan/Tetrachlormethan	9	40	15,9	0,102	2) 5+5
,, ,,	9	70	13,9	0,081	2) 5+5

Fortsetzung Tab. 20

Komponenten des binären Systems, Stoff 1 i. d. Erstgenannte	Literaturzitat	Temp. °C	$\Delta \bar{G}^E_{max}$ cal/Mol	A	Bemerkungen
Methanol/Tetrachlormethan .	4	20	310	2,13	2+5
,, ,,	8	55	332	2,04	2+5
,, ,, .	26	20	313	2,11	2+5
Äthanol/Tetrachlormethan . .	26	20	270	1,86	2+5
,, ,, . .	30	50	286	1,79	2+5
Methanol/Zyklohexan	42	55	377	2,31	OKT 46°C; 7) 2+5
Methanol/Benzol	6	55	305	1,88	2+5
,, ,, ...	44	140	135	0,66	2+5
Äthanol/n-Heptan	23	30	350	2,43	2+5
Äthanol/Iso-Oktan	11	25	345	2,43	2+5
Äthanol/Methylzyklohexan .	13	35	335	2,19	2+5
,, ,, .	13	55	342	2,10	2+5
Äthanol/Toluol	12	35	285	1,90	4) 2+5
,, ,, ...	12	55	286	1,76	2+5
Äthanol/Schwefelkohlenstoff .	4	20	340	2,35	2+5
Azeton/Schwefelkohlenstoff .	22	35	250	1,64	3+5
tertiär-Butylalkohol/Schwefelkohlenstoff	26	21,5	264	1,81	2+5
Methylal/Schwefelkohlenstoff	28	35	151	0,99	2+5
Chloroform/Schwefelkohlenstoff	23	40	78	0,50	4+5
Benzol/Schwefelkohlenstoff .	23	25	55	0,37	5+5
Methylzyklohexan/Anilin . .	35	80	340	1,94	OKT 40°C 5+2
,, ,, . .	35	90	333	1,85	,,
,, ,, . .	35	100	324	1,75	,,
Zyklohexan/Anilin	27	50	350	2,19	OKT 30°C 5+2
Benzol/Anilin	27	50	132	0,82	5+2
Toluol/Anilin	35	80	147	0,838	5+2
,, ,, ...	35	90	142	0,787	5+2
,, ,, ...	35	100	136	0,734	5+2
Äthanol/n-Heptan	34	30	345	2,29	2+5
,, ,, . . .	34	40	350	2,25	2+5
,, ,, . . .	34	60	357	2,16	2+5
Äthanol/Zyklohexan	34	30	332	2,21	2+5
,, ,, . . .	34	40	338	2,17	2+5
,, ,, . . .	34	60	342	2,07	2+5
Äthanol/Bromäthan	29	30	240	1,60	2+4
,, /Jodäthan	29	30	290	1,93	2+4
tertiär-Butylalkohol/Zyklohexan	26	21,5	225	1,54	2+5
tertiär-Butylalkohol/CCl$_4$ . .	26	21,5	203	1,39	2+5

Anhang zu Teil I 89

Fortsetzung Tab. 20

Komponenten des binären Systems, Stoff 1 i. d. Erstgenannte	Literaturzitat	Temp. °C	$\Delta \bar{G}^E_{max}$ cal/Mol	A	Bemerkungen
Äthylazetat/CCl₄	28	50	45	0,28	3+5
Jodäthan/CCl₄	28	50	41	0,26	5+5
,, Äthylazetat	28	50	32	0,20	5+3
Chloroform/Tetrachlormethan	40	25	26	0,18	8) 5+5
SnCl₄/CCl₄	32	30	1	0,008	5+5
Azeton/Chloroform	25	15	−165	−1,15	5) 3+4
,, ,,	25	30	−148	−0,99	3+4
,, ,,	25	40	−137	−0,88	3+4
,, ,,	25	55	−125	−0,77	6) 3+4
Methyläthylketon/CCl₄	50	100	94	0,51	1) 3+5
Äthanol/Chloroform	7	55	171	1,05	sehr unsymmetr. 2+4
Wasser/Methanol	23	40	91	0,59	1+2
Wasser/Äthanol	33	25	180	1,22	1+2
,, ,,	46	50	200	1,25	1+2
,, ,,	46	75	230	1,33	1+2
Äthanol/Dioxan	4	20	160	1,10	2+3
Methanol/Glyzerin	1	40	155	1	2+1
Diäthyläther/Azeton	1	30	111	0,74	3+3
Diäthyläther/Ölsäure	1	30	− 30	−0,2	
Methanol/Butylazetat	14	23,5	185	1,26	2+3
,, ,,	14	40	178	1,15	2+3
,, ,,	14	60	171	1,03	2+3
Azeton/n-Hexan	39	−20	267	2,13	OKT −34,6°
Azeton/n-Hexan	39	45	250	1,59	3+5
Wasser/Triäthylamin	17	0	278	2,05	UKT 18° C;
Wasser/Triäthylamin	17	10	310	2,21	1+3
,, ,,	17	18	334	2,31	1+3
Wasser/Diäthylamin	31	38–56	200	1,27	1+2
Äthanol/Triäthylamin	31	34,8	84	0,55	2+3
,, ,,	31	49,6	100	0,62	2+3
,, ,,	31	64,9	114	0,68	2+3
Äthanol/Diäthylamin	31	30,2	146	0,97	2+2
,, ,,	31	40,3	128	0,82	2+2
,, ,,	31	50	108	0,67	2+2
,, ,,	31	60	82	0,50	2+2
Anilin/N-Methylanilin	36	95	20,4	0,111	2+2
,, ,,	36	120	20,1	0,104	2+2
,, ,,	36	145	19,7	0,095	2+2
Anilin/N,N-Dimethylanilin	36	95	71	0,39	2+3
,, ,,	36	120	70,5	0,36	2+3
,, ,,	36	145	70,8	0,34	2+3

Fortsetzung Tab. 20

Komponenten des binären Systems, Stoff 1 i. d. Erstgenannte	Literaturzitat	Temp. °C	$\Delta \bar{G}^E_{max}$ cal/Mol	A	Bemerkungen
N,N-Dimethylanilin/N-Methylanilin	36	95	19,8	0,108	3+2
N,N-Dimethylanilin/N-Methylanilin	36	120	18,0	0,092	3+2
N,N-Dimethylanilin/N-Methylanilin	36	145	16,2	0,078	3+2
Anilin/Glykol	36	95	274	1,50	2+1
,, ,, ...	36	120	264	1,35	2+1
,, ,, ...	36	145	258	1,24	2+1
N-Methylanilin/Glykol . . .	36	95	417	2,28	OKT 58° C;
N-Methylanilin/Glykol . . .	36	120	412	2,11	2+1
N-Methylanilin/Glykol . . .	36	145	405	1,95	2+1
N,N-Dimethylanilin/Glykol .	36	95–150	—	—	OKT 173°C;
Methanol/Triäthylamin . . .	54	10	110	0,78	2+3
n-Propanol/Triäthylamin . .	54	10	65	0,46	2+3
n-Butanol/Triäthylamin . . .	54	10	46	0,33	2+3
Wasser/Wasserstoffperoxyd .	45	75	175	1,0	1+1
n-Oktan/Essigsäure	37	106	381	2,03	Essigsäure im Dampf assoz.
n-Butan/n-Perfluoro-Butan .	18	−33	250	2,02	5+5
n-Pentan/n-Perfluoro-Pentan .	19	10	298	2,12	5+5
WF_6/n-Perfluoro-Pentan . . .	20	25	60	0,41	5+5
WF_6/Perfluoro-Zyklopentan .	21	25	45	0,30	5+5
CO/CH_4	4	−183	29	0,16	
H_2O/n-Butoxy-Äthanol-1 . .	46	80	290	1,66	geschlossene Mischungslücke, 1+2
H_2O/2,4-Lutidin	53	71,5	248	1,45	
CH_3OH/CH_3COOCH_3	47	40	194	1,25	2+3
CH_3OH/CH_3COOCH_3	47	50	163	1,02	2+3
$CH_3OH/CH_3COOC_2H_5$	47	40	179	1,15	2+3
Perfluoro-Zyklohexan/Zyklohexan	48	50	332	2,06	5+5
		70	320	1,88	OKT 42,5°C
Perfluoro-Methylzyklohexan/ Methylzyklohexan . . .	48	50	351	2,19	5+5
		70	325	1,91	OKT 45,8°C
Perfluoro-Zyklohexan/cis-1,3,5-Trimethylzyklohexan . . .	48	50	346	2,16	5+5
		70	337	1,98	5+5
C_2H_5Br/C_3H_7Br	47	85	≈0	≈0	5+5
$CH_3COOCH_3/CH_3COOC_2H_5$ . .	47	40	≈0	≈0	3+3
$CCl_4/SiCl_4$	47	25	16	0,11	5+5
C_4H_9Cl/C_4H_9Br	47	50	−5	−0,035	5+5

Fortsetzung Tab. 20

Komponenten des binären Systems, Stoff 1 i. d. Erstgenannte	Literaturzitat	Temp. °C	$\Delta \overline{G}^E_{max}$ cal/Mol	A	Bemerkungen
N_2/O_2		−183	8	0,17	
Pyridin/Essigsäure	47	80	−680	−3,9	3+2
Benzol/Essigsäure	47	50	121	0,76	5+2
Toluol/Essigsäure	47	50	145	0,91	5+2
n-Hexan/Methylzyklopentan .	49	30−70	± 1	≈ 0	5+5
Styrol/Äthylbenzol	52	30−80	± 5	≈ 0	5+5
n-Heptan/C_4H_9Cl	47	50	42	0,26	5+5
n-Heptan/C_4H_9Br	47	50	59	0,37	5+5
n-Heptan/C_2H_5J	47	50	112	0,7	5+5
Isobutylchlorid/CS_2	47	20	87	0,6	5+5
Isopentan/CS_2	47	17	99	0,69	5+5
Zyklohexan/CS_2	47	20	54	0,37	5+5
Methanol/CS_2	47	30	135	0,9	2+5
Diäthyläther/CS_2	47	20	87	0,6	3+5
„ /C_2H_5OH	47	25	148	1,0	3+2
Benzol/Toluol	47	20	44	0,30	5+5
n-Heptan/CCl_4	47	50	18	0,11	5+5
n-Heptan/n-Hexan	47	50	16	0,1	5+5
Benzol/Brombenzol	47	70	27	0,16	5+5
„ /Anisol	47	70	37	0,22	5+3
tert. Butylalkohol/Benzol . .	47	25	170	1,15	2+5
sec. Butylalkohol/Benzol . .	47	25	214	1,45	2+5
iso-Butylalkohol/Benzol . . .	47	25	207	1,40	2+5
n-Butylalkohol/Benzol . . .	47	25	238	1,61	2+5
Butylalkohol/Butylbromid . .	47	50	240	1,5	2+5
Isopropanol/Azeton	47	25	118	0,8	2+3
H_2O/n-Propanol	47	30	231	1,54	1+2
„ „	47	80	242	1,38	1+2
H_2O/Dioxan	47	50	193	1,2	1+3

Genaue Gleichungen für $\Delta \overline{G}^E$

1) $\Delta \overline{G}^E = x_1 x_2 (375,9 x_1 + 380,81 x_2)$
2) $\Delta \overline{G}^E = (1,3335 - 0,002292 \cdot T) x_1 x_2$
3) $\Delta \overline{G}^E = (1,2514 - 0,001484 \cdot T) \overline{V} \varphi_1 \varphi_2 (1 + 0,07 \varphi_1)$
4) $\Delta \overline{G}^E = 612 x_1 x_2 (1,857 - 0,2460 y + 0,1692 y^2 - 0,1695 y^3$
   $y = x_1 - x_2$ $\qquad\qquad\qquad\qquad\qquad + 0,2572 y^4)$
5) $\Delta \overline{G}^E = 571,2 x_1 x_2 (1,134 - 0,193 y - 0,143 y^2)$
6) $\Delta \overline{G}^E = 571,2 x_1 x_2 (0,859 - 0,128 y - 0,133 y^2)$
7) $\Delta \overline{G}^E = x_1 x_2 (A + B x_2^2)$
8) $\Delta \overline{G}^E = (223 - 0,405 T) x_1 x_2$

Literaturverzeichnis zu Tabelle 20

1. PORTER, A. W., Trans. Far. Soc. **16**, 336 (1920) und **18**, 19 (1922).
2. FOWLER, R. T. u. G. S. NORRIS, J. appl. Chem. **5**, 266 (1955).
3. FOWLER, R. T. u. S. C. LIM, J. appl. Chem. **6**, 74 (1956).
4. PRIGOGINE, J., The Molecular Theory of Solutions (Amsterdam 1957).
5. BRANDT, H. u. H. RÖCK, Chem. Ing. Techn. **29**, 397 (1957).
6. SCATCHARD, G., WOOD S. E. u. J. M. MOCHEL, J. Amer. Chem. Soc. **68**, 1957 (1946).
7. SCATCHARD, G. u. C. L. RAYMOND, J. Amer. Chem. Soc. **60**, 1278 (1938).
8. SCATCHARD, G., WOOD S. E. u. J. M. MOCHEL, J. Amer. Chem. Soc. **68**, 1960 (1946).
9. SCATCHARD, G., WOOD S. E. u. J. M. MOCHEL, J. Amer. Chem. Soc. **61**, 3206 (1939).
10. SCATCHARD, G., WOOD S. E. u. J. M. MOCHEL, J. Amer. Chem. Soc. **62**, 712 (1940).
11. KRETSCHMER, C. B. NOWAKOWSKA, J. u. R. WIEBE, J. Amer. Chem. Soc. **70**, 1784 (1948).
12. KRETSCHMER, C. B. u. R. WIEBE, J. Amer. Chem. Soc. **71**, 1793 (1949).
13. KRETSCHMER, C. B. u. R. WIEBE, J. Amer. Chem. Soc. **71**, 3176 (1949).
14. SIEG, L., CRÜTZEN J. L. u. W. JOST, Z. Elektrochem. **55**, 199 (1951).
15. CRÜTZEN, J. L., HAASE R. u. L. SIEG, Z. Naturforschg. **5a**, 600 (1950).
16. SIEG, L., CRÜTZEN, J. L. u. W. JOST, Z. physik. Chem. **198**, 263 (1951).
17. KOHLER, F., Mh. Chem. **82**, 913 (1951).
18. SIMONS, J. H. u. J. W. MAUSTELLER, J. chem. phys. **20**, 1516 (1952).
19. SIMONS, J. H. u. R. D. DUNLAP, J. chem. phys. **18**, 335 (1950).
20. BARBER, E. J. u. G. H. CADY, J. Amer. Chem. Soc. **73**, 4247 (1951).
21. ROHRBACH, G. H. u. G. H. CADY, J. Amer. Chem. Soc. **73**, 4250 (1951).
22. MUSIL, A. u. L. BREITENHUBER, Z. Elektrochem. **56**, 995 (1952).
23. KIREJEV, V., Acta physicochim. USSR **13**, 540 (1940).
24. SCATCHARD, G., WOOD S. E. u. J. M. MOCHEL, J. phys. chem. **43**, 119 (1939).
25. RÖCK, H. u. W. SCHRÖDER, Z. physik. Chem. N. F. **11**, 41 (1957).
26. DESMYTER, A., Dissertation (Brüssel 1950).
27. JUNG, E., Dissertation (Marburg 1952).
28. ZAWIDZKI, J. v., Z. phys. Chem. **35**, 129 (1900).
29. SMYTH, C. P. u. E. W. ENGEL, J. Amer. Chem. Soc. **51**, 2660 (1929).
30. BARKER, J. A., BROWN J. u. F. SMITH, Disc. Far. Soc. **15**, 142 (1953).
31. COPP, J. L. u. D. H. EVERETT, Disc. Far. Soc. **15**, 174 (1953).
32. HILDEBRAND, J. H. u. R. L. SCOTT, The Solubility of Nonelectrolytes (New York 1950).
33. KORTÜM, G. u. H. BUCHHOLZ-MEISENHEIMER, Die Theorie der Destillation und Extraktion von Flüssigkeiten (Berlin 1952).
34. ROTHE, R., Dissertation (Göttingen 1958).
35. SCHNEIDER, G., Dissertation (Göttingen 1959).
36. CRÜTZEN, J. L., JOST W. u. L. SIEG, Z. Elektrochem. **61**, 230 (1957).

37. ZIEBORAK, K. u. W. BRZOSTOWSKI, Bull. Acad. Pol. Sci. **6,** 169 (1958).
38. ZUIDERWEG, F. J., Chem. Engng. Sci. **1,** 164 (1952).
39. SCHÄFER, K. u. W. RALL, Z. Elektrochem. **62,** 1090 (1958); **63,** 1019 (1959).
40. MCGLASHAN, M. L., PRUE J. E. u. I. E. J. SAINSBURY, Trans. Far. Soc. **50,** 1284 (1954).
41. NECKEL, A. u. H. VOLK, Z. Elektrochem. **62,** 1104 (1958).
42. WOOD, S. E., J. Amer. Chem. Soc. **68,** 1963 (1946).
43. ADCOCK, D. S. u. M. L. MCGLASHAN, Proc. Roy. Soc. London Ser. A **226,** 226 (1954).
44. SCHRÖDER, W., Chem. Ing. Techn. **30,** 523 (1958).
45. SCATCHARD, G., KAVANAGH G. M. u. L. B. TICKNOR, J. Amer. Chem. Soc. **74,** 3715 (1952).
46. ONKEN, U., Z. Elchem. **63,** 321 (1959).
47. PRIGOGINE, I. u. R. DEFAY, Chemical Thermodynamics (London 1954).
48. DYKE, D. E. L., ROWLINSON J. S. u. R. THACKER, Trans. Faraday Soc. **55,** 903 (1959).
49. EHRETT, W. E. u. J. H. WEBER, J. Chem. Engng. Data **4,** 142 (1959).
50. BARR-DAVID, F. u. B. F. DODGE, J. Chem. Engng. Data **4,** 107 (1959).
51. NIELSEN, R. L. u. J. H. WEBER, J. Chem. Engng. Data **4,** 145 (1959).
52. CHAIYARECH, P. u. M. VAN WINKLE, J. Chem. Engng. Data **4,** 53 (1959).
53. KORTÜM, G., u. P. HAUG, Z. f. Elektrochem. **60,** 355 (1956).
54. COPP, J. L., u. T. J. V. FINDLAY, Trans. Far. Soc. **56,** 13 (1960).

Teil II

Praktische Durchführung und Ergebnisse der extraktiven und azeotropen Destillation im Laboratorium

1. Allgemeine Betrachtungen über Destillationskolonnen

Zu Beginn des Teil I war die Gl. [4] abgeleitet worden, die einen Zusammenhang herstellte zwischen den Konzentrationen im Dampf und in der Flüssigkeit bei eingestelltem Phasengleichgewicht. Die charakteristische Größe zur Beschreibung der Konzentrationsverhältnisse war der Trennfaktor α. Auf den folgenden Seiten des Teiles I war gezeigt worden, wie der Trennfaktor α durch Zusatz dritter Stoffe beeinflußt werden kann.

Bei der praktischen Durchführung von Stofftrennungen durch Destillation erweist sich der *Effekt der einmaligen Verdampfung* mit der durch den *Trennfaktor* α gekennzeichneten Anreicherung der leichterflüchtigen Substanz im Dampf (Einzeleffekt) als ungenügend. Im Laufe der letzten hundert Jahre hat man daher die *Destillationskolonne* (Destillationsaufsatz, Rektifikationssäule) als einen *Gegenstromapparat* entwickelt, die eine *Vervielfachung des Einzeleffekts* α und damit die Anreicherung der zu trennenden Stoffe bis auf hohe Reinheiten gestattet.

Wie arbeitet nun eine solche Destillationskolonne? *Als generelles Prinzip ist der Stoff- und Wärmeaustausch zu nennen, der durch zwangsweisen Gegenstrom von flüssiger und dampfförmiger Phase eingeleitet und aufrechterhalten wird.* Die Destillationskolonne ist also ein Apparat für kombinierten Stoff- und Wärmeaustausch zwischen einer flüssigen und einer dampfförmigen Phase mit den zur Erzielung der Dampf- und Flüssigkeitsströme benötigten Hilfseinrichtungen.

Diese „Hilfseinrichtungen" sollen zuerst betrachtet werden, da sie zur Erzeugung der Materialströme dienen. Im wesentlichen sind dies einmal der *Verdampfer* (Siedeblase, Destillationsblase, Kolonnensumpf) zur Erzeugung des Dampfstroms, und dann der *Totalkondensator* (Kolonnenkopf) zur Erzeugung des Flüssigkeitsstroms. Als weiteres Hilfsmittel benutzt man die Schwerkraft, die die Flüssigkeit aus dem Totalkondensator nach unten ablaufen läßt. Damit ergibt sich die meist vertikale Aufstellung der drei Teile in der Reihenfolge *Verdampfer (unten)-Kolonne-Totalkondensator (oben)*. Vor allem im Laboratorium wird man immer diese Anordnung (zur Vermeidung von Pumpen) wählen.

In der *Kolonne*, dem eigentlich wirksamen Teil, begegnen sich der aufsteigende Dampfstrom und der herabfließende Flüssigkeitsstrom. Zwischen diesen Strömen soll ein möglichst intensiver Stoffaustausch mit parallel gehendem Wärmeaustausch stattfinden. Die herablaufende Flüssigkeit „wäscht" bzw. kondensiert dabei aus dem aufsteigenden Dampf vorzugsweise die schwererflüchtigen Anteile aus und transportiert sie in den Verdampfer zurück. Der aufsteigende Dampfstrom verdampft aus der herabfließenden Flüssigkeit vorzugsweise die leichterflüchtigen Anteile und trans-

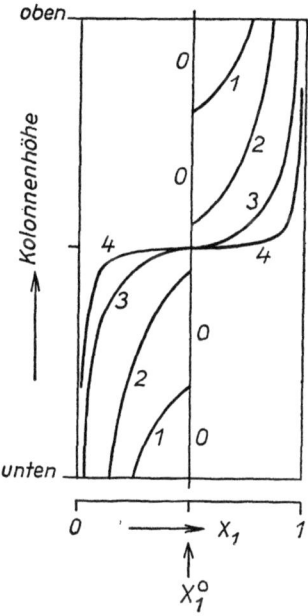

Abb. 35a. Konzentrationsverteilung in einer Destillationskolonne als Funktion des Ortes und der Zeit, totaler Rückfluß. Die Zeit ist der Parameter; *0, 1, 2, 3* und *4* bedeuten aufeinanderfolgende Zeiten. Der Betriebsinhalt von Verdampfer und Kondensator wird vernachlässigt. Die Komponente *1* des binären Gemisches ist leichterflüchtig. Im stationären Zustand (Kurve *4*) ist das binäre Gemisch mit der Ausgangskonzentration $x^0_1 = 0{,}5$ zerlegt worden in den Stoff *1* (vorwiegend im oberen Teil) und Stoff *2* (vorwiegend im unteren Teil der Kolonne) mit einer Übergangsfraktion in der Mitte. x_1 soll die über beide Phasen gemittelte Konzentration sein.

portiert sie in den Kolonnenkopf. Es findet ein Wechselspiel statt zwischen der vorzugsweisen Kondensation der schwererflüchtigen Anteile des Dampfes und der vorzugsweisen Verdampfung der leichterflüchtigen Anteile der Flüssigkeit. Nach einer Kolonnentheorie von ROSSINI (4) kann man sich den zeitlichen Ablauf der Austauschvorgänge durch das Schema der Abb. 35a veranschaulichen. Dort sind die Konzentrationen als Funktion der Höhe dargestellt für die Trennung eines binären Gemisches, das gerade in solcher Menge vorliegt, daß es dem *Betriebsvolumen* (Betriebsinhalt, hold-up) der Kolonne entspricht*). Zur Zeit 0 beginnt man mit der Verdampfung, wobei das zu trennende binäre Gemisch schon gleichmäßig mit der Konzentration x_1^0 über die Kolonne verteilt ist und auch bereits Siedetemperatur besitzt. Sofort mit der Verdampfung setzt auch die Kondensation im Kühler ein, es beginnt der totale Rückfluß der Flüssigkeit und die beschriebenen Austauschvorgänge laufen ab. Infolge dieser Austauschvorgänge ändern sich die Konzentrationen in der Kolonne als Funktion von Ort und Zeit, vgl. Abb. 35a. Ein geeigneterer Maßstab an Stelle der Zeit ist die seit Beginn des Experiments im Verdampfer erzeugte Dampfmenge in Molen. Wenn eine genügend lange Zeit verstrichen ist, bzw. wenn genügend viele Mole Dampf erzeugt wurden, ändern sich die Konzentrationen in der Kolonne nicht mehr, die Kolonne befindet sich im *„stationären"* Zustand, vgl. Abb. 35 a. Dieser Zustand ist dadurch charakterisiert, daß die Tendenz zur Wiedervermischung in vertikaler Richtung infolge Diffusion und Strömung gerade kompensiert wird durch die Wirkung der beschriebenen, in horizontaler Richtung erfolgenden Austauschvorgänge zwischen den beiden Phasen.

Diese Überlegung gestattet die Formulierung des Konstruktionsprinzips einer wirksamen Kolonne: Eine „gute" Kolonne soll den Stoff- und Wärmeaustausch in horizontaler Richtung zwischen den sich begegnenden Strömen der beiden Phasen fördern und soll gleichzeitig der Tendenz zur Wiedervermischung in vertikaler Richtung innerhalb der beiden Phasen (Diffusion, Strömung) bei möglichst hoher Strömungsgeschwindigkeit der Phasen (Durchsatz) entgegenwirken. Wie überall im praktischen Leben kann man diese beiden einander feindlichen Prinzipien nur durch einen Kompromiß vereinigen.

Die in der Destillationstechnik verwendeten Kolonnen lassen sich nach der Art unterscheiden, in der die Austauschvorgänge ablaufen (vgl. Abb. 35 b):

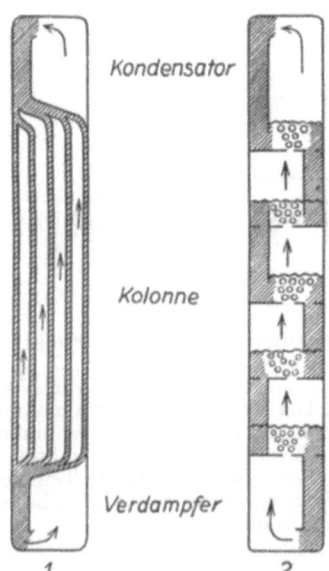

Abb. 35 b. 1) Schema einer Filmkolonne; 2) Schema einer Sprudelkolonne. Die Flüssigkeitsströme sind schwarz. Die Dampfströme weiß gezeichnet.

---

*) Ein praktisches Beispiel dieser Art diskutiert ZUIDERWEG (99).

1. Film-Kolonnen, z. B. Füllkörperkolonnen, mit gleichförmigem Stoffaustausch.
2. Sprudel-Kolonnen, z. B. Glockenbodenkolonnen, mit stufenweisem Stoffaustausch.

In der 1. Gruppe findet der Stoffaustausch zwischen einem herabrieselndem dünnen Flüssigkeitsfilm mit großer Oberfläche und dem aufsteigendem Dampf statt, während in der 2. Gruppe der Dampf zwangsweise durch die aufgestaute Flüssigkeit hindurchsprudelt (nach dem Prinzip der Waschflasche). Die verschiedenen, im Laboratorium verwendeten Kolonnentypen kann man in die beiden Gruppen einteilen:

1. Film-Kolonnen
    Füllkörperkolonne, vgl. (42); (44); (55); (94)
    Wendelrohrkolonne; YOUNG (89)
    Kolonne mit einfachem Rohr; KUHN et al. (78); WESTHAVER (80); ROSE (88)
    Ringspaltkolonne (zwei konzentrische Rohre); KUHN et al. (78); WESTHAVER (80); SELKER et al. (90); NARAGON und LEWIS (91); JANTZEN und WIECKHORST (130)
    Rotierende Ringspaltkolonne (inneres Rohr rotiert); JOST (81); ROSSINI et al. (83, 109); JOST, SIEG und BRANDT (84); sowie (190) und (201).
    Widmerkolonne; WIDMER (87)
    Vigreuxkolonne; VIGREUX (85); ZUIDERWEG (86); KAMPHAUSEN (188).
    Drehbandkolonne; LESESNE und LOCHTE (82); ZUIDERWEG (86); NERHEIM und DINERSTEIN (146)
    Stedman-Füllkörper; STEDMAN (149); KOCH und RAAY (150); HANDLEY (191).
    Schrägfilmkolonne; SIGWART (94)
2. Sprudelkolonnen, vgl. (42); (44); (55); (53); (94)
    Glockenbodenkolonnen, z. B. BRUUN-Kolonne (93)
    Siebbodenkolonnen, z. B. OLDERSHAW-Kolonne (92); SIGWART-Kolonne (94)

Da richtig konstruierte und sachgemäß betriebene Füllkörperkolonnen für den Laboratoriumsbetrieb im allgemeinen die zweckmäßigste Anordnung sind, beschränkt sich die spätere Diskussion auf diesen Typ. Lediglich für Vakuumdestillationen sind Füllkörperkolonnen wegen des hohen Druckabfalles nicht empfehlenswert; Sprudelkolonnen versagen unter diesen Umständen auch, so daß man Rohrkolonnen (Vigreux) verwendet. Kolonnen mit rotierenden Einbauten (84, 82) sind für Vakuumbetrieb gut geeignet.

Das im vorhergehenden besprochene Beispiel für die Vorgänge in einer Kolonne verwendete den sog. *totalen Rückfluß,* d. h. alle im Kondensator anfallende Flüssigkeit wird wieder auf die Kolonne zurückgeleitet. In der

Praxis der Stofftrennung ist dieser Fall natürlich uninteressant, da man ja den am Kolonnenkopf bzw. Kondensator anfallenden, leichterflüchtigen Stoff gewinnen will. Man wird also einen Teil des kondensierten Dampfes D

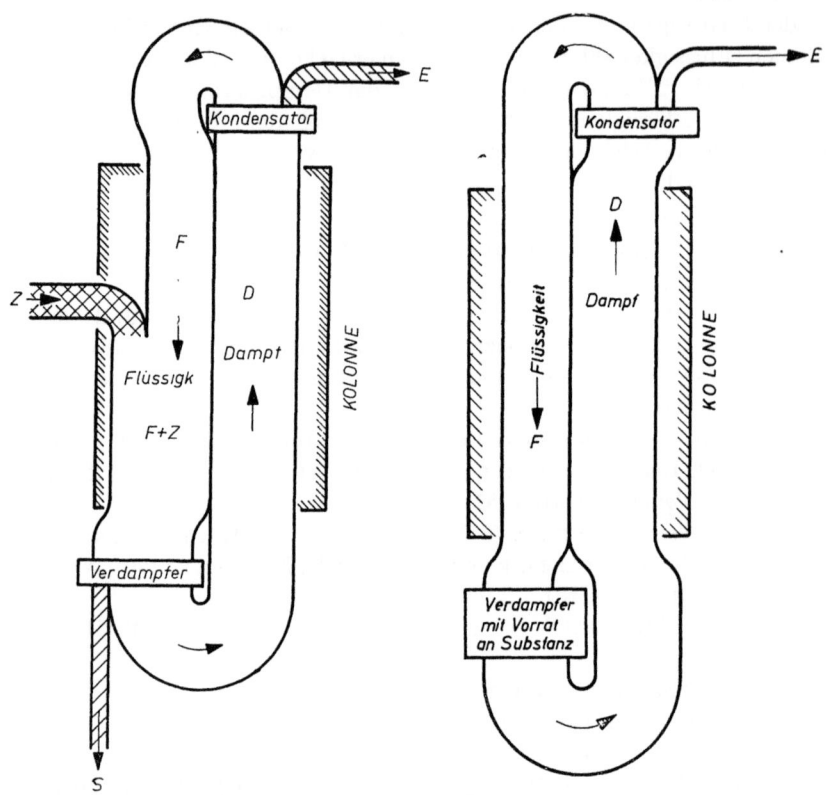

Abb. 35c. Materialfließschema für kontinuierliche Destillation. Der Zulauf Z wird zerlegt in ein Kopfprodukt E und Sumpfprodukt S.

Abb. 35d. Materialfließschema für dis-, kontinuierliche Destillation. Der Verdampfer enthält das zu trennende Gemisch. F/E ist das Rücklaufverhältnis.

als „Erzeugnis E" abzapfen und nur den Rest F als Flüssigkeit auf die Kolonne zurückgeben; (D, F und E in Mol/h), $D = F + E$ und $F/E =$ Rücklaufverhältnis, s. Abb. 35d. Eine Stofftrennung, bei der man eine vorgegebene Menge Gemisch in die Siedeblase der Kolonne einfüllt, um dann bei bestimmtem Rücklaufverhältnis die Komponenten des Gemisches als nacheinander am Kolonnenkopf erscheinende *Fraktionen* zu gewinnen, nennt man eine *absatzweise* (diskontinuierliche, chargenweise) *Destillation*, vgl. Abb. 35d.

Läßt man dagegen das Gemisch kontinuierlich an einer geeigneten Stelle der Kolonne dauernd zufließen, so wird dieses Gemisch in ein Kopfprodukt und ein Sumpfprodukt zerlegt. Diesen Vorgang nennt man *kontinuierliche Destillation*. Im Fall eines binären Gemisches ist so die kontinuierliche Zerlegung in die beiden reinen Komponenten möglich, wobei am Kolonnenkopf der leichterflüchtige bzw. leichtersiedende Stoff anfällt, s. Abb. 35c.

Die Konzentrationen in der kontinuierlichen Kolonne sind während der gesamten Zeit (vom Anlaufzustand abgesehen) der Trennung stationär, während sie sich in der diskontinuierlichen Kolonne dauernd nach Maßgabe der Entnahme der Komponenten des Gemischs am Kolonnenkopf ändern.

Für den Zweck der Stofftrennung im Laboratoriumsmaßstab ist im allgemeinen die absatzweise Destillation das vorzuziehende Verfahren, auf das sich demgemäß die folgende Diskussion beschränkt. Rose und Williams (116) haben auf theoretischer Basis und für Laboratoriumszwecke die kontinuierliche und diskontinuierliche Destillation verglichen; sie geben der chargenweisen Destillation den Vorzug.

2. Einfache Theorie der absatzweisen Destillation

a) Ableitung der Austauschgeraden

Für eine vereinfachte mathematische Behandlung empfiehlt sich die gedankliche Zerlegung der Destillationskolonne in bestimmte Abschnitte, deren Länge durch die Forderung gegeben ist, daß *der aus diesem Abschnitt aufsteigende Dampf mit der von diesem Abschnitt abfließenden Flüssigkeit im Gleichgewicht steht*, vgl. Abb. 36a und 36b. Einen derartigen Abschnitt nennt man einen *theoretischen Boden*. Der Begriff entwickelte sich aus den Anschauungen der Frühzeit der Destillationstechnik, als man noch glaubte, daß ein *realer Boden* die Wirksamkeit des oben definierten theoretischen Bodens hätte. Inzwischen hat man für die Beschreibung der Wirksamkeit des realen Bodens den *Bodenwirkungsgrad* eingeführt, der die Wirkung des realen Bodens mit der eines idealen Bodens vergleicht: der Bodenwirkungsgrad kann größer als 1 sein, ist aber meistens kleiner als 1.

Die oben gegebene Definition des theoretischen Bodens läßt sich auf Bodenkolonnen und Füllkörperkolonnen anwenden. Die Füllkörperkolonne müßte man sich dann aus vielen kleinen Füllkörpersäulen zusammengesetzt denken, die jede gerade die Wirkung eines theoretischen Bodens haben, vgl. Abb. 36c. Bei Bodenkolonnen muß man mit dem Bodenwirkungsgrad operieren; z.B. sind zwei reale Böden mit dem Bodenwirkungsgrad 0,5 äquivalent zu einem theoretischen Boden, vgl. Abb. 36d. Durch diese Definition bzw. gedankliche Konstruktion des theoretischen Bodens existiert nun eine mathematische

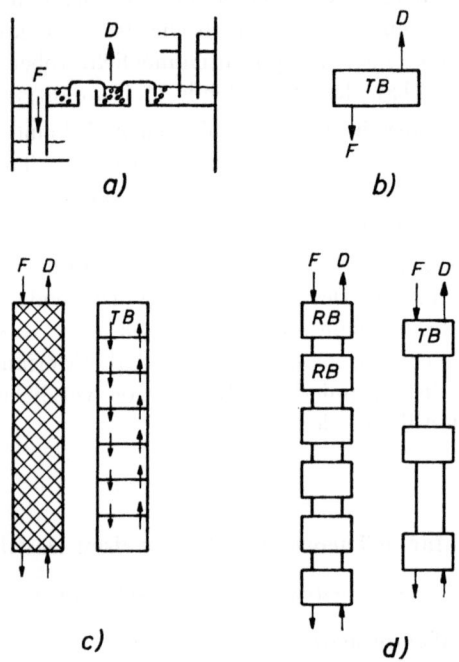

Abb. 36. a) Schema eines Glockenbodens; b) Schema eines theoretischen Bodens; c) Schema einer Füllkörperkolonne und ihre gedankliche Zerlegung in theoretische Böden; d) Schema einer Bodenkolonne mit dem Bodenwirkungsgrad 0,5 und ihre Zerlegung in theoretische Böden.

Beziehung zwischen den Konzentrationen von Dampf und Flüssigkeit, die von einem theoretischen Boden abströmen, nämlich (s. S. 3)

$$\frac{x''_{1n}}{1-x''_{1n}} = \alpha \frac{x'_{1n}}{1-x'_{1n}}, \quad [4\text{a}] \qquad \text{oder} \qquad x''_{1n} = \frac{\alpha\, x'_{1n}}{1+(\alpha-1)\, x'_{1n}}, \quad [4\text{b}]$$

wobei x''_{1n} die Konzentration der Komponente 1 des den n-ten theor. Boden verlassenden Dampfes, x'_{1n} die Konzentration der Komponente 1 der vom n-ten theor. Boden ablaufenden Flüssigkeit, und α der Trennfaktor ist. Welche mathematische Beziehung gilt nun für die sich zwischen je zwei Böden begegnenden Stoffströme? Zum Beispiel zwischen x'_{1n} und x''_{1n-1}; vgl. Abb. 37.

Diese Frage findet ihre Antwort durch eine Materialbilanz für die Kolonne. Man betrachtet zwei Querschnitte ober- und unterhalb eines theoretischen oder auch realen Bodens. Als vereinfachende Voraussetzungen fordert man, daß 1. *die Kolonne adiabatisch arbeitet*, also keine Wärme an die Umgebung verliert oder von der Umgebung gewinnt, und daß 2. *die molaren Verdampfungswärmen der beteiligten Komponenten gleich sind*. Unter dieser Voraussetzung gilt zwischen je zwei der oben erwähnten Querschnitte (vgl. Abb. 37):

$$D = \text{const}$$
$$F = \text{const.}$$

Der Dampfstrom D in Mol/Zeit und der Flüssigkeitsstrom F in Mol/Zeit sind also überall in der Kolonne konstant. Fügt man nun als weitere Voraussetzung hinzu, daß 3. *die Konzentrationen an jedem Ort der Kolonne stationär sind**), also nicht mehr von der Zeit abhängen, so ergibt eine Materialbilanz

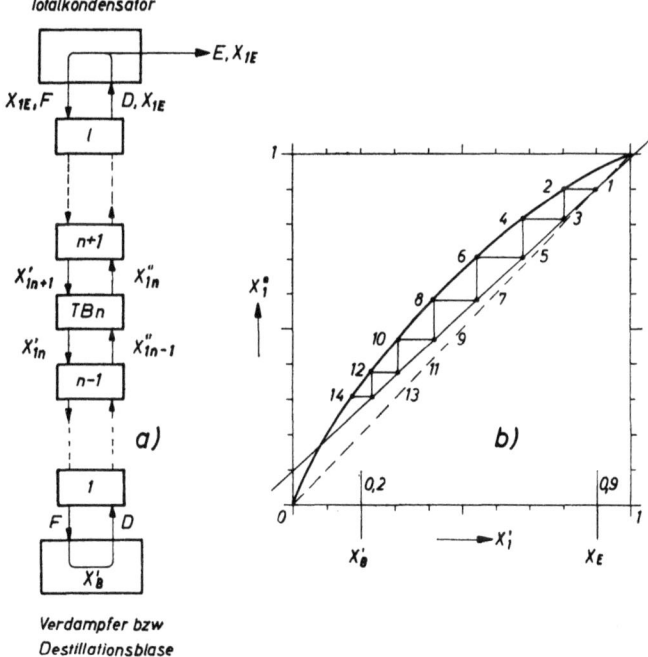

Abb. 37. a) Schema einer Kolonne mit Verdampfer und Totalkondensator; b) BADGER-McCABE/THIELE-Diagramm für $\alpha = 2$ und $v = 10$.

---

*) Bei einer absatzweisen Destillation macht man quasi eine „Momentaufnahme".

für die Komponente 1 zwischen den beiden Querschnitten

$$(x'_{1n+1} - x'_{1n})\, F = (x''_{1n} - x''_{1n-1})\, D\,, \qquad [46\text{a}]$$

oder

$$(\Delta x'_1)_n\, F = (\Delta x''_1)_n\, D\,.$$

Mit Worten: Die auf dem n-ten Boden aus der herabfließenden Flüssigkeit verschwundene Menge der Komponente 1 (in Molen/Zeit) ist gleich der mit dem aufsteigenden Dampf vom n-ten Boden hinweggeführten Menge. Bei einer Füllkörperkolonne kann man diese Bilanzgleichung auch auf ein differential kleines Stück der Kolonne beziehen

$$F\, dx'_1 = D\, dx''_1\,.$$

Die Integration der Differenzen- oder der Differentialgleichung zwischen einem beliebigen Querschnitt und dem Totalkondensator am Kopf der Kolonne liefert

$$(x''_1 - x''_{1E})\, D = (x'_1 - x'_{1E})\, F\,. \qquad [46\text{b}]$$

Diese Gleichung stellt einfach die Bilanz für die Komponente 1 zwischen einem beliebigen Querschnitt und dem Totalkondensator dar. x'_{1E} ist gleich x''_{1E}, da ja totalkondensiert wird. Der Index „E" bedeutet Erzeugnis. Mit $x'_{1E} = x''_{1E} = x_{1E}$ wird dann

$$x''_1 = \frac{F}{D} x'_1 + x_{1E}\left(1 - \frac{F}{D}\right).$$

Durch Einführung des Rückflußverhältnisses v

$$v = \frac{F}{D - F} = \frac{F}{E}$$

erhält man

$$x''_1 = \frac{v}{v+1} x'_1 + \frac{1}{v+1}\, x_{1E}\,. \qquad [47]$$

E bedeutet die Erzeugnismenge in Mol/Zeit. Die letzte Gleichung [47] ist die gesuchte mathematische Beziehung, die sog. Austauschgerade. Die Kombination der Gleichgewichtsbeziehung [4] mit der Bilanzbeziehung [47] gibt unter den beschriebenen Voraussetzungen ein Bild von den Konzentrationen in der Kolonne und von der Wirkung des Rückflußverhältnisses v.

Am einfachsten geschieht dies nach dem graphischen Verfahren von McCabe und Thiele (73). Hierbei benutzt man das x'/x''-Diagramm, in das die beiden Gl. [4] und [47] eingetragen werden. In Abb. 37b ist dies geschehen für $x_E = 0{,}90$, $v = 10$, $x'_B = 0{,}20$ und $\alpha = 2$. Die dicke, hyperbelartige Kurve ist die Gleichgewichtskurve nach Gl. [4b]. Die Austauschgerade [47] läßt sich leicht einzeichnen unter Verwendung der beiden Punkte $(x_1' = x_{1E}\,;\,x_1'' = x_{1E})$ und $(x_1' = 0\,;\,x_1'' = x_{1E}/(v+1))$.

Direkt unterhalb des Totalkondensators haben die sich begegnenden Dampf- und Flüssigkeitsströme die gleiche Konzentration x_{1E}; Punkt 1 auf der Austauschgeraden. Der vom obersten theor. Boden l aufsteigende Dampf mit x_{1E} steht im Gleichgewicht mit der von ihm ablaufenden Flüssigkeit x_{1l}', Punkt 2 auf der Gleichgewichtskurve. Die sich unterhalb des theor. Bodens l begegnenden Dampf- und Flüssigkeitsströme haben die Konzentrationen x_{1l}' und x_{1l-1}'', Punkt 3 auf der Austauschgeraden. In dieser Weise schreitet man fort, wobei Punkte mit ungeraden Nummern auf der Austauschgeraden liegen und die Konzentrationen der sich zwischen je zwei theor. Böden begegnenden Dampf- und Flüssigkeitsströme angeben, während Punkte mit geraden Nummern auf der Gleichgewichtskurve liegen und die Konzentrationen der aus einem theor. Boden austretenden Dampf- und Flüssigkeitsströme markieren. Die Punkte verbindet man mit einem Treppenzug. Die Zahl der Punkte auf der Gleichgewichtskurve ist gleichbedeutend mit der Anzahl der theoretischen Böden, die unter den vorgegebenen Umständen für die beabsichtigte Trennung benötigt wird. Die Destillationsblase hat die Wirkung eines theoretischen Bodens (Punkt 14), so daß die Kolonne 6 theor. Böden haben muß. Es ist natürlich ein Zufall, wenn der Treppenzug gerade bei x_B' auf der Gleichgewichtskurve endet. Eine Bodenkolonne mit 12 realen Böden des Bodenwirkungsgrades 0,5 würde die beabsichtigte Trennung bewerkstelligen.

Wählt man ein größeres Rücklaufverhältnis als $v = 10$, so wird der Abschnitt der Austauschgeraden auf der x''-Achse kleiner und ist für $v = \infty$ (also $E = 0$) gleich Null; die Austauschgerade fällt mit der Diagonalen des Diagramms zusammen, vgl. Abb. 38a. In diesem Fall des *maximalen Rückflußverhältnisses*, $v = \infty$, erhält man die *minimale Zahl der theor. Böden* $N_{\min}$; in diesem Fall $N_{\min} \approx 5$.

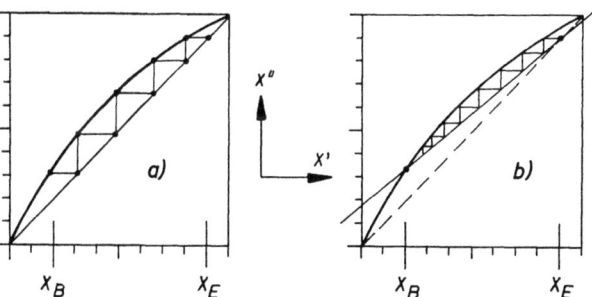

Abb. 38. Grenzfälle; $x_B = 0{,}2$; $x_E = 0{,}9$; a) für $v = \infty$, also minimale Bodenzahl; b) für $N = \infty$, minimales Rücklaufverhältnis.

Wählt man dagegen ein kleineres Rücklaufverhältnis als $v = 10$, so wird im Grenzfall ein *minimales Rücklaufverhältnis* $v_{\min}$ erreicht, für das die vorgesehene Trennung nur möglich ist bei einer *unendlichen Zahl* theoretischer Böden, der Abschnitt der Austauschgeraden auf der x''-Achse besitzt den größtmöglichen Wert, vgl. Abb. 38b. Die unendliche Zahl der theoretischen Böden ergibt sich wegen des „Zwickels" bei x_B.

Für den Fall $v = \infty$ gilt nach Gl. [47] $x_1'' = x_1'$; die Diagonale des x'/x''-Diagramms wird zur Austauschgeraden. Dann kann man für $\alpha = $ const. die Zahl der theor. Böden einfach dadurch ausrechnen, daß man das Produkt der Trennwirkungen aller einzelnen theor. Böden bildet, wobei die *Einzeltrennwirkung* q des theor. Bodens gegeben ist durch

$$q = \left(\frac{x_1''}{x_2''}\right) \bigg/ \left(\frac{x_1'}{x_2'}\right) = \alpha \,. \qquad [48]$$

Die Produktbildung bzw. die Hintereinanderschaltung aller Einzeltrennwirkungen ist möglich, wenn

$$x_{1n}'' = x_{1,n+1}' \quad \text{für} \quad v = \infty \,.$$

Der *Gesamttrenneffekt* q_k der Kolonne ist dann

$$q_k = q_1 \cdot q_2 \cdot q_3 \cdot \ldots \cdot q_n \cdot \ldots \cdot q_l,$$

oder für $\alpha = $ const.

$$q_k = \alpha^{N_{\min}} = \left(\frac{x_{1E}}{x_{2E}}\right) \bigg/ \left(\frac{x_{1B}'}{x_{2B}'}\right). \qquad [49\,\mathrm{a}]$$

Die Zahl $N_{\min}$ der theoretischen Böden (einschließlich der Siedeblase) läßt sich also für $v = \infty$ und $\alpha = $ const berechnen nach

$$N_{\min} = \frac{1}{\log \alpha} \left(\log \frac{x_{1E}}{x_{2E}} - \log \frac{x_{1B}'}{x_{2B}'} \right); \qquad [49\,\mathrm{b}]$$

$$N_{\min} = \frac{\log q_k}{\log \alpha} \,. \qquad [49\,\mathrm{c}]$$

Der gewünschte Gesamttrenneffekt q_k für den Fall des oben benutzten Beispiels ($x_{1E} = 0{,}9$; $x_{1B}' = 0{,}2$) ist $q_k = 36$. Mit $\alpha = 2$ erhält man $N_{\min} = 5{,}2$; da die Destillationsblase auch hier wieder einem theor. Boden entspricht, muß die Kolonne bei $v = \infty$ mindestens 4,2 theor. Böden besitzen. Ein Nomogramm der Gl. [49] geben JOST und SCHNEIDER (171).

Gl. [49] dient auch dazu, die Zahl N experimentell zu ermitteln *(Kolonnentest)*, in dem man die Kolonne mit $v = \infty$ betreibt und nach Erreichung des stationären Zustands die Konzentrationen x_E und x'_B bestimmt, wobei Testgemische mit genau bekanntem, konzentrationsunabhängigem α verwendet werden, z. B. n-Heptan/Methylzyklohexan mit $\alpha = 1{,}075$ bei $100°$ C.

Der Wert q_k gemäß Gl. [49a] wird auch in den Fällen als eine charakteristische Größe der Trennung berechnet, wenn die Voraussetzung für [49a], nämlich $v = \infty$, nicht erfüllt ist.

Das *minimale Rücklaufverhältnis* $v_{\min}$ läßt sich ebenfalls leicht rechnerisch ermitteln. Die Austauschgerade ist in diesem Fall gegeben durch die beiden Punkte

$$(x'_1 = x_{1E}\,;\, x''_1 = x_{1E}) \quad \text{und} \quad (x'_1 = x'_{1B}\,;\, x''_1 = \alpha\, x'_{1B}/(1 + x'_{1B}(\alpha - 1))),$$

vgl. Abb. 38b. Die Gleichung durch diese beiden Punkte ist

$$x''_1 = \delta\, x'_1 - \delta\, x'_{1B} + \frac{\alpha\, x'_{1B}}{1 + (\alpha - 1)\, x'_{1B}}\;;$$

$$\delta = \frac{x_{1E} - \dfrac{\alpha\, x'_{1B}}{1 + (\alpha - 1)\, x'_{1B}}}{x_{1E} - x'_{1B}}.$$

Gemäß Gl. [47] muß auch gelten

$$\frac{v_{\min}}{v_{\min} + 1} = \delta,$$

wodurch man erhält

$$v_{\min} = \frac{(x_{1E} - x'_{1B})(1 + x'_{1B}(\alpha - 1))}{x'_{1B}(\alpha - 1)(1 - x'_{1B})} - 1\,. \qquad [50\,\mathrm{a}]$$

Für das spezielle Beispiel erhält man daraus mit $x_{1E} = 0{,}9$; $x'_{1B} = 0{,}2$; $\alpha = 2$ ein minimales Rücklaufverhältnis $v_{\min} = 4{,}25$; der Abschnitt der Austauschgeraden auf der x''-Achse ist dann $0{,}171$; vgl. Abb. 38b.

Neben der vorstehend geschilderten halb rechnerischen, halb graphischen McCabe-Thiele-Methode existieren auch verschiedene Gleichungen, die durch die Kombination der Gleichgewichtsbeziehung [4] mit der Bilanzgleichung [47] eine rein rechnerische Berechnung von N und v bei gegebenen α, x'_{1B} und x_{1E} gestatten. Die mathematische Ableitung solcher Gleichungen ist recht verwickelt; folgende Autoren geben Gleichungen an: Smoker (74), Underwood (75), Lewis (77), vgl. auch (42). Pohl (135) entwickelte eine

Gleichung zur Berechnung von N bei gegebenem α, v, x'_{1B} und x_{1E}

$$N = \frac{1}{\log \alpha} \cdot \frac{1}{s_2 - s_1} \cdot \log \left\{ \frac{x_{1E} - s_1}{s_2 - x_{1E}} \cdot \frac{s_2 - x'_{1B}}{x'_{1B} - s_1} \right\}, \qquad [51]$$

$$s_1 + s_2 = 1 - \frac{x_{1E}}{v} + \frac{\alpha}{v(\alpha - 1)},$$

$$s_1 \cdot s_2 = \frac{x_{1E}}{v(\alpha - 1)}.$$

Wesentliche Voraussetzung dieser Ableitungen als auch der Gl. [49] und [50] ist die Konstanz von α. Wenn man α konzentrationsabhängig ansetzt, werden die Gleichungen hoffnungslos kompliziert. Immerhin ist auch dann noch eine schrittweise, doch langwierige Berechnung möglich (Rechenmaschinen) vgl. MATZ (98, 121); die graphische Ermittlung ist dann erheblich bequemer, vgl. STAGE und SCHULTZE (96), SCHÄFER (97). Formeln zur Berechnung von v_{min} bei der Destillation ternärer Gemische gibt KOHRT (122) an.

Die Anwendung dieser graphischen oder rechnerischen Verfahren auf absatzweise Destillationen ist noch zusätzlich dadurch kompliziert, daß die Konzentrationen bei der diskontinuierlichen Destillation niemals wirklich stationär sind, da ja dauernd Erzeugnis E ohne Zufuhr frischer Mischung entnommen wird. Es wird also noch vorausgesetzt, daß die laufende Entnahme von Produkt das Kolonnengleichgewicht nur unwesentlich stört.

Wenn man nun für verschiedene Zeitpunkte einer diskontinuierlichen Destillation bei gegebener Ausgangskonzentration x^0_{1B}, α, N und v die Konzentration x_{1E} als Funktion der abdestillierten Menge M berechnen will, so muß man als weitere Voraussetzung mit hinzunehmen, *daß der Betriebsinhalt (hold up) der Kolonne 1) vernachlässigbar ist gegenüber der Menge der eingesetzten Charge und 2) die Trennwirkung der Kolonne nicht beeinflußt*. Derartige Kurven $x_{1E} = f(M)$ nennt man *Destillationskurven*. Die Voraussetzungen für die Berechnung solcher Kurven nach dem hier skizzierten MCCABE-THIELE-Verfahren seien noch einmal aufgeführt:

1) Die Kolonne arbeitet adiabatisch, und der Trennfaktor ist konstant.
2) Die Kolonne kann als stationär betrachtet werden.
3) Die molaren Verdampfungswärmen der beteiligten Stoffe sind einander gleich und das Mischungsverhalten ist ideal, d. h. $\alpha = $ const.
4) Der Betriebsinhalt der Kolonne ist vernachlässigbar und beeinflußt die Trennung nicht.

Eine Berechnungsweise für N_{min} für den Fall ungleicher molarer Verdampfungswärmen hat THUM (140) angegeben. – Die Diskussion beschränkte sich bisher auf die Destillation binärer Gemische. In der Praxis der Laboratoriumsdestillation handelt es sich aber meistens um die Trennung polynärer Gemische. Die im vorhergehenden abgeleiteten Formeln lassen sich auch hier anwenden, wenn man das polynäre Gemisch in geeigneter Weise gedanklich zu einem binären reduziert, z. B. indem man die leichtest siedende Komponente und alle anderen betrachtet, oder man rechnet die Werte N und v für die beiden am schwersten trennbaren Komponenten (kleinster Trennfaktor) aus. – Eine genaue Diskussion der Kolonnendestillation ternärer Gemisch haben HAASE und LANG (126) gegeben, siehe auch (6).

Mit Hilfe der Gl. [4a] und [47] bzw. mit den entsprechenden Diagrammen macht man sich leicht den Destillationsverlauf von Gemischen klar. die Azeotrope bilden. Zum Beispiel Methanol/Benzol; $x_{1az} = 0{,}614$, $t_{az} = 53{,}84°$ Minimumazeotrop. Wenn $x_{1B}^0 < x_{1az}$ ist, dann wird das Azeotrop am Kononnenkopf angereichert; bei der chargenweisen Destillation mit einer wirksamen Kolonne geht zuerst das Azeotrop über und dann Benzol, Kp. 80,1°C. Wenn $x_{1B}^0 > x_{1az}$ ist, so wird ebenfalls das Azeotrop am Kolonnenkopf angereichert; bei der chargenweisen Destillation erscheint zuerst das Azeotrop und später Methanol, Kp. 64° C. Das Azeotrop kann durch einfache Destillation nicht zerlegt werden, da $\alpha = 1$ ist.

Bei binären Gemischen mit Maximumazeotropen erscheint während der chargenweisen Destillation je nach Ausgangskonzentration zuerst einer der beiden reinen Stoffe und dann das Azeotrop am Kolonnenkopf. Die Reihenfolge ist bedingt durch die Konzentrationsverhältnisse (x_{1B}^0, x_{1az}) und die Siedepunkte (t_1, t_2, t_{az}), sowohl für Gemische mit Maximum- als auch mit Minimumsiedepunkt; vgl. auch S. 59.

b) Wirkung des Rücklaufverhältnisses, der Bodenzahl, des Trennfaktors und des Betriebsinhalts auf die Trennung

Es ist immer nützlich, sich bei jedem Trennproblem die Werte $v_{\min}$ und $N_{\min}$ auszurechnen. Zum Beispiel soll aus einer Mischung von 5 Mol-% n-Heptan(1) und 95 Mol-% Methylzyklohexan(2) das n-Heptan bis auf 0,1 Mol-% entfernt werden; das Destillat soll nicht mehr als 5 Mol-% Methylzyklohexan enthalten. Die günstigsten Verhältnisse herrschen am *Anfang* dieser diskontinuierlichen Destillation; für $x'_{B1} = 0{,}05$, $x_{1E} = 0{,}95$ und $\alpha = 1{,}075$ errechnet man

$$N_{\min} = 83; \quad v_{\min} = 253; \quad q_k = 361 \, .$$

108 Praktische Durchführung der extraktiven und azeotropen Destillation

Am *Ende* dieser Destillation ist $x'_{1B} = 0{,}001$, $x_{1E} = 0{,}95$. Für solch kleine x_{1B} kann [50a] vereinfacht werden

$$v_{\min} = \frac{x_{1E}}{x'_{1B}(\alpha - 1)} - 1 \quad \text{für} \quad x'_{1B} \to 0 \,. \qquad [50\text{b}]$$

JOST und SCHNEIDER (171) haben diese Gleichung nomographisch ausgewertet. Nun ergibt sich

$$N_{\min} = 137; \quad v_{\min} = 12\,700; \quad q_k = 17\,300\,.$$

Dieses Beispiel stellt die Reinigung einer Substanz durch einfache absatzweise Destillation dar; n-Heptan ist die Verunreinigung und Methylzyklohexan die zu reinigende Substanz. Die Destillation müßte man in einer Kolonne mit 200 theoretischen Böden durchführen, und das Rückflußverhältnis müßte man von etwa 500 bis 20000 sukzessive ansteigen lassen, um immer eine konstante Konzentration des Kopfprodukts zu halten. Kolonnen mit 200 theor. Böden können heute gebaut werden, die hohen Rücklaufverhältnisse (über 500) sind aber nur schwierig einzuhalten und außerdem unpraktisch, da die Destillation dann zeitlich sehr lange dauert und zudem viel Energie (Blasenheizung) verbraucht. Aus Gl. [50b] ersieht man, daß $v_{\min}$ direkt proportional zu x_{1E} ist und umgekehrt proportional zu x'_{1B} und $(\alpha - 1)$.

Man kann gegen Ende der Destillation die Forderung $x_{1E} = 0{,}95$ fallen lassen und statt dessen $x_{1E} = 0{,}5$ wählen; dadurch wird $v_{\min} = 6700$ (immer noch unpraktisch groß); man muß aber nun größere Mengen Methylzyklohexan mit abdestillieren.

Ein anderer Weg ist es, den Trennfaktor α zu verbessern. Wenn man extraktiv destilliert mit 90 Mol-% Anilin als Zusatzkomponente, so ergibt sich ein Trennfaktor von $\alpha = 1{,}5$ (s. S. 50), also $\alpha - 1 = 0{,}5$. Mit diesem Wert und $x'_{1B} = 0{,}001$; $x_{1E} = 0{,}95$ errechnet man ein minimales Rücklaufverhältnis von $v_{\min} = 1900$ und $N_{\min} = 24{,}3$. Die Maßnahme der extraktiven Destillation verringert also die minimale Bodenzahl ganz wesentlich, aber $v_{\min}$ ist immer noch viel zu hoch.

Nun hilft nichts mehr, man muß gegen Ende der Destillation den Verlust größerer Mengen Methylzyklohexan in Kauf nehmen und den Wert x_{1E} auf 0,1 herabsetzen. Wenn man gleichzeitig extraktiv destilliert mit einem Zusatz von $x'_3 = 0{,}90$ oder 90 Mol-% Anilin, so errechnet man am Ende der Destillation ($x'_{1B} = 0{,}001$; $\alpha = 1{,}5$; $x_{1E} = 0{,}1$) folgende Zahlenwerte

$$N_{\min} = 11{,}7; \quad v_{\min} = 200; \quad q_k = 111\,.$$

Diese Daten können von Laborkolonnen des praktischen Betriebs erreicht werden. Das oben gestellte Reinigungsproblem läßt sich demnach durch eine extraktive Destillation mit einer Kolonne von $N = 200$ theor. Böden und einem Rückflußverhältnis $v = 300$ bewältigen.

Das Beispiel zeigt, daß für eine möglichst „verlustlose" Reinigung durch Destillation nicht nur eine Kolonne großer Trennleistung, d. h. mit einer großen Zahl theoretischer Böden, benötigt wird, sondern daß es ganz wesentlich für das Gelingen der „verlustlosen" Reinigung ist, ein hohes Rücklaufverhältnis einzuhalten. Daraus ergibt sich, daß die destillative, „verlustlose" Reinigung 1. einen hohen Energieverbrauch aufweist und 2. viel Zeit beansprucht. Der große Energieverbrauch pro Einheit des gereinigten Stoffes spielt im Laboratorium keine große Rolle. Der enorme Zeitbedarf solcher Destillationen muß beachtet werden und hat folgerichtig zu einer weitgehenden Automatisierung der dafür benutzten Kolonnen geführt. Wenn z. B. $F = 10$ Mol/h oder etwa 1000 cm³/h (gängiger Wert bei Laboratoriumskolonnen) und $v = 100$ ist, so braucht man für die Entfernung von 150 cm³ einer leichterflüchtigen Verunreinigung aus 2850 cm³ zu reinigendem Stoff eine Zeit von 15 h (10 cm³ Erzeugnis pro h). Wenn man dagegen 2850 cm³ zu reinigenden Stoff von 150 cm³ einer schwererflüchtigen Verunreinigung abtrennen will, so benötigt man dafür 285 h oder rund 12 Tage.

Rose (42) hat systematische Berechnungen nach dem McCabe-Thiele-Verfahren angestellt, *wobei die Gültigkeit der auf S. 106 aufgeführten Voraussetzungen angenommen wird*. Mit Hilfe der so *berechneten Destillationskurven* hat er folgende Regeln für die Wahl der Variablen bei der absatzweisen Destillation aufgestellt:

1. Mit zunehmender N-Zahl resultiert eine immer kleinere Verbesserung der Trennung, vor allem für kleine v.
2. Zu niedrige N-Zahlen können nicht durch hohe v-Werte kompensiert werden. Und umgekehrt: Zu niedrige v-Werte können nicht durch hohe N-Zahlen kompensiert werden.
3. Eine optimale Ausnutzung einer gegebenen Kolonne in bezug auf N und die Dauer der Destillation ergibt sich für

    $$\tfrac{2}{3} N \leq v \leq \tfrac{3}{2} N.$$

4. Ein hochreines Destillat kann aus einer niedrigen Ausgangskonzentration bei endlichem v nicht erzielt werden, gleichgültig wie groß N ist.
5. Bei niedrigem Rücklaufverhältnis v ist die Trennung schlecht, gleichgültig wie groß N ist.

Gilliland (172) gibt folgende Faustregeln an:

$$1{,}3\, v_{\min} < v < 1{,}4\, v_{\min}; \quad N = 2\, N_{\min}.$$

Abb. 39a zeigt einige Destillationskurven nach ROSE und LONG (95, 42), die zur Ableitung der Regel Nr. 5 dienen können. Die Ergebnisse der diskontinuierlichen azeotropen und extraktiven Destillation werden auf S. 148 bis S. 153 anhand solcher Destillationskurven diskutiert werden.

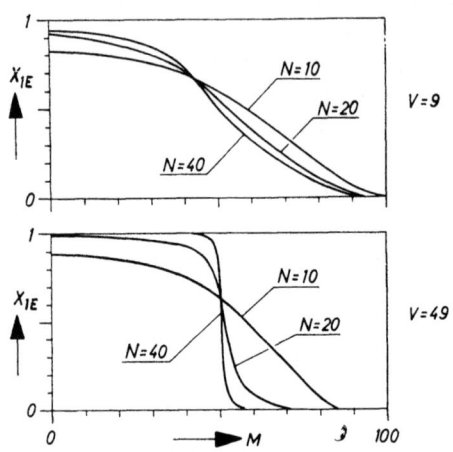

Abb. 39.a) Destillationskurven für 100 Mole eines binären Gemischs, bei vernachlässigbarem Betriebsinhalt; Stoff 1 ist leichterflüchtig. $\alpha = 1{,}25$. Im oberen Bild ist das Rückflußverhältnis 9, im unteren 49. Das Bild zeigt, daß eine gute Trennung nur bei großem v zu erzielen ist, gleichgültig wie groß N ist. Kurven nach ROSE und LONG (95).

Die Regeln 1. bis 5. sind mit der Annahme eines *vernachlässigbaren Betriebsinhalts* abgeleitet worden. ZUIDERWEG (152), (99) hat den Einfluß des Betriebsinhalts auf die Trennung bzw. auf die Destillationskurven an Labor-Siebbodenkolonnen nach OLDERSHAW studiert. Seine auf *experimentellen* Grundlagen gewonnenen Ergebnisse lassen sich folgendermaßen zusammenfassen:

Bei niedrigen Rücklaufverhältnissen (5 bis 30) beeinflußt ein Betriebsinhalt von 5 bis 30% der Charge die Trennung günstig. Wenn der Betriebsinhalt aber 50% der Charge oder mehr beträgt, dann spielt das Rückflußverhältnis eine untergeordnete Rolle. Es existiert ein maximaler Wert der Trennung in Abhängigkeit vom Betriebsinhalt. Bei zunehmender Zahl der theoretischen Böden wird der günstige Einfluß auf die Trennschärfe bei kleinen Betriebsinhalten ausgeprägter. Diese Regeln lassen sich aus Abb. 39b ableiten.

Dort ist der Betrag der Neigung der Destillationskurve $\beta = |dx_{1E}/dm|$ im Punkt $x_{1E} = 0{,}5$ dargestellt, wobei $m = M/M_0$ die relative Menge des Destillats ist, bezogen auf die Molzahl M_0 der eingesetzten Charge. Erstrebenswert ist ein möglichst großes β, damit die Übergangsfraktion klein wird. Die Charge (in Abb. 39b) bestand immer aus äquimolaren Gemischen Zyklohexan/n-Heptan. – Wenn die Charge andere Zusammensetzungen aufweist und der Effekt der Anfangskonzentration berücksichtigt werden soll, dann wird mit der Polhöhe S gerechnet: $S = \beta(1 - m_s)$, wobei m_s der m-Wert für $x_{1E} = 0{,}5$ ist. Hierzu und für eine weitergehende Diskussion vgl. ZUIDERWEG (99) und (152); s. auch THORMANN (139).

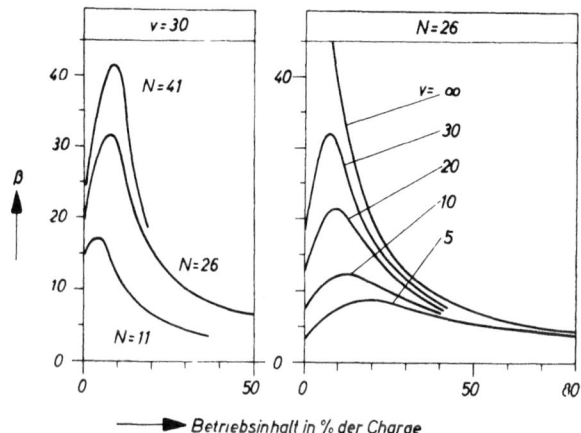

Abb. 39. b) Neigungen β der Destillationskurven $x_{1\,E} = f(m)$ für äquimolare Gemische aus Zyklohexan und n-Heptan. Linkes Bild: Bodenzahl N als Parameter, $v = \text{const} = 30$. Rechtes Bild: Rücklaufverhältnis v als Parameter, $N = \text{const} = 26$. Daten nach ZUIDERWEG (99).

3. Konstruktion und Betrieb von diskontinuierlichen Laboratoriums-Füllkörperkolonnen

Im vorhergehenden Abschnitt war auf S. 109 darauf hingewiesen worden, daß eine Automatisierung von Laboratoriumskolonnen unumgänglich ist. Es ist heute möglich, Füllkörperkolonnen mit 2 m Höhe und 100 bis 200 theoretischen Böden im Laboratorium aufzubauen. Will man die damit gegebene Trennleistung richtig ausnutzen, so muß man Rückflußverhältnisse von der gleichen Größenordnung anwenden. Wenn z. B. eine Charge von 6000 cm³ mit einem Rückflußverhältnis 100 bei einem Durchsatz von 3000 cm³/h diskontinuierlich destilliert wird, so erhält man in der Stunde 30 cm³ Destillat und braucht 200 h für die gesamte Destillation der Charge.

Zweck und Ziel der Automatisierung ist es, die dauernde Beaufsichtigung der Kolonne zu erübrigen (Personaleinsparung), Sicherungen gegen Kühlwasserausfall und Brandgefahr einzubauen (Vermeidung von Unfällen) und gleichmäßigen Betrieb während der langen Dauer der Destillation zu gewährleisten. Der letztere Gesichtspunkt umfaßt die genaue Einhaltung des Rückflußverhältnisses, des Durchsatzes und des adiabatischen Zustandes der Kolonnen. Derartige Einrichtungen sind in der Literatur zahlreich beschrieben, vgl. KOLLING und TRAMM (101), STAGE (102), WEISSBERGER (42). KRELL (44), ROSSINI (4), ZUIDERWEG (152), SCHULTZE und STAGE (153). COULSON und HERINGTON (170).

Auf den folgenden Seiten werden einfache Apparaturen beschrieben, die im Institut für physikalische Chemie der Universität Göttingen entwickelt und verwendet wurden, vgl. BRANDT, RÖCK und LANGERS (103).

a) Aufbau der Kolonnen

Abb. 40a zeigt den Aufbau einer Kolonne mit Vakuummantel und zusätzlichem adiabatischen Mantel; Abb. 40b stellt eine Kolonne dar, die zur Vermeidung von Wärmeverlusten nur einen adiabatischen Mantel besitzt.

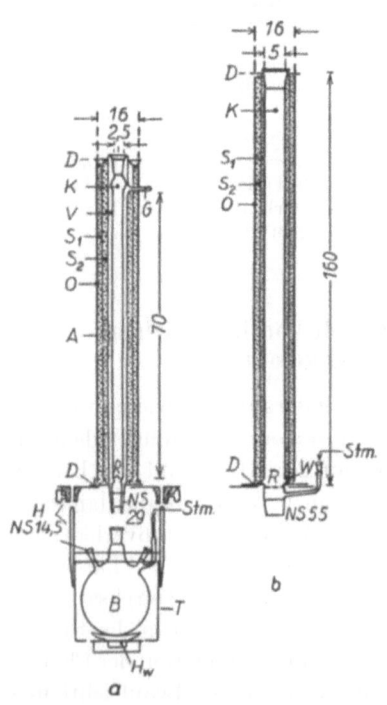

Abb. 40. Abmessungen und schematischer Aufbau der Kolonnen. a) Normalkolonne; b) Glasraschigringkolonne; Abmessungen in cm. B Blase, A Ausdehnungsbalg, D Deckel, G Getter, H Blasenhalterung, H_W Heizwiderstand, K Kolonnenrohr, O Ofenrohr, R Füllkörperrost, S_1 innere Steinwolleschale, S_2 äußere Steinwolleschale, Stm Anschluß für Staudruckmanometer, W Wulst.

Die Füllkörper werden auf einem Rost R gelagert, der seinerseits auf drei nach innen gerichteten Einstichen der Kolonnenwand ruht. Die Summe der Querschnitte der Öffnungen in diesem Rost soll mindestens so groß sein wie der der Dampfströmung zur Verfügung stehende Querschnitt in der Füllkörpersäule, damit sich am Rost keine Stauungen ergeben. Man verwendet daher gern konische Roste (etwa 100° Öffnungswinkel) aus Metall mit möglichst vielen großen Löchern. Auf diesen Rost legt man zuerst größere Füllkörper, dann mittelgroße und dann erst die eigentliche Füllung, die sonst durch die Löcher des Rostes hindurchfallen würde. Zur Erzielung eines guten Trenneffekts ist eine *regellose* Schüttung notwendig, die man dadurch erzielt, daß man jeden Füllkörper einzeln in die Kolonne fallen läßt. Oder man füllt das leere Kolonnenrohr mit Wasser und läßt dann die Füllkörper langsam einlaufen. Die Dimensionen des Füllkörpers (Höhe, Durchmesser) sollen mindestens 10 mal kleiner sein als der Durchmesser des Kolonnenrohres, um die sog. Randgängigkeit der rücklaufenden Flüssigkeit in Grenzen zu halten, vgl. KIRSCHBAUM und Mitarb. (138, 55).

Konstruktion von diskontinuierlichen Laboratoriums-Füllkörperkolonnen

Je ein Normalschliff verbindet die Kolonne K unten mit der Blase B und oben mit dem Kolonnenkopf. Bei hohen Ansprüchen an Sauberkeit sollten diese Schliffverbindungen durch direkte Verschmelzung ersetzt werden. Das Dichtungsmittel (Ramsay-Fett, Silikonfett, Glukose-Schmiermittel, Molybdänsulfid) wird leicht ausgewaschen oder zersetzt, und die Schliffverbindung wird undicht. Bei Normaldruckdestillation kommt man bei dem oberen Schliff auch ohne Dichtungsmittel aus, wenn die Schliff-Flächen gut aufeinander eingeschliffen sind. Molybdänsulfid (evtl. als Paste mit Silikonfett) hat sich noch am besten bewährt. Wenn aus dem oberen Schliff Dichtungsmittel ausgewaschen wird, ist mit einer Veränderung der Benetzung der Füllkörper zu rechnen. Bei Silikonfett ist die negative Auswirkung auf den Trenneffekt experimentell festgestellt worden.

Die Dampfströmung in der Kolonne wird bewirkt durch den Staudruck bzw. umgekehrt. Der Absolutdruck in der Blase ist höher als am Kopf. Diese Druckdifferenz ist charakteristisch für die Dampfströmung und wird mit Hilfe des Ansatzes Stm (entweder an der Kolonne oder an der Blase) gemessen, indem man auf diesen Ansatz ein Staudruckmanometer aufsetzt, vgl. unten.

Damit die Kolonne adiabatisch arbeitet, darf keine Wärme von der Kolonne an die Umgebung und umgekehrt fließen. Dies verhindert der adiabatische Mantel (s. unten), der bei geringen Ansprüchen auch durch eine einfache wärmeisolierende Hülle ersetzt werden kann. Der adiabatische Mantel sitzt seinerseits in einem dünnwandigen, mit Aluminiumbronze angestrichenem Metallrohr (Ofenrohr), das oben und unten mit zwei Deckeln abgeschlossen ist, vgl. Abb. 40. Die Kolonne ruht entweder mit einem Wulst im unteren Teil auf dem unteren Deckel, oder man bringt eine Schelle an der Kolonnenwand an und setzt diese Schelle auf den unteren Deckel auf, evtl. unter Zwischenschaltung von wärmeisolierendem Material. Es ist wichtig, die Kolonne im Metallrohr gut zentrisch einzubauen und dann das Metallrohr genau vertikal aufzustellen. Der obere und untere Deckel wird mit Querleisten in ein Gestell aus Dexion-Stahlschienen verschraubt.

Der Inhalt der gläsernen Destillationsblasen (Rundkolben) beträgt 2 bis 6 Liter. Seitliche angesetzte Normalschliffe NS 14,5 ermöglichen das Anbringen von Instrumenten zur Temperaturmessung (Widerstandsthermometer) sowie eines „Siedeerleichterers", d. i. eine kleine 10 Ω-Heizspirale, die mit Hilfe zweier Glas-Metall-Durchschmelzungen (Molybdändraht + Jenaer-Geräteglas 20) direkt in die siedende Flüssigkeit taucht. Mit Hilfe derselben Schliffe wird auch die Charge eingefüllt bzw. die Blase am Ende der Destillation entleert.

Die Blase wird in folgender Weise an der Kolonne angebracht und beheizt: Ein kreisförmiges Heizelement von 1000 Watt, das sehr dicht an der Blase anliegt, ist auf dem Boden eines Heiztopfes, der z. B. aus einem alten Marmeladeeimer hergestellt werden kann, leicht federnd angebracht. Um den oberen Rand des Topfes ist ein eiserner Ring gelegt, an dem zwei senkrechte Eisenstäbe c befestigt sind. Nachdem man die Blase auf den Heizkörper gesetzt hat, hebt man den Heiztopf an und setzt die beiden Eisenstäbe in zwei kurze Rohrstücke ein, die auf den oben erwähnten Querleisten befestigt sind. Nun schiebt man den Topf so weit hoch, daß die Schliffe der Kolonne und Blase gut passen und fixiert die Haltevorrichtung in dieser Lage durch Anziehen von zwei an den Rohrstücken eingelassenen Flügelschrauben. Der Topf ist auf seiner Außenseite mit einer Wärmeisolierung versehen. Das obere Ende des Topfes verschließt man mit passend geschnittenen Asbestpappe-Stücken; das kurze Rohrstück vom Topf zur Kolonne (d. i. im wesentlichen der Schliff) wird mit Steinwolleschalen isoliert.

Der Boden des Topfes ist durchlocht, damit bei einem evtl. Zerbrechen der Blase die Flüssigkeit in einen unter der Vorrichtung befindlichen Kasten (70 cm lang, 30 cm breit, 50 cm hoch) schnell abfließen kann. Der Boden des Kastens ist mit Sand bedeckt, der die Flüssigkeit aufsaugen und abkühlen soll, wodurch Löscharbeiten bei einem evtl. Brand erleichtert werden.

An Stelle des primitiven, billigen Topfes mit eingesetzter Heizplatte kann man auch die käuflichen Heizhauben vorteilhaft verwenden. Die Heizhaube trägt die Blase, sie ist ihrerseits leicht federnd an den Querleisten des Kolonnengestells befestigt. – Vgl. auch den von COULSON und HERINGTON (170) beschriebenen Heiztopf.

Der Wärmedurchgang von der Heizung durch die Glaswand des Kolbens zur siedenden Flüssigkeit ist ausreichend, da die Laboratoriumskolben (bis zu 6 und 10 Liter) ein günstiges Verhältnis von Oberfläche zu Volumen besitzen. Die Heizung muß so beschaffen sein, daß bei geringem Flüssigkeitsniveau in der Blase keine Überhitzung des Dampfes stattfindet.

b) Regelung der Blasenheizung

Ein Maß für die Dampfgeschwindigkeit und damit für die der Blase (Verdampfer) zugeführte Heizleistung ist der an der Kolonne auftretende Staudruck. Bei Füllkörperkolonnen hängt die Zahl N der theoretischen Böden stark von der Dampfgeschwindigkeit bzw. dem Durchsatz ab. Daher ist es wichtig, die Heizleistung konstant zu halten, was mit Hilfe des Staudrucks geschehen kann.

Zur Anzeige des Staudrucks dient ein Quecksilbermanometer, das entweder an den unteren Teil der Kolonne oder an einen Ansatz der Destillationsblase angeschlossen wird. Die Konstruktion eines Manometers zeigt

Konstruktion von diskontinuierlichen Laboratoriums-Füllkörperkolonnen 115

Abb. 41. Der Anschlußschenkel zur Kolonne ist aus einer Kapillare gefertigt. Das in der Kapillare und im Anschlußrohr gespeicherte Luftpolster verhindert den Zutritt von Dämpfen aus der Kolonne und deren Kondensation im

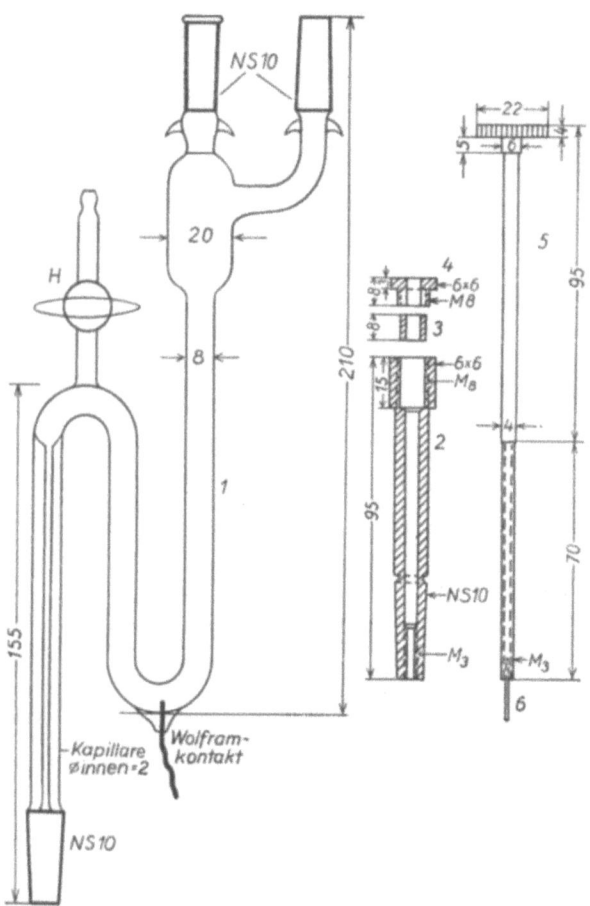

Abb. 41. Staudruckmanometer: *1* Schenkel (Glas), *2* Führung (Messing), *3* Stopfbuchse (Perbunan), *4* Verschraubung (Messing), *5* Nadel (Messing), *6* Wolframspitze, *H* Hahn. Alle Maße in mm.

Meßschenkel. Das Luftpolster kann durch vorsichtiges Einblasen von Luft mit dem Hahn H bei Bedarf erneuert werden. Der Schliffansatz rechts oben dient zur Verbindung mit dem Kolonnenkopf bei Vakuumdestillation. Das Manometer schaltet mit Hilfe der beiden Kontakte den Regelmechanismus

116 Praktische Durchführung der extraktiven und azeotropen Destillation

der Blasenheizung. Der einzuhaltende Staudruck wird durch Einstellung der Nadel 5 mit der Kontaktspitze 6 vorgegeben. Steigt der Staudruck, so wird der Stromkreis von Relais *Re II* (Abb. 42) geschlossen. Dieses Relais öffnet seinen Ruhekontakt II_2, wodurch der Schaltschütz Sch_2 abfällt und zusätzlich zum Heizwiderstand (1000 Watt, 220 V, Klemme 7 und 8) den regelbaren Widerstand R_1 einschaltet, so daß die Heizleistung abnimmt. Fällt der Staudruck, so wird der Zusatzwiderstand kurzgeschlossen und es wird wieder die normale Heizleistung zugeführt, die am Regeltransformator von Hand eingestellt wird.

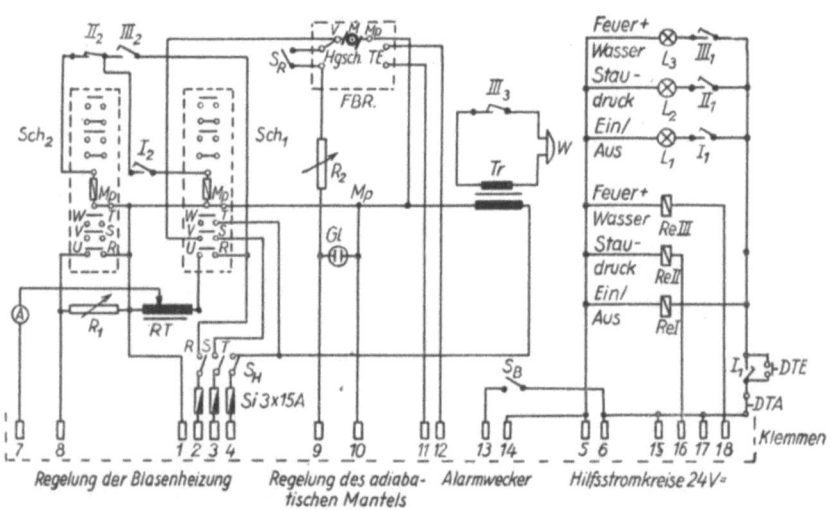

Abb. 42. Schaltplan: *A* Amperemeter 0–5 A, *DTA* Drucktaster Aus, *DTE* Drucktaster Ein, *FBR* Differentialfallbügelregler Ruhstrat REXDE, *Gl.* Glimmlampe 220 V, *Kl.* Klemmleiste, L_1, L_2, L_3 Glühbirnen 24 V, $Re_{I, II, III}$ Relais Siemens, Trls 151 TBv: 6500/2 720 – 5900 – 0,07 CuL, R_1 Regelwiderstand, R_2 Ringregelwiderstand Ruhstrat *RW* 50–400 Ω, *RTE* Ringregeltrafo 220 V 1,2 kVA Ruhstrat *RTE BN* 21 511, $Sch_{1,2}$ Schaltschütze, KLOECKNER-MOELLER Dil 1a/52, S_H Hauptschalter 3×15 A, S_B Schalter für Blasenbeleuchtung, S_R Schalter Regelung Ein/Aus.
Klemmenanschlüsse: 1 bis 4 Drehstrom 220/380 V; 5 und 6 Gleichstrom 24 V; 7 und 8 Blasenheizung; 9 und 10 Heizung des adiabatischen Mantels; 11 und 12 Differentialthermoelement; 13 und 14 Blasenbeleuchtung 24 V 3 W; 15 und 16 Staudruckmanometer; 17 und 18 Feuer- und Wassersicherung; zur weiteren Erläuterung siehe Text.

Der Reihenwiderstand R_1 wird verwendet, weil bei vollständiger Abschaltung des Heizstromes die Schwankungen der Dampfgeschwindigkeit zu groß sind. Der Grund hierfür ist die große Regelträgheit der Kolonnenblase.

Zur Vermeidung von Schaltfunken am Hg-Meniskus wird ein hochohmiges Relais verwendet und ein Kondensator parallel zum Manometerkontakt geschaltet. Wenn der Staudruck sehr klein ist, verwendet man Salzlösungen oder auch Glykol als Manometerflüssigkeit; im letzteren Fall muß ein Röhrenrelais an Stelle von *ReII* eingesetzt werden. – STAGE (125) beschreibt eine ähnliche Anordnung zur Regelung der Heizleistung.

c) Regelung des adiabatischen Mantels

Je nach Ansprüchen an die Genauigkeit gibt es drei Möglichkeiten, Wärmeverluste der Kolonne zu vermeiden:

1. Einfache Wärmeisolation mit Isolierstoffen, z. B. Asbestschnur, Steinwolleschalen.
2. Wärmeisolation durch Vakuummäntel mit eingebauten Reflektoren.
3. Adiabatischer Mantel, d. h. Kompensation der Wärmeverluste durch zusätzliche Heizung.

Durch Kombination dieser drei Möglichkeiten kann man die Wirkung noch verbessern. So muß man z. B. bei niedrigen Durchsätzen (unter 100 cm³/h) und hohen Temperaturen (über 50° C) das Verfahren 2 mit Verfahren 3 kombinieren. Die zweite Möglichkeit ist im Betrieb am einfachsten, bereitet aber bei großen Kolonnenlängen infolge der merklichen Differenz der Wärmeausdehnung von Innen- und Außenrohr konstruktive Schwierigkeiten (Ausdehnungs-Balge und -Spiralen). Für Kolonnen mit großem Querschnitt (über 15 mm) und großem Durchsatz (über 300 cm³/h) reicht das Verfahren 3 vollkommen aus.

Das Prinzip der Kompensationsheizung besteht darin, daß der horizontale Wärmestrom von der Kolonne durch eine Isolierschicht zu einem Kupfermantel null wird, wenn dieser Kupfermantel auf die Temperatur der Kolonnenwand geheizt wird. Der Kupfermantel gleicht Temperaturdifferenzen in vertikaler Richtung aus, was erfahrungsgemäß zu keinen Schwierigkeiten führt, wenn man engsiedende Gemische trennt, und die Kolonnenhöhe nicht zu groß ist. Für Kolonnen größerer Bauhöhe und bei der Trennung von Gemischen mit größeren Siedepunktsunterschieden empfiehlt sich eine Unterteilung in mehrere adiabatische Mäntel (etwa ein Mantel pro 2° Temperaturgefälle).

Den Aufbau des adiabatischen Mantels zeigt Abb. 43a. Die Kolonne *Ko* ist von einer inneren Isolierschale S_2 (Sillansteinwolle) umgeben. Auf dieser Schale befindet sich ein 0,5 bis 2 mm dicker Kupferblechmantel, auf dem die Heizwicklung unter Zwischenlage einer 1 mm starken Asbestpappe angebracht ist. Diese Anordnung wird durch die äußere Isolierschale S_1 gegen zu große Wärmeverluste an die Umgebung geschützt. Als Hülle für Kolonne und adiabatischen Mantel dient, wie schon erwähnt, das äußere Mantelrohr.

Die Temperaturdifferenz zwischen Kolonnenwand (T_1) und Kupfermantel (T_2) wird mit einer Thermoelementkette aus zwei Thermoelementen

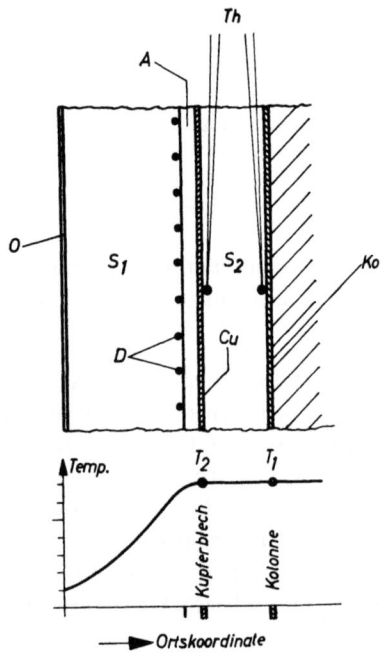

Abb. 43a. Aufbau des adiabatischen Mantels, schematisch. S_1 äußere Isolierschale, S_2 innere Isolierschale, A Asbestpappe, D Heizdraht (200 Ω, 12,5 Ω/m), Cu Kupferblechmantel, Ko Kolonnenwand, Th Thermoelement, O äußeres Schutzrohr. Der Temperaturverlauf im adiabatischen Mantel ist angedeutet.

gemessen bzw. die resultierende Thermokraft dient als Anzeigewert für einen Fallbügel-Differential-Regler. Wenn $\Delta T = T_1 - T_2 > 0$ ist, schaltet der Regler die Heizung ein; bei $\Delta T < 0$ schaltet er sie aus. Die Lage der Thermoelemente und ihre Schaltung zeigt Abb. 43a; Abb. 43b enthält Daten der Gesamtschaltung.

Mit dem zweipoligen Schalter wird der Fallbügelregler FBR eingeschaltet. Der Schalter „Regelung Ein/Aus" überbrückt die Quecksilberschaltröhre bei der Aufheizung bzw. Vorheizung des adiabatischen Mantels. Der Regler übernimmt die Regelung erst nach dem „Fluten" der Kolonne. Die linke

Glimmlampe, G_1, zeigt an, ob der Regler in Betrieb ist. Die rechte, G_2, ob seine Schaltröhre bzw. die Kompensationsheizung ein- oder ausgeschaltet ist. Mit dem Ringregelwiderstand RW kann die Stromstärke der Heizung variiert und eine optimale Einstellung gefunden werden. Die optimale Einstellung ist bei gleich langer Ein- und Ausschaltdauer verwirklicht.

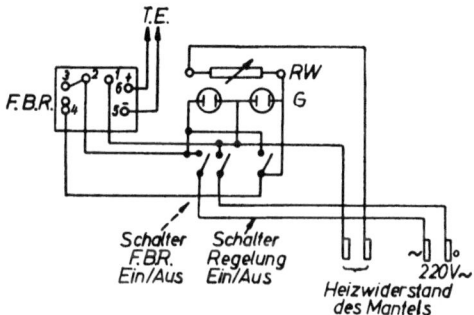

Abb. 43b. Regelung der adiabatischen Mäntel. FBR Fallbügelregler, RW Regelwiderstand, G Glimmlampen, TE Thermoelement.

Das Isoliermaterial soll bei etwa 100° C ein Optimum in bezug auf mechanische Festigkeit, Raumgewicht und Wärmeleitfähigkeit zeigen. Sillansteinwolle ist dafür geeignet, ihre Wärmeleitzahl beträgt 0,045 Kcal/mh° C.

Das Problem des zylindrischen adiabatischen Mantels ist einer mathematischen Behandlung leicht zugänglich. Für den Wärmestrom q in Kcal pro Stunde gilt [vgl. (103)]

$$q = \frac{2\pi \lambda L \cdot \Delta T}{\ln d_a/d_i} \, . \qquad [52]$$

Es ist hierin λ die Wärmeleitfähigkeit, ΔT die Temperaturdifferenz, L die Länge, d_a der äußere und d_i der innere Durchmesser der Isolierschicht. Dieser Wärmestrom entspricht einer bestimmten Menge pro Zeit an falsch kondensierter Flüssigkeit (wenn man sich auf $\Delta T > 0$ beschränkt). Die Menge dieses Fehlkondensats v_f in cm³/h ist

$$v_f = \frac{2\pi \lambda LM \cdot \Delta T}{\varrho \, \Delta H_v \cdot \ln d_a/d_i} \, , \qquad [53]$$

wo M das Molekulargewicht, ΔH_v die molare Verdampfungsenthalpie und ϱ die Dichte des Fehlkondensats bedeuten. Für die Destillation bei Atmosphärendruck kann [53] mit der TROUTONschen Regel

$$\Delta H_v = 2{,}12 \cdot 10^{-2} \cdot T_s$$

vereinfacht werden. (ΔH_v in Kcal/Mol; T_s = Siedetemperatur in °K des Fehlkondensats, d. i. der zu destillierende Stoff)

$$v_f = 297 \frac{\lambda\, ML \cdot \Delta T}{\varrho\, T_s \cdot \ln d_a/d_i}.$$ [54]

Bei den verwendeten Schalen ist $d_a/d_i = 2$ und $\lambda = 0{,}045$ Kcal/hm °C, so daß sich für $\Delta T = 1°$ C ergibt

$$[v_f]_{1°} = 20\, \frac{ML}{\varrho\, T_s}.$$

Diese Temperaturdifferenz von 1° ergibt bei $L = 2$ m die in der folgenden Tabelle genannten Mengen an Fehlkondensat.

Tabelle 21

Stoff	Siedetemperatur °C	Fehlkondensat cm³/h
Methanol	64,7	24
n-Heptan	98	94
p-Xylol	138	70
Phenol	181	40

Die Regelgenauigkeit der geschilderten Anordnung ist besser als $\pm 1°$; es wurden etwa $\pm 0{,}5°$ festgestellt. Damit ergibt sich, daß die Verwendung des adiabatischen Mantels bei nicht zu kleinen Durchsätzen eine befriedigende Annäherung an die Forderung nach adiabatischem Betrieb der Kolonne darstellt.

d) Einstellung und Veränderung des Rücklaufverhältnisses; Kolonnenkopf

Auf den oberen Schliff der in Abb. 40 dargestellten Kolonnen wird ein Kolonnenkopf aufgesetzt, der folgende wesentliche Teile in sich vereinigt: 1. Meßstellen für die Temperatur des die Kolonne verlassenden Dampfes, 2. Totalkondensator, 3. Vorrichtung zur Teilung in Rücklauf und Erzeugnis. Abb. 44 zeigt einen Flüssigkeitsteiler und Abb. 45 einen Dampfteiler.

Im eigentlichen „Teiler" T des Flüssigkeitsteilers wird ein Stück Glasrohr mit eingeschmolzenem Weicheisenkern durch zwei Magnetspulen E und R hin- und herbewegt, Abb. 44. In der „Erzeugnis-Stellung" (Magnet E zieht) fließt die im Kühler total kondensierte Flüssigkeit in den im Teilergefäß T befindlichen Becher und von dort über einen kleinen, kapillaren Siphon S zum Erzeugniskühler EK. In der „Rücklaufstellung" (Magnet R zieht) läuft die totalkondensierte Flüssigkeit am Becher vorbei an die Wand des Teilergefäßes T und von dort über die Rücklaufleitung RL zur Kolonne zurück.

Der Siphon S verschließt die Erzeugnisleitung und verhindert das Eindestillieren von Dampf in den Erzeugniskühler. Wegen dieses engen Siphons ist dieser Kolonnenkopf nicht für „zweiphasige" Destillate, z. B. Benzol/ Wasser, geeignet, da schon geringe Mengen Wasser im Siphon den Abfluß des „Erzeugnisses" verhindern. Es empfiehlt sich bei der Destillation von mit Wasser nicht mischbaren Flüssigkeiten diese vorher gut zu trocknen,

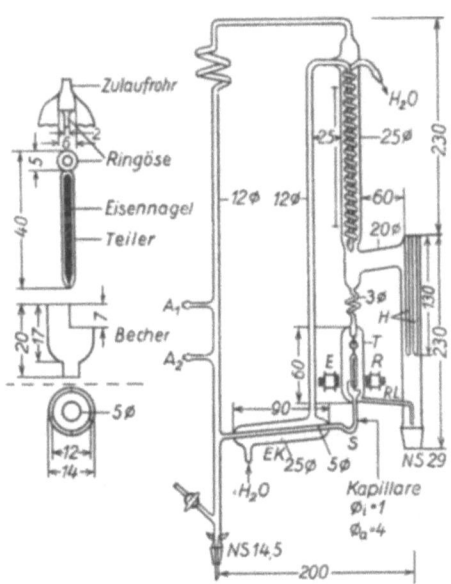

Abb. 44. Flüssigkeitsteiler aus Jenaer Glas (Abmessungen in mm): E, R Magnetspulen für Erzeugnis und Rücklauf, A_1 Vakuumanschluß, A_2 Anschluß für Staudruckmanometer, EK Erzeugniskühler, H Hülsen für Temperaturmessung 8 mm Durchm., E, R Magnetspulen, RL Rücklaufleitung, S Siphonabschluß.

damit am Anfang der Destillation keine Schwierigkeiten auftreten infolge des Heteroazeotrops mit Wasser.

Diese Schwierigkeiten spielen keine Rolle, wenn man die Teilung in der Dampfphase vornimmt, wie es bei den Dampfteilern der Abb. 45a und 45b geschieht. Die Magnetspule M in Abb. 45a betätigt bzw. hebt den Schieber S. In der Ruhestellung liegt der Schieber S auf der Erzeugnisleitung 1 und verschließt diese, so daß der Dampf durch die Löcher oberhalb des Quersteges des Schiebers in das Rohr 2 eintritt, von dort in den Kühler gelangt und kondensiert wird. Der Rückfluß fließt durch das Rohr R zur Kolonne. Wenn die Magnetspule vom Strom durchflossen wird, dann wird der Schieber S

122 Praktische Durchführung der extraktiven und azeotropen Destillation

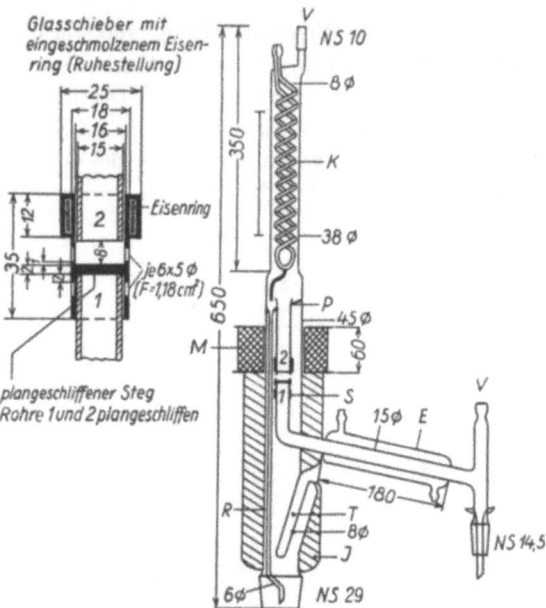

Abb. 45a. Dampfteiler aus Jenaer-Glas, Maße in mm: *E* Erzeugniskühler, *V* Vakuumanschluß, *I* Asbestisolation, *K* Rückflußkühler, *M* Magnetspule 68 Ω 0,5 Cu L, *P* Abschlußplatte, *S* Schieber, *T* Hülse für Temperaturmessung, *R* Rückflußleitung.

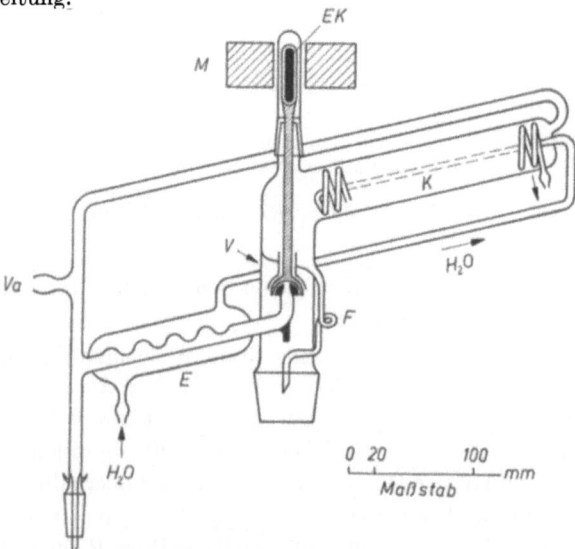

Abb. 45b. Dampfteiler niedriger Bauhöhe. *K* Kondensator, *V* Ventil aus hochpolierten Kugelschliffen, *F* Flüssigkeitsabschluß, *E* Erzeugniskühler, *M* Magnetspule, *EK* Eisenkern, *Va* Vakuumanschluß.

angehoben und gegen das obere Rohr 2 gepreßt, so daß der Dampf nun durch die Löcher unterhalb des Quersteges in das untere Rohr 1 eintritt und im Erzeugniskühler E kondensiert wird. – Ein Vorteil des Dampfteilers ist sein geringes ,,Betriebsvolumen" verglichen mit dem Flüssigkeitsteiler. Die Summe der Querschnitte der Dampfdurchtrittslöcher des Schiebers soll mindestens so groß wie der Querschnitt des Rohres 1 bzw. 2 sein. Der Dampfteiler der Abb. 45b hat eine besonders niedrige Bauhöhe; sein Ventil besteht aus hochpolierten Kugelschliffen (Konstruktion nach einer Privatmitteilung von F. LANGERS). Beide Teiler zeichnen sich dadurch aus, daß weder Erzeugnis noch Rücklauf über einen Hahn laufen und dementsprechend nicht mit einem Schmiermittel verunreinigt werden. – Bei Vakuumbetrieb wird Anschluß A_1, Abb. 44, mit der Vakuumleitung und Anschluß A_2 mit dem Kontaktmanometer (Abb. 41) verbunden; entsprechende Verbindungen stellt man für den Dampfteiler her. Geeignete Vakuumvorlagen findet man bei (42) und (44) beschrieben. – Es versteht sich von selbst, daß die dampfführenden Leitungen der beiden Teiler zur Vermeidung von Fehlkondensationen gut wärmeisoliert sind, bzw. sogar einen adiabatischen Mantel besitzen. HALL (183) beschreibt eine interessante Konstruktion eines Dampfteilers.

Die Magnetspulen der Teiler werden von einem elektronischen Zeitgeber erregt, der für die Einhaltung des Rücklaufverhältnisses über längere Zeiträume hinweg sorgt. Abb. 46 zeigt die Schaltung (Thyratronmultivibrator). Die zwei periodisch aufeinander folgenden Zeiten werden an dem Potentiometer P (kurze Erzeugniszeit; 0,5 bis 3 sec) und dem Kaskadenwiderstand K (lange Rücklaufzeit; 1 bis 200 sec) mit zu den Teilwiderständen parallel liegenden Schaltern eingestellt. Die ,,lange" Zeit wird durch Kombination der Schalterstellungen von K vorgegeben. Die Zeiten können gemessen werden durch Abstoppen (Stoppuhr) der Hell- und Dunkelzeiten der Signallampe L. Der Quotient beider Zeiten gibt das Rücklaufverhältnis v_t in erster Näherung; genauer läßt sich das Zeitverhältnis v_t durch Abstoppen der Zeiten direkt am Teiler ermitteln. Die beschriebene Anordnung erlaubt die Einstellung von Zeitverhältnissen im Bereich von 1:1 bis 1:400.

Damit ist aber noch nicht gesagt, daß das wahre Rückflußverhältnis $v = F/E$ mit diesem ,,abgestoppten" Zeitverhältnis v_t identisch ist, vgl. (182). Die beiden wesentlichen Fehlerquellen sind:

1. Im Kolonnenkopf kondensiert eine gewisse Menge Flüssigkeit aus, die sofort auf die Kolonne zurückläuft, ohne von der Teilung erfaßt zu werden; sie sei mit V_f (cm³/h) bezeichnet.
2. Eine kleine Menge V_E (cm³/h) an Flüssigkeit (oder Dampf) gelangt zusätzlich zur Teilung dauernd in die Erzeugnisleitung.

124 Praktische Durchführung der extraktiven und azeotropen Destillation

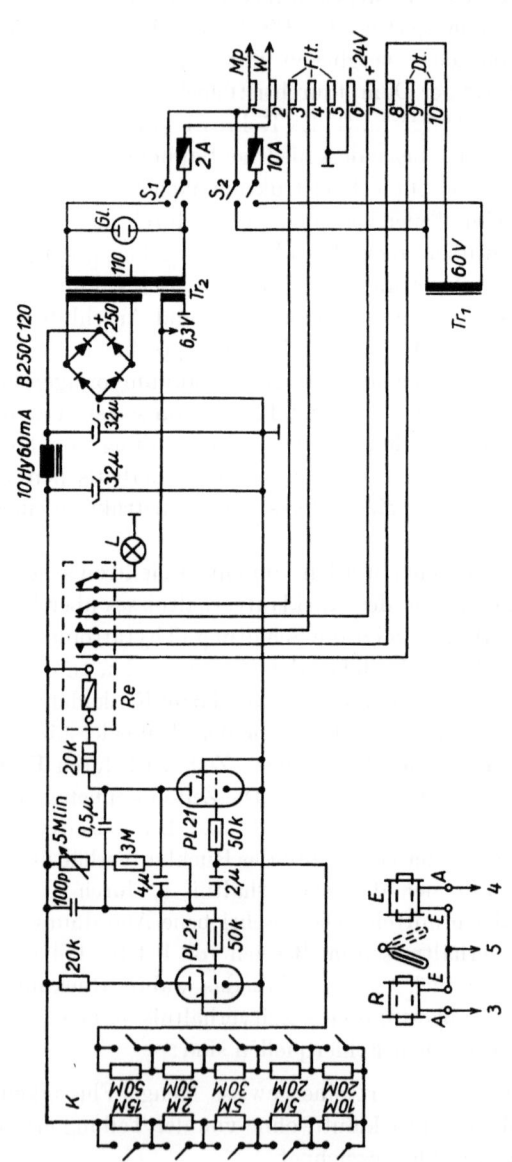

Abb. 46. Zeitgeber zur Steuerung von Flüssigkeits- und Dampfteilern. *Gl* Glimmlampe 220 V, *L* Glühbirne 6,3 V, *Re* Relais Siemens 9 Trls ba TBv 6201/2, S_1 Kippeinbauschalter, 2polig 5 A, S_2 id. 10 A, *Th* Thyratron PL 21, *P* Potentiometer 5 MΩ (Einstellbereich 0,5—3 sec), *K* Kaskadenwiderstand, *R*, *E* Rücklauf bzw. Erzeugnisspule des Flüssigkeitsteilers 350—9000—0,15 CuL; Anschlußklemmen: 1 und 2 220 V; 3 bis 5 Flüssigkeitsteiler; 6 und 7 24 V Gleichstrom; 8 und 10 60 V Wechselstrom; 9 und 10 Dampfteiler.

Konstruktion von diskontinuierlichen Laboratoriums-Füllkörperkolonnen 125

Der Einfluß dieser Fehler läßt sich an folgender Formel diskutieren [Ableitung bei (103)]

$$v = \frac{v_t + \dfrac{\alpha_f}{1 - \alpha_f - \alpha_E}(1 + v_t)}{1 + \dfrac{\alpha_E}{1 - \alpha_f - \alpha_E}(1 + v_t)},\qquad [55]$$

wobei v das wahre Rückflußverhältnis, v_t das Zeitverhältnis und $\alpha_f = V_f/D$; $\alpha_E = V_E/D$ und D = Durchsatz in cm³/h ist.

1. Für $\alpha_f \approx 0$ folgt (vernachlässigbarer falscher Rücklauf)

$$v \approx \frac{v_t}{1 + \dfrac{\alpha_E}{1 - \alpha_E}(1 + v_t)}.$$

Das wahre Rückflußverhältnis v ist immer kleiner als v_t. Für $v_t \to \infty$ erhält man das größte einstellbare Rückflußverhältnis

$$\lim_{v_t \to \infty} v = \frac{1 - \alpha_E}{\alpha_E}.$$

Die letzte Formel ergibt für $V_E = 3$ cm³/h und $D = 1000$ cm³/h, also $\alpha_E = 0{,}003$, den Wert $v = 332$.

2. Für $\alpha_E \approx 0$ folgt aus [55] (vernachlässigbarer falscher Erzeugnisfluß)

$$v \approx v_t + \frac{\alpha_f}{1 - \alpha_f}(1 + v_t).$$

Nun ist v immer größer als v_t. Zum Beispiel erhält man für $v_t = 9$ folgende Werte für v in Abhängigkeit von $\alpha_f = V_f/D$.

α_f	0,01	0,02	0,04	0,08	0,1	1
v	9,10	9,20	9,42	9,86	10,1	∞

3. Aus der vorhergehenden Diskussion ergibt sich, daß die Fehler V_E und V_F sich kompensieren können, so daß $v = v_t = v$ wird. Dies ist der Fall für

$$v_t = v = \frac{\alpha_f}{\alpha_E} = \frac{V_f}{V_E}.$$

Ein Vergleich zeigt, daß der Fehler 1 selbst bei hohen Werten für α_f sich nicht so stark auswirkt und nicht so entscheidend nachteilig ist wie der Fehler 2, der die Größe des Rückflußverhältnisses nach oben begrenzt. Durch geeignete Wärmeisolation des Kolonnenkopfes (Vakuummantel, adiabatischer Mantel, einfache Isolierung) kann man V_f klein halten, so daß $\alpha_f < 0{,}05$ ist bei nicht zu kleinen Durchsätzen. Die Größe von V_E bzw. α_E ergibt sich aus der Konstruktion des Kolonnenkopfes und den Eigenschaften des Destillats. V_E läßt sich leicht messen; V_f muß man aus den Daten der Wärmeisolation rechnerisch abschätzen. So erhält man bei einer 6 mm dicken Asbest-Schnur-Isolierung des Dampfrohres des Kolonnenkopfes nach Abb. 44 folgende Werte:

Tabelle 22

Stoff	Siedetemperatur °C	V_f cm³/h
Methanol	64	6,4
n-Heptan	98	36
p-Xylol	138	77
Phenol	181	108

Verschiedentlich hat man die Frage aufgeworfen, ob die intermittierende Entnahme bzw. Rückflußaufgabe schädlich sei für die Trennleistung. Zur Vermeidung etwaiger nachteiligen Effekte empfiehlt es sich, die Entnahmezeit kurz zu halten.

e) Sicherung gegen Kühlwasserausfall; Feuersicherung; Manostaten

Die Kühlwasserzu- und -ableitung wird mit dünnen Metallrohren bewerkstelligt, die am Kolonnengestell (Dexion-Schienen) befestigt sind. Die Verbindungen zu den Kühlern des Kolonnenkopfes erfolgen mit kurzen Stücken Gummischlauch, der gegen Abrutschen mit Schellen gesichert wird. An das Ende der Kühlwasserableitung wird ein Sicherungsmanometer nach Abb. 47 angeschlossen. Die „Staudüse" besteht aus einem Stück Gummischlauch mit Schlauchklemme. Der Wasserfluß wird mit einem Metall-Konus-Ventil in der Zulaufleitung auf den gewünschten Wert eingestellt, wobei die Staudüse weit offen ist. Dann schließt man die Düse so weit, daß die Quecksilbersäule die beiden Kontakte verbindet, wobei der Stromkreis des Sicherungsrelais *ReIII* (Abb. 42) geschlossen wird. Bei abnehmendem Wasserfluß sinkt die Säule im linken Schenkel des Manometers und unterbricht den Stromkreis von *ReIII*. Dadurch wird die Alarmklingel betätigt und gleichzeitig die Blasenheizung ausgeschaltet. Besser ist es, mit 3 Kontakten zu arbeiten; der oberste betätigt nur die Klingel und erst, wenn der Wasserfluß soweit sinkt, daß auch der mittlere Kontakt offen ist, schaltet sich automatisch die Blasenheizung aus.

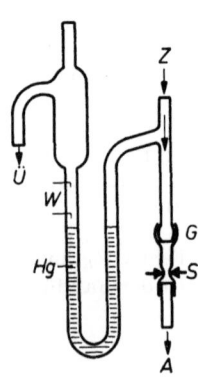

Abb. 47. Sicherungsmanometer gegen Kühlwasserausfall. *Z* Wasserzufluß, *A* Abfluß, *G* Gummischlauch, *S* Schlauchklemme, *Hg* Quecksilbersäule, *W* Wolframkontakte, *Ü* Überlauf.

Der linke Schenkel des Sicherungsmanometers ist oben erweitert, um hier bei einem plötzlichen Druckstoß das Quecksilber abzufangen, während das Wasser durch den Überlauf abfließt.

Zwei dünne Drähte eines leicht schmelzenden, elektrisch gut leitenden Metalls (z. B. Lötzinn) sind um das obere und untere Ende der Kolonne gespannt und dienen als Schmelzsicherung bei Feuerausbruch.

Wenn die Flammen eines evtl. Brandes der Kolonne oder der Blase diese Drähte durchschmelzen, dann werden dieselben Reaktionen ausgelöst wie bei Ausbleiben des Kühlwassers, da das Sicherungsmanometer für Kühlwasserfluß und die Schmelzdrähte der Feuersicherung in Reihe geschaltet sind, s. Abb. 42. Wie aus dem in diesem Bild dargestellten Gesamtschaltplan hervorgeht, ist eine Inbetriebnahme der Kolonne bei fehlendem Kühlwasser oder defekter Feuersicherung unmöglich: Bei Betätigung des Einschalt-Drucktasters DTE spricht zwar das Ein/Aus Relais ReI an und hält sich über seinen Kontakt I_1 selbst, doch kann das Feuer/Wasser-Relais $ReIII$ nicht anziehen, und der Hauptschütz Sch_1 bleibt stromlos. Das Relais $ReIII$ schaltet lediglich über den Ruhekontakt III_3 die Alarmklingel ein.

Erst bei ausreichendem Kühlwasserfluß und intakter Feuersicherung kann Relais $ReIII$ anziehen und den Stromkreis für die Schaltschütze Sch_1 und Sch_2 schließen. Das Ansprechen der Relais ReI, $ReII$ und $ReIII$ wird jeweils durch die Signallampen L_1, L_2 und L_3 angezeigt.

Der mehrmals erwähnte Anschluß an die Vakuumleitung führt zu einem Manostaten, wie z. B. von BRANDT und RÖCK (26) oder in (42, 44 und 170) beschrieben.

f) Füllkörper mit hoher Wirksamkeit, Kolonnentest

In den Kolonnen der Abb. 40 wurden verschiedene Füllkörper „getestet", d. h. es wurde in Abhängigkeit vom Durchsatz D (in cm³ Flüssigkeit/h) die Zahl n der theoretischen Böden der Füllkörperschicht bei totalem Rückfluß bestimmt, vgl. Gl. [49]. Wenn L die Länge der Füllkörperschicht ist, so gilt

$$\text{HETP} = \frac{L}{n}. \qquad [56]$$

HETP ist die Höhe eines theoretischen Bodens, vgl. Abb. 36c; HETP = height equivalent to a theoretical plate; Dimension der HETP ist Länge pro Konzentrationsänderung um den Einzeleffekt, vgl. Gl. [48] auf S. 104.

Neben dem HETP-Wert mißt man noch den Staudruck p (in mm Glykolsäule) und den Betriebsinhalt b in cm³ Flüssigkeit. Der Vorgang eines „Kolonnentests" sei kurz beschrieben.

Eine Menge 20 · b eines rund 70 Mol-% Methylzyklohexan enthaltenden Gemisches n-Heptan/Methylzyklohexan wird in die Blase eingefüllt. Der Kolonnenkopf wird gut wärmeisoliert, damit wenig Fehlkondensation eintritt. Die Kolonne wird unter totalem Rückfluß zum „Fluten" gebracht, d. h. langsam D steigern, bis die rückfließende Flüssigkeit vom Dampf gestaut wird. Langsam D wieder verkleinern, bis das „Sprudeln" aufhört, Staudruck beobachten. Dieses Fluten viermal wiederholen, damit alle Luft und Feuchtigkeit aus der Kolonne entfernt wird. Während des Flutens entnimmt man 10 bis 20 cm³ Kopfprodukt. Dann wird D auf den endgültigen, gewünschten Wert eingestellt. Im Abstand von 1 h werden der bei totalem Rückfluß arbeitenden Kolonne kleine Proben des Kopfproduktes (etwa 0,3 cm³) entnommen und davon refraktometrisch die Konzentration bestimmt. Nach der Zeit τ ist die Kolonne im Gleichgewicht, die Konzentration x_{1E} am Kopf ist zeitlich konstant. Die dazugehörige Blasenkonzentration x_{1B} erhält man durch refraktometrische Analyse einer aus der Siedeblase entnommenen Probe. Es ist dann

$$n + 1 = N = \frac{\log q_k}{\log \alpha} \; ; \quad q_k = \frac{x_{1E}}{1 - x_{1E}} \bigg/ \frac{x_{1B}}{1 - x_{1B}} .$$

Nach beiden Probenahmen wird D bestimmt, indem man während einer abgestoppten Zeitspanne auf „totale Entnahme" schaltet und das während dieser Zeit erhaltene Destillationsvolumen mißt. Genauere Verfahren zur Durchsatzbestimmung werden bei (94b, 42, 170 und 44) beschrieben.

Die Bestimmung des Betriebsinhalts erfolgt mit einem Gemisch aus n-Heptan/Paraffinöl, aus dem bei der Destillation (totaler Rückfluß) praktisch nur das n-Heptan in die Kolonne gelangt. Aus der Konzentrationsänderung in der Blase kann die Menge b des in der Kolonne befindlichen n-Heptans berechnet werden:

$$b = \frac{G}{\varrho} \cdot \frac{g_2 - g_1}{g_2} ,$$

wo: G = Gewicht der Mischung vor der Destillation; ϱ = Dichte n-Heptan; g_1, g_2 = Gewichtsbruch des Paraffinöls vor bzw. während der Destillation. Man flutet wieder wie oben (aber ohne jede Entnahme von Kopfprodukt) und destilliert 1 Stunde bei totalem Rückfluß und dem gewünschten D. Danach entnimmt man eine Blasenprobe zur Bestimmung von g_2 und mißt anschließend D wie oben beschrieben; G und g_1 wurden vor der Destillation bestimmt.

Die für $v = \infty$ bestimmten Werte für n sind nicht unbedingt identisch mit den n-Werten bei endlichem v*), da im letzteren Fall 1. eine dauernde

---

*) Die natürlich mit Hilfe der Austauschgeraden ermittelt werden müssen.

Konzentrationsänderung vorhanden ist und 2. der Betriebsinhalt den Trenneffekt beeinflußt, vgl. z. B. (202).

Die Konzentrationen x und g ermittelt man refraktometrisch über Eichkurven. Die interessierenden Daten für das pseudoideale (11) Testgemisch n-Heptan/Methylzyklohexan sind im folgenden zusammengestellt, vgl. (76):

	Kp., °C	ϱ_4^{20}	n_D^{20}	Fp., °C	α bei 99° C
n-Heptan	98,4	0,6839	1,3878	—40,8	1,075
Methylzyklohexan	100,8	0,7693	1,4232	—	

Die Testsubstanzen müssen eine hohe Reinheit besitzen; HALDENWANGER (100) diskutiert eine größere Anzahl von Testgemischen.

Der Betriebsinhalt b und der Staudruck p werden gern auf die Zahl der theoretischen Böden bezogen

$$b_{TP} = b/n; \quad p_{TP} = p/n.$$

Als Vergleichsgröße berechnet man den Wirkungsfaktor (efficiency factor) w_k einer Kolonne

$$w_k = \frac{D \cdot n}{b} = \frac{D}{b_{TP}}.$$

Günstiger wäre es, wenn man hier statt mit D mit

$$u_{fl}^* = \frac{D}{q_f} = \text{Belastung}$$

rechnen würde (q_f = Querschnittsfläche des leeren Kolonnenrohres), womit man die triviale Abhängigkeit des Wirkungsfaktors vom Kolonnenquerschnitt eliminieren würde. Die charakteristischen Werte und Abmessungen der von BRANDT und RÖCK (104) sowie GREIN (105) getesteten Füllkörper waren:

1. Glas-Raschigringe; Höhe und äußerer Durchmesser des Rings 4 bis 5 mm, Wandstärke 1 mm; freies Volumen 0,59 cm³/cm³. Getestet in Kolonne mit $L = 2{,}10$ m und 48 mm innerem Durchm. (104).
2. V4A-Wendeln, W2; Länge 1,5 bis 2 mm, Durchmesser der Wendel 1,8 mm, Drahtstärke 0,2 mm, 6 bis 7 Windungen eng gewickelt; freies Volumen 0,877 cm³/cm³. Getestet in Kolonne mit $L = 70$ cm und 2,52 cm innerem Durchm. (104). Bei $D < 400$ cm³/h in Spezialkolonne (105), s. unter Punkt 5.
Diese Füllkörperart hat GROSSE-OETTRINGHAUS vorgeschlagen, s. (147, 148); SCHULTZE und STAGE (153) bewiesen ihre hohe Wirksamkeit.

3. V2A-Maschendrahtfüllkörper nach Art eines Raschigrings mit 2 Lagen Gewebe, *MFK 3*. Länge 3 mm, Durchm. 3 mm; Gewebe mit 3600 Maschen/cm², freies Volumen 0,95 cm³/cm³. Getsetet wie bei 2. Diesen Füllkörpertyp hat SIGWART entwickelt, s. (94).
4. V2A-Maschendrahtfüllkörper nach Art eines Raschigrings mit 2 Lagen Gewebe, *MFK 2*. Länge 2 mm, Durchm. 2 mm; Gewebe mit 3600 Maschen/cm². Freies Volumen 0,907 cm³/cm³. Getestet wie bei 2.
5. V2A-Maschendrahtfüllkörper nach Art eines Raschigrings, 1 Gewebelage, mit Quersteg, *MFK 2 S*. Länge 2 mm, Durchm. 2 mm; Gewebe mit 3600 Maschen/cm². Getestet mit Spezialkolonne nach (105), $L = 35$ cm und innerer Durchm. 2,45 cm.

Das Verhältnis der Füllkörperdimensionen zum Kolonnendurchmesser ist größenordnungsmäßig 0,1. Die Spezialkolonne nach (105) muß ähnlich wie ein adiabatisches Kalorimeter vor Wärmeverlusten geschützt werden.

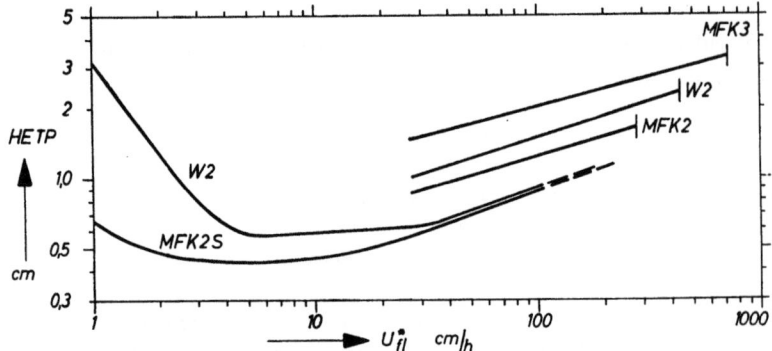

Abb. 48. HETP-Werte verschiedener Füllkörper als Funktion der Belastung. Im rechten oberen Teil für 70 cm-Kolonne, im unteren Teil für 35 cm-Spezialkolonne. Wegen Dimensionen der Füllkörper s. S. 129/130.

Die Ergebnisse der Kolonnenteste (immer bei 760 mm Hg) sind in Abb. 48 und 49 sowie Tab. 23 und 24 dargestellt. Die drei geradlinig verlaufenden Kurven der Abb. 48 geben die für die 70 cm lange Kolonne gefundenen HETP-Werte an. Darunter liegen die bei erheblich kleineren Durchsätzen gemessenen HETP-Werte der 35 cm langen Spezialkolonne. Eigentlich sollten die Kurven für $W 2$ der beiden Kolonnen ineinander übergehen, doch findet man meistens, daß die Wirksamkeit (ausgedrückt in HETP) einer langen Kolonne vergleichsweise schlechter als die einer kurzen ist. Daher wird es sich empfehlen, lange Kolonnen in mehrere kurze Schüsse zu unterteilen und den vom oberen Schuß kommenden Rücklauf zu sammeln und so gesammelt auf den unteren Schuß zu geben. Die Trennwirkung niedriger Füllkörperschichten hat EDYE (134) als Funktion des Rückflußverhältnisses und der Gemischzusammensetzung studiert.

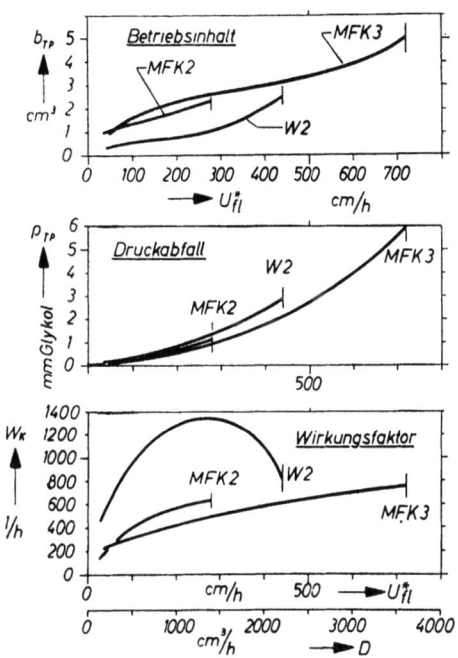

Abb. 49. Kolonnentest verschiedener Füllkörper in 70 cm-Kolonne. Vgl. Text auf S. 128 und 130.

In Abb. 49 ist der Betriebsinhalt pro theoretischem Boden, b_{TP}, der Druckabfall pro theoretischem Boden, p_{TP}, und der Wirkungsfaktor w_k als Funktion der Belastung u_{fl}^* (cm³ Flüssigkeit pro cm² und h) bzw. des Durchsatzes D (cm³ Flüssigkeit pro h) dargestellt. Die 2 mm V2A-Wendeln sind, am Wirkungsfaktor gemessen, die besten Füllkörper. Man erkennt, daß die Zahl n der theoretischen Böden einer Kolonne bzw. der HETP-Wert nicht unbedingt die entscheidenden Kriterien für die Leistungsfähigkeit einer Kolonne sind. Wenn man die Zeitdauer einer Destillation und den Betriebsinhalt mitbetrachtet, so ist der Wirkungsfaktor die geeignete Vergleichsgröße. Der optimale w_k-Wert liegt nicht bei Durchsätzen, die einem optimalen n-Wert bzw. HETP-Wert entsprechen.

Die Tab. 23 enthält die Daten des Kolonnentests der 2,10 m langen Füllkörperschicht aus Glas-Raschigringen.

Tabelle 23
Kolonnentest Glas-Raschigringe, vgl. S. 129. Bei $D = 6400$ cm³/h wird die Kolonne geflutet. Länge der Kolonne 2,10 m, innerer Durchm. 4,68 cm

D cm³/h	u^*_{fl} cm/h	p mm Hg	b cm³	HETP cm	w_k 1/h
700	9	1,7	280	12,3	43
1400	18	2	290	11,7	87
2100	27	3	300	11,0	133
2860	40	4	319	10,5	179
4400	61	10	338	10	273
4950	68	14	350	9,5	311
5500	76	17	400	9,5	302
6400	88	42	—	—	—

Die Belastbarkeit (maximaler Wert von u^*_{fl}) ist infolge des geringen freien Volumens der Glas-Raschigringe viel kleiner als bei den Wendeln und Maschendrahtfüllkörpern. HETP wird kleiner mit steigender Belastung, da erst bei großer rücklaufender Flüssigkeitsmenge diese sich gleichmäßig über die Glas-Raschigring-Füllkörper verteilt. Bei niedriger Belastung wird ein wirksamer Stoffaustausch durch „Bachbildung" verhindert; die „Filmkolonne" wird zur „Bachkolonne".

Während der Kolonnenteste kann man ungefähre Werte der Anlaufzeiten τ, d. h. der Zeiten von Beginn des Versuchs bis zur Stationarität, ermitteln, vgl. die folgende Tab. 14 für die τ-Werte der 70 cm-Kolonne.

Tabelle 24
Werte der Anlaufzeit τ für 70 cm Kolonne bei totalem Rückfluß, s. S. 95.
Zeit in Stunden

D cm³/h	τ, h; für Kolonne gefüllt mit		
	MFK 3	MFK 2	W 2
100	8	16	—
200	4	10	4
400	1,8	8	3,5
600	1,5	5,5	2,0
800	1,2	5	1,3
1000	1	3,5	1,2
1250	1	2,7	1,1
1500	0,9	—	1
2000	0,8	—	0,5
2500	0,7	—	—
3000	0,5	—	—
$D \cdot \tau$, cm³	1200	3300	1200

Das Produkt aus Anlaufzeit τ und Durchsatz D ist etwa konstant, d. h. die Kolonne erreicht ihr Gleichgewicht nach „Umwälzung" einer gewissen Menge Material. Die mittleren $D \cdot \tau$-Werte sind in Tab. 14 unten aufgeführt. Von den Füllkörpern $MFK\,2$ und $W\,2$ mit vergleichbaren Dimensionen schneiden die Wendeln am besten ab. Dies erklärt sich mit ihrem geringeren, absoluten Betriebsinhalt: $MFK\,2$ hat in der 70 cm hohen Füllkörperschicht Betriebsinhalte von 70 bis 95 cm³, während $W\,2$ nur 25 bis 66 cm³ aufweist. Das Produkt $D\tau$ ist proportional zu b. Zum Problem der Anlaufzeit vgl. COULSON (106), COHEN (107), BERG und JAMES (108), JACKSON und PIGFORD (119), ROSE et al. (120) sowie (42), (44), (152).

Der Verlauf der Funktion HETP $= f(u_{fl}^*)$ bzw. $= f(D)$ läßt sich unter der Annahme eines genügend dünnen Flüssigkeitsfilms (besser: unter der Annahme eines vernachlässigbaren Stoffaustauschwiderstands in der Flüssigkeit) durch das Gegeneinanderspielen zweier Diffusionseffekte im Dampf plausibel machen. Horizontale Diffusion vom Dampf zur Flüssigkeit bewirkt den Stoffaustausch; je kleiner die Dampfgeschwindigkeit ist, desto eher hat der Dampf Chancen, sich mit der Flüssigkeit ins Gleichgewicht zu setzen. Die vertikale Diffusion im Dampf bewirkt den Ausgleich der Konzentrationen in der Kolonne; je kleiner die Dampfgeschwindigkeit ist, desto stärker macht sich dieser ausgleichende Effekt bemerkbar. Beide Effekte halten sich bei dem Minimum der HETP-Kurven (Abb. 48) die Waage. Dieses Minimum liegt im Fall der Spezialkolonne und der verwendeten Füllkörper etwa bei einer Belastung $u_{fl}^* = 5$ cm/h bzw. $D = 24$ cm³/h bzw. Dampfgeschwindigkeit $u_D = 0{,}32$ cm/sec. Der Dampf braucht dann also rund 100 sec, um die 35 cm hohe Füllkörperschicht zu durchströmen. Der Wirkungsfaktor für diese in Bezug auf HETP optimale Belastung ist $w_k = 125$ für die 2 mm-Wendel und $w_k = 64$ für die 2 mm-Maschendrahtfüllkörper mit Quersteg.

Für die einfachsten Formen der Filmkolonnen haben verschiedene Autoren (78, 79, 80) Gleichungen abgeleitet, die eine Vorausberechnung von HETP gestatten. Diese geometrisch einfachen Formen sind 1. das einfache Rohr, 2. die von zwei konzentrischen Rohren gebildete Ringspaltkolonne und 3. zwei planparallele Platten als Kolonne.

Für das einfache Rohr gibt WESTHAVER (80) bei laminarer Dampfströmung an $(v = \infty)$

$$\mathrm{HETP} = \frac{11}{48} \frac{r^2 u_D}{D_D} + \frac{D_D}{u_D},$$

wobei $2r$ der Rohrdurchmesser, D_D der Diffusionskoeffizient im Dampf und u_D die mittlere Dampfgeschw. ist. Der erste Term charakterisiert die horizontale, zum Stoffaustausch führende Diffusion, während der zweite

Term die Vermischung durch Diffusion in vertikaler Richtung angibt. Die Dampfgeschwindigkeit im Minimum von HETP ist

$$u_{Dm} = \frac{D_D}{r} \sqrt{\frac{48}{11}} = 2{,}11 \cdot \frac{D_D}{r},$$

während sich für den minimalen HETP-Wert

$$\text{HETP}_m = \sqrt{\frac{11}{12}}\, r \approx r$$

ergibt.

Für $D_D = 0{,}1$ cm²/sec und $r = 0{,}2$ cm ist $u_{Dm} \approx 1$ cm/sec. WESTHAVERS obige Formel hat zur Voraussetzung, daß der Stoffaustauschwiderstand in der flüssigen Phase vernachlässigbar ist.

KUHN (78, 136) hat die gleiche Rechnung unter Berücksichtigung des Stoffaustauschwiderstands (dieser ist proportial zum Kehrwert des Terms der folg. Gleichung) in der flüssigen Phase durchgeführt und fand (für $\alpha \to 1$)

$$\text{HETP} = \frac{11}{48} \frac{a_D^2 u_D}{D_D} + \frac{33}{140} \frac{a_{fl}^2 u_{fl}}{D_{fl}} + \frac{D_D}{u_D}.$$

a ist die Schichtdicke der jeweiligen Phase, bei einer Rohrkolonne ist also $a_D \approx r$ und a_{fl} gleich der Filmdicke der Flüssigkeit.

STUKE (129) diskutiert mit Hilfe dieser KUHNschen Modellgleichung die Verhältnisse in Füllkörperkolonnen, wo sowohl die Geschwindigkeiten u_D und u_{fl} als auch die Schichtdicken a_D und a_{fl} von Ort zu Ort in unregelmäßiger Weise variieren. Folgende Einflüsse spielen hier eine Rolle: 1. das freie Volumen und 2. die spezifische Oberfläche der Füllkörper, 3. Benetzung durch die Flüssigkeit, bedingt durch ihre Oberflächenspannung, 4. Geschwindigkeit u_{fl} und Filmdicke a_{fl}, bedingt durch Dichte und Zähigkeit der Flüssigkeit. Die Ergebnisse STUKES sind: In Füllkörperkolonnen liegt normalerweise ein beträchtlicher Teil des Stoffaustauschwiderstands in der flüssigen Phase, vor allem bei kleinen Füllkörpern und hoher Belastung, s. auch EDYE (134). Eine hohe Trennleistung ist nur bei guter Benetzung und einigermaßen gleichförmigem Flüssigkeitsfilm zu erwarten.

Diese Betrachtungen erklären zur Genüge den Umstand, daß ein Kolonnentest nur für die benutzte Mischung gültig ist. Eine andere Mischung bzw. Testgemisch wird sich infolge der unterschiedlichen physikalischen Eigenschaften anders verhalten und andere N-Werte ergeben; meistens gilt dies schon für verschiedene Konzentrationen des gleichen Gemischs, vgl. hierzu SAWISTOWSKI und SMITH (181), Beachtung verdient dieser Effekt bei der extraktiven Destillation, wo die hohe Konzentration des hochsiedenden

Zusatzstoffes die Eigenschaften der Flüssigkeit in der Kolonne erheblich verändert.

Eine ausführliche Diskussion und Messungen des Zusammenhangs von HETP und Staudruck geben BRAUER (141), STAGE (153) und KOLLING (127) für verschiedene Füllkörper von Laboratoriumskolonnen, vgl. auch (42, 44, 152). KLINGENSPOR (196) untersuchte den Einfluß von u_D und v auf HETP.

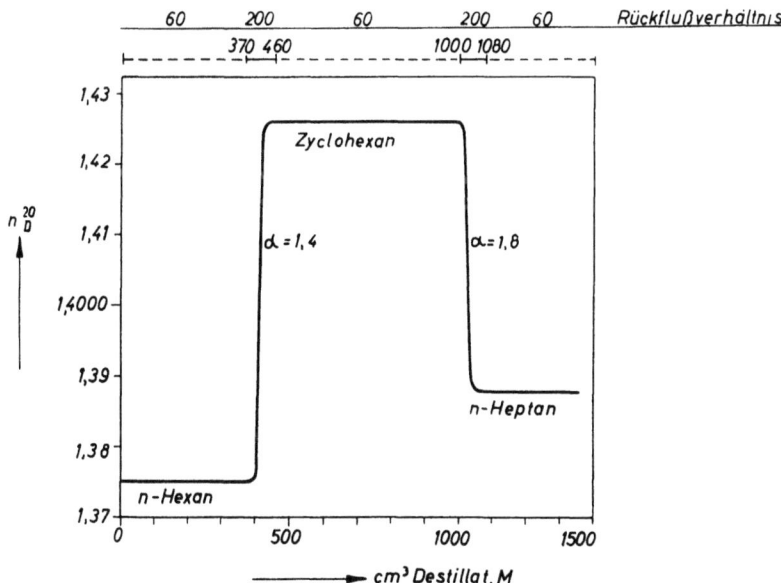

Abb. 50a. Destillationskurve des ternären Gemischs n-Hexan/Zyklohexan/ n-Heptan.

Abb. 50a zeigt eine Destillationskurve, die in einer Kolonne mit einer 150 cm hohen Füllkörperschicht aus 2 mm Maschendrahtfüllkörpern erhalten wurde. Kolonnendurchmesser 2,5 cm; Durchsatz 740 cm³/h, $N \approx 110$; $b \approx 160$ cm³ oder rund 1,25 Mole. Destilliert wurde ein ternäres Gemisch n-Hexan/Zyklohexan/n-Heptan. Der Trennfaktor für n-Hexan/ Zyklohexan ist etwa 1,4; der für Zyklohexan/n-Heptan ist ungefähr 1,8. Wenn sich die Übergangsfraktionen bemerkbar machten, wurde das Rückflußverhältnis von 60 auf 200 erhöht, vgl. Abb. 50a oben. In Abb. 50b sind Ausschnitte der Destillationskurven im Gebiet der Übergangsfraktionen (40 und 53 cm³) dargestellt. Der Brechungsindex n_D^{20} diente zur Analyse. Aus dem Diagramm kann man die Werte β und S (s. S. 110) berechnen. Für n-Hexan/Zyklohexan ist $\beta = 59$, $S = 271$, $\alpha = 1,4$; für Zyklohexan/

n-Heptan ist $\beta = 46$, $S = 157$, $\alpha = 1,8$. Die eingesetzten Mengen (in Molen) waren 3,83 n-C_6; 4,63 c-C_6; 3,41 n-C_7. Der Betriebsinhalt machte etwa 15% der jeweiligen Charge aus.

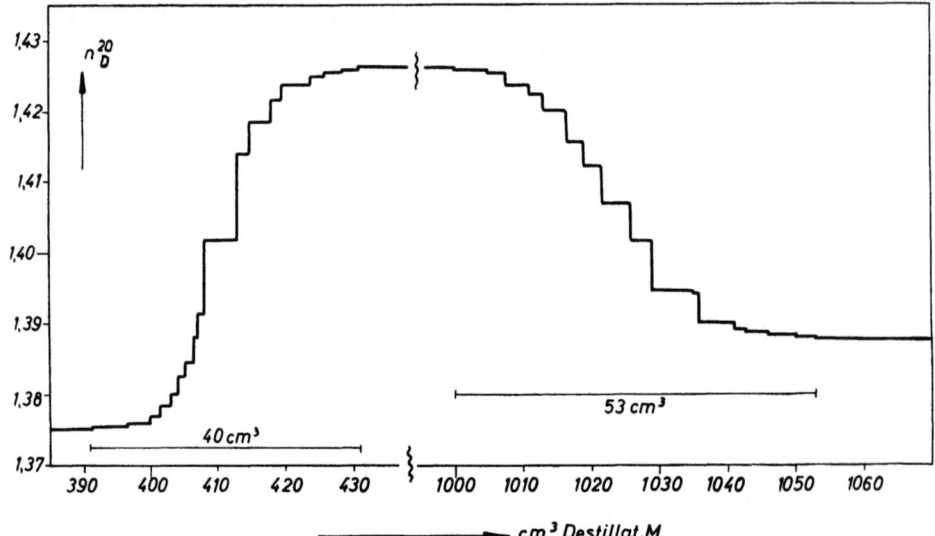

Abb. 50b. Ausschnitt aus Abb. 50a im Gebiet der Übergangsfraktionen. Weitere Erläuterungen im Text.

g) Sondereinrichtungen für azeotrope, heteroazeotrope und extraktive Destillation

1. Azeotrope Destillation

Für die normale azeotrope Destillation, bei der sich das Destillat auch durch Kühlung nicht in zwei flüssige Phasen scheidet, braucht man bei der laboratoriumsmäßigen Durchführung im diskontinuierlichen Betrieb keine besonderen Hilfsmittel. Der Zusatzstoff wird in der berechneten Menge dem zu destillierenden Gemisch vor Beginn der Destillation zugegeben. Apparaturen zur extraktiven (flüssig/flüssig) Entfernung des Zusatzstoffes sollen im Rahmen dieses Büchleins nicht beschrieben werden.

2. Heteroazeotrope Destillation

Im Fall der heteroazeotropen Destillation, wo sich das Destillat bei Destillationstemperatur in zwei flüssige Phasen scheidet, oder im Fall der normalen azeotropen Destillation, wo man nach Abkühlung des Destillats zwei flüssige Phasen erhält, verwendet man einen „Kolonnenkopf mit Phasentrennung", KmP. Dieser KmP kühlt das Destillat möglichst stark ab, damit die vorhandene Mischungslücke gut ausgenutzt wird, s. z. B. Abb. 25 auf S. 69. Die an Zusatzstoff reiche flüssige Phase läßt man als Rückfluß auf die Kolonne laufen, während die andere Phase als Erzeugnis entnommen

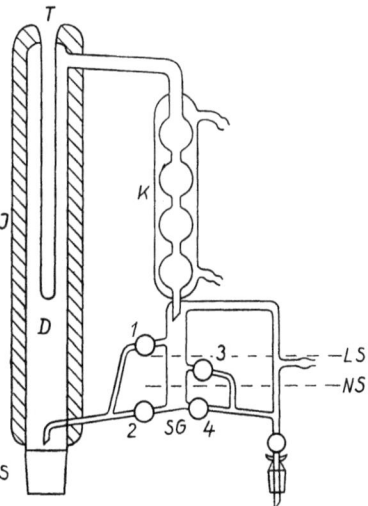

Abb. 51. Kolonnenkopf mit Phasentrennung. *S* Schliff zum Aufsetzen auf Kolonne, *D* Steigrohr für Dampf, *I* Wärmeisolierung, *T* Hülse für Temperaturmessung, *K* Kugelkühler, *SG* Scheidegefäß mit Hähnen 1-4. – Schwere Phase fließt zurück: Phasengrenzschicht bei *NS*; *1* und *4* geschlossen, *2* und *3* geöffnet zum Regulieren. – Leichte Phase fließt zurück: Phasengrenzschicht bei *LS*; *2* und *3* geschlossen; *1* und *4* geöffnet zum Regulieren.

wird. Abb. 51 zeigt einen KmP, dessen Wirkungsweise aus der Abbildung ersichtlich ist. Das Niveau im Scheidegefäß wird durch die Hahnstellungen eingehalten. Das Rückflußverhältnis ergibt sich aus 1. den Mengenverhältnissen der beiden flüssigen Phasen und 2. der von der kalten rücklaufenden Phase auskondensierten Dampfmenge.

Der in Abb. 51 dargestellte KmP ist in allen Fällen verwendbar und hat ein relativ großes totes Volumen. Für Spezialfälle empfiehlt sich ein spezielles Scheidegefäß mit kleinem Totvolumen. Das Scheidegefäß (Dekantiergefäß) kann mit Hilfe siphonartiger Überläufe so modifiziert werden, daß keine Hähne in den Ablaufleitungen sitzen (42). Wenn man die Isolierung des Dampfrohres wegläßt und es vielleicht sogar noch kühlt, so wird bereits hier eine Teilmenge des Dampfes abgeschieden (Dephlegmation) und läuft als Rückfluß auf die Kolonne zurück, vgl. (94b).

3. Extraktive Destillation

Es existieren vier Möglichkeiten der Ausführung:
1. Absatzweise, ohne Kreislauf des Zusatzstoffes.
2. ,,   , mit   ,,   ,,   ,,   .
3. Kontinuierlich, ohne Kreislauf des Zusatzstoffes.
4. ,,   , mit   ,,   ,,   ,,   .

Die erste Möglichkeit wendet man an, wenn man kleine Mengen (Verunreinigung) einer nach Zugabe des Zusatzstoffes leichterflüchtigen Komponente aus einer großen Menge Gemisch abtrennen will. Der Zusatzstoff wird dann einfach durch ein Rohr auf den oberen Teil der Kolonne gegeben; beispielsweise modifiziert man den Kolonnenkopf der Abb. 44 in der in Abb. 52 gezeigten Weise, vgl. (137). Die Siedeblase muß so bemessen werden, daß sie die Volumina der schwersiedenden Komponente und des Zusatzstoffes aufnimmt. Damit der extraktive Zusatzstoff nicht in das Destillat gelangt,

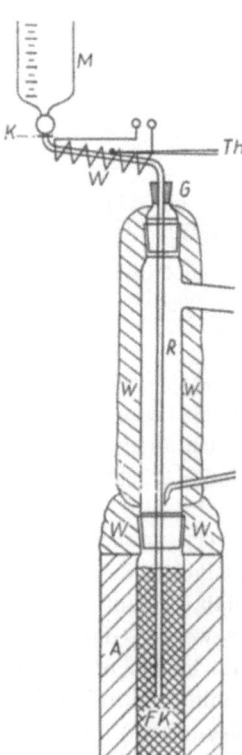

gibt man ihn wenige Böden unterhalb des oberen Kolonnenendes auf, wobei man ihn etwa auf die Siedetemperatur des Gemisches bringt, das sich in Höhe des Zulaufs befindet. Anderenfalls kondensiert der kalt zulaufende Zusatzstoff eine gewisse Menge Dampf aus.

Als Beispiel sei die Reinigung von 1000 cm^3 Benzol mit 5 Vol.% Zyklohexan (d. s. 50 cm^3) als Verunreinigung besprochen. Bei einem Durchsatz von $D = 500$ cm^3/h und Rückflußverhältnis $v = 10$ erhält man in 2 h 100 cm^3 Erzeugnis, die alles Zyklohexan enthalten sollen. Setzt man noch 1 h für die Gleichgewichtseinstellung der Kolonne an, so müßte man 3 Stunden lang Anilin zulaufen lassen. Die Wirkung des Zusatzstoffes Anilin bei der Trennung von Zyklohexan/Benzol geht aus Abb. 14, S. 49 hervor. Einem Molenbruch $x_3' = 0,7$ des Anilins in der Kolonne entspricht ein Volumenverhältnis Anilin/Benzol

Abb. 52. Modifizierter Kolonnenkopf für extraktive Destillation. *A* Adiabatischer Mantel der Kolonne, *FK* Füllkörper, *W* Wärmeisolation, *G* Gummistopfen, *R* Zulaufrohr V2A, im Durchm. 3 mm, *W* Heizwicklung, *Th* Thermoelement, *K* Kupplung aus Gummischlauch von Glas- mit Metallrohr, *M* graduiertes Vorratsgefäß (MARIOTTEsche Flasche), *Th* Thermoelement für grobe Temperaturmessung.

von etwa 2,5; also müssen 1250 cm³/h Anilin zugesetzt werden, oder in 3 h insgesamt 3750 cm³. Die Blase enthält also bei Beendigung des Anilinzulaufs bzw. nach Entfernung des Zyklohexan 3750 + 900 = 4650 cm³ Flüssigkeit, die in einem 6 Liter-Kolben gut Platz haben. Die 900 cm³ reinen Benzols destilliert man anschließend ohne Anilinzulauf ab, wobei das Anilin noch als Verdränger wirkt. Eine Kolonne mit $N = 20$ ist ausreichend. Es ist von Fall zu Fall zu prüfen, ob die Kolonne bei dem erhöhten Durchsatz an Flüssigkeit (500 cm³/h Gemisch + 1250 cm³/h Anilin in obigem Beispiel) nicht bereits geflutet wird.

Die zweite Möglichkeit muß man gezwungenermaßen anwenden, wenn man die ganze Charge und nicht nur einen kleinen Teil extraktiv destillieren will. Der am Kopf der Kolonne kontinuierlich zugeführte Zusatzstoff fließt durch die Kolonne in die Blase und von dort, zusammen mit Gemisch, auf eine Hilfskolonne, wo der Zusatzstoff wieder von Gemisch befreit wird, s. Abb. 53. Der reine Zusatzstoff muß dann mit einer Pumpe wieder zum Kolonnenkopf befördert werden. Die Anordnung der Abb. 53 haben DICKS und CARLSON (187) beschrieben; sie läßt sich noch einfach regulieren. Bei genügend gutem adiabatischem Betrieb genügt die Wärmezufuhr zur Blase der Hilfskolonne, um die Dämpfe zu erzeugen. Sicherheitshalber sieht man auch für die Blase der Hauptkolonne eine regelbare Heizung vor. Das Rückflußverhältnis wird am Kopf der Hauptkolonne wie üblich eingestellt. Die Pumpe fördert den Zusatzstoff aus dem Vorratsbehälter zum Kolonnenkopf; von dort fließt er wieder unter dem Einfluß der Schwerkraft durch Ko-

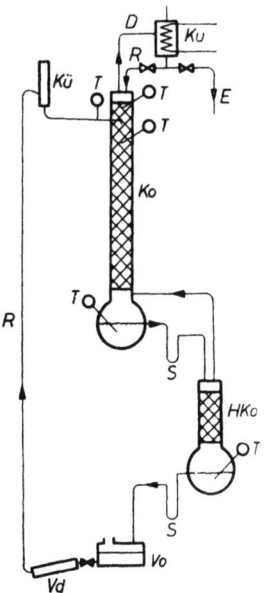

Abb. 53. Diskontinuierliche, extraktive Destillation mit Kreislauf des Zusatzstoffes. *Ko* Kolonne, *HKo* Hilfskolonne (Abtriebsäule), *S* Siphonverschlüsse, *Kü* Kühler, *T* Temperaturmessung, *D* Dampf, *R* Rücklauf, *E* Erzeugnis, *Vo* Vorratsgefäß, *Vd* Verdampfer der thermischen Pumpe, *R* Steigrohr der thermischen Pumpe.

lonne, Hilfskolonne und Vorratsgefäß zur Pumpe zurück. Das Niveau der Blasen regelt sich selbsttätig durch Überlauf. Die Pumpe besteht im einfachsten Fall aus einer thermischen Pumpe, d. h. man verdampft die gesamte, dosiert aus dem Vorratsgefäß (Hahnregulierung) entnommene Menge Zusatzstoff, führt den Dampf nach oben zum Kolonnenkopf, kondensiert ihn mit einem Rückflußkühler und läßt den Zusatzstoff (nach evtl. weiterer Kühlung) in die Kolonne eintreten. Andere Pumpentypen werden im folgenden Abschnitt h) besprochen.

Mit einer solchen Anordnung (Abb. 53) kann man z. B. ein Gemisch aus 1000 cm³ Benzol und 1000 cm³ Zyklohexan diskontinuierlich, extraktiv destillieren, wobei sich kaum mehr als insgesamt 3000 cm³ Anilin im Kreislauf zu befinden brauchen. Diese Art der extraktiven Destillation gestattet auch die Anwendung hoher Rückflußverhältnisse und hoher Konzentrationen des Zulaufs, da man keine Rücksicht auf die Größe der Siedeblase zu nehmen braucht. Ein Nachteil ist die relativ große Höhe der Apparatur, bedingt durch die Verwendung der Schwerkraft als transportierende Kraft. Eine Verkleinerung der Bauhöhe erreicht man nur bei Einsatz weiterer Pumpen, was die Apparatur und ihre Regelung meistens erheblich kompliziert.

KORTÜM und BITTEL (137) bauten eine laboratoriumsmäßige extraktive Destillationskolonne, mit der sie die destillative Trennung der Äthylaniline unter Paraffinölzusatz studierten.

Die dritte Möglichkeit wird man selten anwenden; ihre technikumsmäßige Durchführung beschreiben GRISWOLD, ANDRES, VAN BERG und KASCH (110) am Beispiel der Trennung von C_5- bis C_7-Paraffinen und Zykloparaffinen, Zusatzstoff Anilin.

Die vierte Möglichkeit entspricht dem in der Großtechnik üblichen Verfahren: Kontinuierlicher Zulauf des zu trennenden Gemisches und Kreislauf des Zusatzstoffes, vgl. Abb. 54. Das Verhältnis der Mengen des Zusatzstoffes zur Menge des Gemisches muß mit Dosierpumpen (s. den folgenden Abschnitt h) genau eingehalten werden. Die Rückflußverhältnisse von Kolonne und Hilfskolonne müssen unter Berücksichtigung der zulaufenden Gemischmenge und der Dampfmengen beider Kolonnen reguliert werden. Die Apparatur wird recht aufwendig und regeltechnisch kompliziert, besonders wenn man eine niedrige Bauhöhe einhalten muß, wodurch eine vermehrte Zahl von Pumpen erforderlich ist. Dieser Aufwand lohnt sich nur bei speziel-

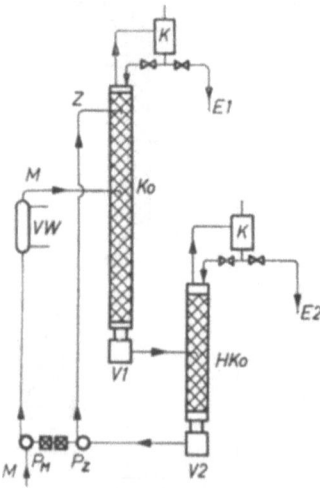

Abb. 54. Zerlegung einer Mischung M in Erzeugnis $E\,1$ und $E\,2$ durch extraktive, kontinuierliche Destillation mit dem Zusatzstoff Z. P_M, P_Z Dosierpumpen, K Kondensator, Ko Hauptkolonne, HKo Hilfskolonne zur Trennung von Z und $E\,2$, V_1, V_2 Verdampfer, VW Vorwärmer.

len Problemen. Daher wird die kontinuierliche extraktive Destillation im Rahmen dieses Büchleins nicht behandelt. Eine technikumsmäßige Durchführung beschreiben GRISWOLD und VAN BERG (111).

h) Dosierpumpen für Laboratoriumsdestillationsanlagen; (von F. LANGERS)

Bei der Auswahl und Konstruktion von Dosierpumpen für eine Laboratoriumsdestillationsanlage sind folgende Punkte zu berücksichtigen:

1. Die erforderliche Förderleistung ist meist gering (einige cm^3/h bis zu einigen l/h).

    Bei der extraktiven Laboratoriumsdestillation z. B. beschränken sich die Förderleistungen etwa auf 200–2000 cm^3/h für das zu trennende Gemisch und auf 100–3000 cm^3/h für den Zusatzstoff. Die geringen Förderleistungen bedingen einen kurzen Hub, ein geringes Hubvolumen und eine niedrige Hubzahl pro Zeiteinheit bzw. eine niedrige Drehzahl.

2. Die Förderhöhen betragen höchstens einige Meter, so daß die vom Antrieb aufzubringende Leistung gering ist.

3. Die zulaufende Flüssigkeit darf das Kolonnengleichgewicht an der Zulaufstelle nur wenig stören, da jede größere Störung sich durch die ganze Kolonne fortpflanzt, und, wenn sie periodisch auftritt, zu einer Schwingung des gesamten Systems führt (154). Die Zugabe sollte deshalb kontinuierlich und mit konstanter Geschwindigkeit erfolgen und die Fördermenge pro Hub gut reproduzierbar sein. Dies erfordert ein geringes Totvolumen der Pumpe und einwandfreies Arbeiten der Ventile. Aus dem gleichen Grunde muß man eine möglichst konstante Drehzahl des Pumpenantriebs fordern. Außerdem bedingt jede Dosierung eine Variationsmöglichkeit der Förderleistung über einen mehr oder weniger großen Bereich. Es ist von Vorteil, eine Änderung der Förderleistung durch Verstellen der Hubzahl pro Zeiteinheit vorzunehmen und nicht durch Verstellen des Pumpenhubes. Die geförderte Flüssigkeitsmenge kann man dann durch einfaches Auszählen der Pumpenhübe ermitteln, ohne die Fördermenge pro Hub jeweils neu zu bestimmen.

    Bei der extraktiven Destillation ist außerdem ein konstantes Verhältnis Zusatz : Gemisch über längere Zeit aufrechtzuerhalten.

4. In vielen Fällen sind aggressive Medien zu fördern und es ist deshalb auf gute chemische Beständigkeit der Pumpenteile zu achten (155).

Verschiedene Typen von Dosierungspumpen zeigen die Abb. 55 bis 59 schematisch. Inwieweit die einzelnen Pumpentypen den aufgeführten Anforderungen genügen, soll im folgenden kurz besprochen werden.

142 Praktische Durchführung der extraktiven und azeotropen Destillation

A. Membran- und Kolbenpumpen mit Kurbel- und Nockenantrieb

Die Pumpen in Abb. 55 und 56 werden als Dosierpumpen viel verwendet. Der Antrieb erfolgt durch Umsetzung der Drehung in eine geradlinige Bewegung mittels eines Kurbelgetriebes oder eines Nockens. Dadurch ist die Änderungsgeschwindigkeit des Hubvolumens nicht konstant, sondern eine

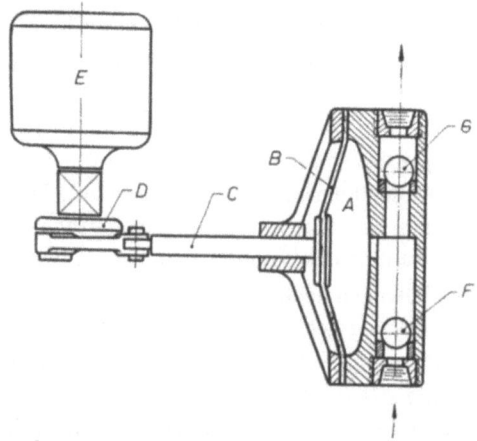

Abb. 55. Membranpumpe mit Kurbelantrieb. *A* Pumpenkammer, *B* Membran, *C* Pleuelstange, *D* Kurbel, *E* Antriebssystem, *F* Ansaugventil, *G* Druckventil.

periodische Funktion; der Förderstrom fließt nicht gleichmäßig. Die Pumpe saugt während der ersten Hälfte der Periode und drückt während der zweiten. Die Förderung erfolgt also nur während $T/2$. Diese Unterbrechung der Förderung läßt sich durch Verwenden von zwei im Gegentakt arbeitenden Pumpensystemen vermeiden.

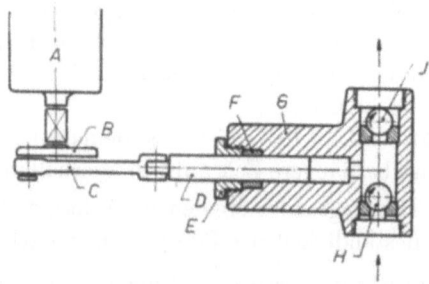

Abb. 56. Kolbenpumpe mit Kurbelantrieb. *A* Antriebssystem, *B* Kurbel, *C* Pleuelstange, *D* Kolben, *E* Stopfbuchse, *F* Packung, *G* Zylinder, *H* Ansaugventil, *I* Druckventil.

Bei Membranpumpen mit Kurbel- oder Nockenantrieb kann man durch entsprechende Formgebung der Pumpenkammer das geförderte Volumen über einen gewissen Bereich linearisieren und die Schwankungen des Förderstromes ausgleichen. Die Herstellung von Nocken, die von der Kreisform abweichen und Kurvenscheiben, mit denen sich ebenfalls bei entsprechender Formgebung eine Linearisierung des Hubvolumens erzielen läßt, ist schwierig.

Bei Kolbenpumpen lassen sich die durch den Antrieb bedingten periodischen Schwankungen des Förderstromes durch Einbau eines Puffervolumens („Windkessels") in die Druckleitung ausgleichen. Zur Dimensionierung des Kessels sei auf die entsprechende Literatur hingewiesen (156, 157, 158).

Schwierigkeiten bereitet bei Membranpumpen meist die Membran, deren Beständigkeit dem zu fördernden Mittel gegenüber zu prüfen ist, speziell bei der extraktiven Destillation. Viele Membranen sind normalen, organischen Lösungsmitteln gegenüber zwar äußerst beständig, versagen jedoch nach mehrstündigem Kontakt mit dem meist polaren Zusatzstoff wie Furfurol, Nitrobenzol, Glykol. Sehr zerstörend wirkt z. B. Anilin. Membranen aus Hostaflon und Teflon erweisen sich selbst bei höheren Temperaturen als sehr gut beständig.

Bei Kolbenpumpen muß das Fördergut die Pumpe gleichzeitig schmieren, andernfalls neigt der Kolben zum Klemmen oder er wird undicht. Stopfbuchsen müssen dem Lösungsmittel gegenüber beständig sein und sind infolge der dauernden Beanspruchung eine der häufigsten Störungsquellen. Es empfiehlt sich, sie durch einen korrosionsbeständigen Federbalg zu überbrücken. Als Konstruktionsmaterial sind für die meisten Pumpenteile nichtrostende Stähle oder Kunststoffe, wie Teflon und Hostaflon, zu empfehlen. Die Korrosionsschwierigkeiten führten zur Konstruktion von Dosierpumpen, bei denen der Pumpenkörper aus Speckstein, die Ventile aus Porzellan und die Kolbenabdichtung aus Teflon gefertigt sind (Lewa-Labordosierpumpe, Hub variabel, Hubzahl/min ist konstant, Förderung 0,03 bis 3,5 Liter/h).

Die genannten Dichtungsschwierigkeiten lassen sich vermeiden, wenn man als Pumpensystem einen Federbalg verwendet, der Kolben und Zylinder ersetzt. Als Ventile eignen sich die viel verwendeten federbelasteten Plattenventile. Es ist zweckmäßig, die Platten aus Novotext herzustellen, das bei guter Beständigkeit auch die notwendige Festigkeit hat, um den Ventilsitz zu dichten. Bei weicheren Materialien entsteht nach einiger Zeit ein Abdruck des Ventilsitzes auf der Platte, der zu Dichtungsschwierigkeiten führt. Gute Erfolge erzielt man auch mit korrosionsfesten Kegel- und Kugelventilen. Kegelventile aus Glas mit Quecksilberfüllung arbeiten ohne Federn durch ihr Eigengewicht (158).

Bei sehr kleinen Durchsätzen bedingen die geringen Ungenauigkeiten, die beim Arbeiten der Ventile auftreten, große Fehler. Abhilfe kann man durch Anwenden von gesteuerten Ventilen erzielen. Die Kräfte, die bei diesen Ventilen auftreten, bewirken sehr gut definierte Saug- und Druckintervalle, wenn die Steuerung der Ventile entsprechend genau arbeitet. Diese Steuerung kann z. B. elektrisch erfolgen. Dann ist die geforderte Reproduzierbarkeit der Schaltperiode durch Mikroschalter mit Rollenhebeln leicht zu erzielen, die bei einem Betätigungshub von $^1/_{10}$ mm sicher schalten.

B. Zahnrad- und Spindelpumpen

Die Pumpen in Abb. 57 und 58 eignen sich ebenfalls als Dosierpumpen. Die als Verdränger arbeitenden Zahnräder bzw. Spindeln werden direkt angetrieben und laufen mit gleichförmiger Geschwindigkeit um. Die Förderung erfolgt deshalb kontinuierlich und mit konstanter Geschwindigkeit.

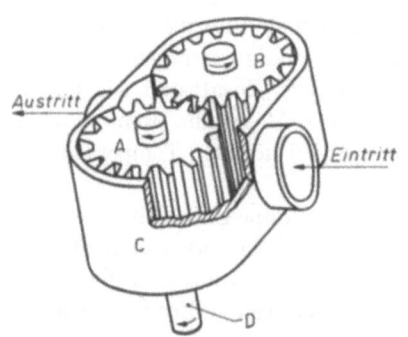

Die Ventile entfallen, wodurch sich die Arbeitsweise wesentlich vereinfacht. Zu fordern ist eine gute Abdichtung an den Stirnflächen und am Umfang der Zahnräder sowie guter Eingriff der Zähne.

Abb. 57. Zahnradpumpe. *A, B* Zahnräder, *C* Pumpengehäuse, *D* Antriebswelle.

Förderschwankungen, die stark von der Drehzahl abhängen, ergeben sich infolge der Ungenauigkeiten der Zahnflanken und Undichtigkeiten zwischen Zahnrädern und Gehäuse (die Flüssigkeit quetscht sich hier vorbei). Außerdem ist eine Schmierung der Pumpen durch das zu fördernde Mittel notwendig, die sich in vielen Fällen nicht erzielen läßt. Dieser Nachteil läßt sich durch Anfertigen der Wellenlager aus graphitisiertem Teflon weitgehend beheben.

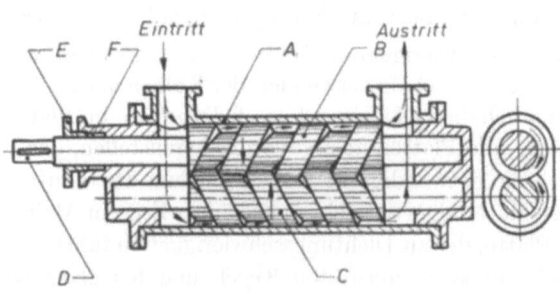

Abb. 58. Spindelpumpe. *A* Pumpengehäuse, *B, C* Spindeln, *D* Antriebswelle, *E* Stopfbuchse, *F* Packung.

Konstruktion von diskontinuierlichen Laboratoriums-Füllkörperkolonnen 145

C. Schlauchpumpen

werden ebenfalls zum Dosieren von aggressiven Medien empfohlen (159). Die Arbeitsweise folgt aus Abb. 59. Von zwei um 180° versetzten, mit konstanter Geschwindigkeit umlaufenden Rollen wird ein Schlauch gequetscht. Die so erzielte Volumenänderung wird zum Ansaugen bzw. Drücken der Flüssigkeit ausgenutzt. Der Antrieb erfolgt direkt und die Förderung verläuft kontinuierlich und mit konstanter Geschwindigkeit.

Was die Beständigkeit der Schläuche gegenüber dem Fördermittel anbelangt, so gelten die bei Membranen aufgeführten Punkte. Zusätzlich zu prüfen ist die Elastizität der Schläuche, die über längere Zeit möglichst konstant bleiben muß, da sich das Hubvolumen bei irreversibler Querschnittsverformung der Schläuche natürlich ändert.

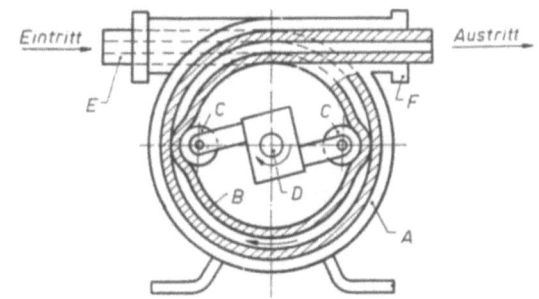

Abb. 59. Schlauchpumpe. *A* Pumpengehäuse, *B* Schlauch, *C* Rollen, *D* Antriebswelle, *E*, *F* Anschlußstutzen.

Die Reproduzierbarkeit und Konstanz des Hubvolumens wird also von diesem Faktor weitgehend beeinflußt, und man muß ihm besondere Aufmerksamkeit widmen.

D. Antrieb der Pumpen

Die Variation der Drehzahl bzw. der Förderleistung über einen bestimmten Bereich erfolgt bei allen Pumpentypen über ein kontinuierlich regelbares Getriebe. Die notwendige Drehzahlkonstanz wird am besten mit einem Synchronmotor oder einem geregelten Gleichstrommotor erhalten. Zur Regelung reicht bei letzterem meist ein Fliehkraftregler aus, der einen Vorwiderstand im Erregerkreis des Motors einschaltet oder kurzschließt.

Ein konstantes Verhältnis von Zusatz zu Gemisch erzielt man durch Antreiben beider Pumpen über eine gemeinsame Welle durch ein und denselben Motor. Auftretende geringe Drehzahlschwankungen haben dann keinen Einfluß auf das Verhältnis, sondern lediglich auf den Absolutwert beider Fördermengen. — Es folgt eine Auswahl der technischen Literatur betr. Dosierpumpen.

E. Bücher und allgemeine Aufsätze über Pumpen und Antriebe

1. DUBBEL, Taschenbuch für den Maschinenbau, 11. Aufl. (Berlin-Göttingen-Heidelberg 1958).
2. HÜTTE, Des Ingenieurs Taschenbuch; Teil II A. 28. Aufl. (Berlin 1954).
3. C. RITTER, Flüssigkeitspumpen (München 1953).
4. K. HAIN und W. MEYER ZUR CAPELLEN, Kinematik. FIAT Review of German Science, 1939–1946, **7,** Angewandte Mathematik, Teil V (1947).
5. P. GRODZINSKI, Getriebelehre, 2. Aufl., Sammlung Göschen (Berlin 1953).
6. A. ORLICEK, a) Die Förderleistungen von Kolbenpumpen. Mitt. chem. Forsch. Wirtsch. Österr. **9,** 92–93 (1955). b) Der Leistungsbedarf von Pumpen, ibid. **9,** 128–129 (1955).
7. R. CUSHING, Your design reference file III: Pumps and Pumping, Chem. Engng. **64,** 267–270 (1957).
8. L. LOWY, Additive methods in contious blending (Dosierpumpen), Petroleum Engr. **29,** C 53-C 65 (1957) Heft 11.
9. Dosierpumpen als instrumentelle Ausstattung von Verfahren, R. T. SHEEN, Dech. Monogr. **35,** 221 (1959).
10. W. BORZANI, M. L. R. Vairo, Ind, Engng. Chem. **51,** 71 (1959).
11. O. SCHÄFER, Grundlagen der selbsttätigen Regelung, S. 142 (München 1953).

F. Druckschriften über technische Dosierpumpen

1. Teflon-Konstruktions-Teile, Teflon-Federbälge,
   Carl Huth & Söhne, Bietigheim (Württ.)
2. Novotext,
   AEG Isolierstoff-Fabrik Kassel-Bettenhausen
3. Mikroschalter und Rollenhebel,
   Honeywell GmbH Hamburg
4. Dosierpumpen für Flüssigkeiten und aggressive Medien,
   Ernst Haage, Mülheim-Ruhr
5. Säurepumpen,
   Seybert und Rahier, Immenhausen Bez. Kassel
6. HC-Dosierpumpe, Dosierungsanlage nach Fischer-Morckel,
   Emil Fischer, Essen
7. Dosierpumpen,
   Bran und Lübbe, Hamburg
8. Press- und Dosierpumpen,
   Robert Bosch, Stuttgart
9. Präzisions Mikropumpe Miniflow
   LKB Stockholm, Vertretung Colora, Lorch (Württ.)
10. Labordosierpumpe Type HK
    Lewa O.H.G., Leonberg bei Stuttgart.

4. Ergebnisse von laboratoriumsmäßigen Destillationen mit Zusatzstoffen

a) Vergleich der Vor- und Nachteile der extraktiven und azeotropen Destillation im Laboratorium

Der entscheidende Nachteil der extraktiven Destillation ist der Zwang, dauernd der Kolonne frischen Zusatzstoff zuführen zu müssen. Dadurch ergibt sich die Notwendigkeit, entweder eine genügend große Siedeblase zu verwenden oder die Zusatzkomponente über eine zweite Kolonne laufend aus der Blase abzuziehen. Bei der großtechnischen kontinuierlichen Durchführung bietet dies keine schwierigen Probleme. Im Laboratoriumsbetrieb und bei diskontinuierlicher Arbeitsweise treten hier aber recht unangenehme Schwierigkeiten auf.

Der Aufwand für die extraktive Destillation erscheint gerechtfertigt, wenn es sich um die Entfernung von nach Zugabe des Zusatzstoffes leichterflüchtigen Verunreinigungen handelt, beispielsweise die Entfernung von wenig Zyklohexan aus viel Benzol mit Anilin als Zusatzkomponente der extraktiven Destillation, s. S. 138. Der Anilinzulauf braucht nur kurze Zeit aufrechterhalten zu werden.

Aber im allgemeinen ist die diskontinuierliche, azeotrope Destillation der diskontinuierlichen, extraktiven Destillation vorzuziehen, da sie im Laboratorium viel einfacher durchgeführt werden kann. Die Zugabe des Zusatzstoffes ist einmalig; danach verläuft der Destillationsvorgang wie bei der gewöhnlichen Destillation. Ein gewisser Nachteil ist es, daß die Konzentration des Zusatzstoffes bei der azeotropen Destillation nicht willkürlich wählbar ist: Mit der Wahl des Zusatzstoffes ist auch automatisch dessen Konzentration im Azeotrop fixiert.

Als verfahrensmäßige Vorteile der azeotropen Destillation gegenüber der gewöhnlichen Destillation sind hervorzuheben:

1. Der Zusatzstoff bewirkt eine Verdünnung (auch bei extr. Dest.) und Siedepunktserniedrigung (nicht bei extr. Dest.), wodurch die Gefahren der Zersetzung oder Polymerisation von Substanzen während der mitunter langdauernden Destillation vermindert werden.

2. Durch Zusatz eines relativ tiefsiedenden Azeotropbildners erreicht man, daß seine Konzentration $x_{3\,az}$ groß und die der zu trennenden Stoffe $x_{1\,az}$ und $x_{2\,az}$ klein ist. Dadurch kann man eine an sich nur kleine Menge des Gemisches aus Stoff 1 und 2 auch in großen Kolonnen mit hohem Betriebsinhalt trennen. Der Zusatzstoff bewirkt quasi eine Verkleinerung des effektiven Betriebsinhalts um den Faktor $x_{1\,az}/x_{3\,az}$ bzw. $x_{2\,az}/x_{3\,az}$.

148 Praktische Durchführung der extraktiven und azeotropen Destillation

Der wesentliche Nachteil der azeotropen Destillation ist es, daß mindestens eine Komponente des zu trennenden Gemisches als azeotropes Mischung mit der Zusatzkomponente anfällt, welche durch ein weiteres, physikalisches oder chemisches Verfahren in ihre beiden Komponenten zerlegt werden muß (s. S. 67).

Ein weiterer, aber nur in der großtechnischen Durchführung bedeutsamer Nachteil ist die erhebliche Wärmemenge, die für die Verdampfung des azeotropen Zusatzstoffes aufgewendet werden muß.

b) Ergebnisse azeotroper Destillationen

Die folgenden graphischen Darstellungen sollen einen Eindruck vermitteln, welche Trennprobleme mit dieser Methode gelöst worden sind.

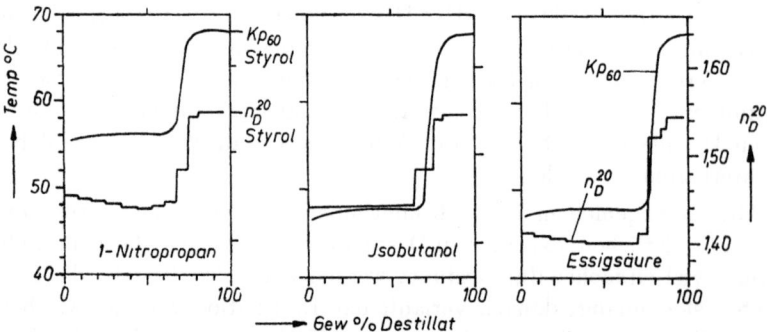

Abb. 60. Azeotrope Destillation von Gemischen Äthylbenzol/Styrol bei $P=60$ mm Hg mit verschiedenen Zusatzstoffen. Füllkörperkolonne 1,20 m lang, 33 mm innerer Durchmesser, etwa 30 theoretische Böden. Aufgetragen ist Kp_{60} und n_D^{20} des Destillats gegen Gew.% Destillat. Die Menge des Zusatzes wurde so gewählt, daß Äthylbenzol als Azeotrop mit dem Zusatzstoff überging. – Links: 1-Nitropropan ($Kp_{60} = 56,4°$C) als Zusatzstoff, 44 Gew.Teile auf 28 Teile Äthylbenzol ($Kp_{60} = 60,5°$ C) und 28 Teile Styrol ($Kp_{60} = 68°$ C). – Mitte: Isobutanol ($Kp_{60} = 50°$ C) als Zusatzstoff, 44 Gew.Teile auf 28 Teile Äthylbenzol und 28 Teile Styrol. – Rechts: Essigsäure ($Kp_{60}= 61,3°$C) als Zusatzstoff, 60 Gew. Teile auf 20 Teile Äthylbenzol und 20 Teile Styrol. – Die azeotropen Konzentrationen des Äthylbenzols mit den Zusatzstoffen sind 39, 39 und 25 Gew.%, Reihenfolge wie oben, $P=760$ mHg. Daten nach (113).

SIZMANN (186) beschreibt eine interessante Anwendung der azeotropen Destillation: Die Reinigung des Anthracens von spurenweise vorhandenem Tetracen. Hochreines Anthracen wird als Szintillator-Substanz auf dem lichtempfindlichen Kopf von Photomultipliern verwendet; Spuren von Tetrazen wirken sehr störend. Die Eigenschaften der Substanzen gehen aus Tab. 25 hervor:

Ergebnisse von laboratoriumsmäßigen Destillationen mit Zusatzstoffen 149

Tabelle 25

Substanz	Mol.-Gew.	Fp. °C	Kp. °C
Benzol	76	5,5	80,1
Naphthalin	128	80,4	217
Anthrazen	178	217	351
Tetrazen	228	337	443

Die Angaben betr. Tetrazen stammen aus einem Prospekt der Rütgerswerke. Aus den Siedepunkten berechnet man das Dampfdruckverhältnis von Anthrazen zu Tetrazen nach der Formel auf S. 3 zu $\alpha_0 = 4{,}1$. Das Anthracen läßt sich also leicht durch gewöhnliche Destillation vom Tetrazen trennen; jedoch müßte man bei 350° C destillieren (unter Normaldruck). Zur Erniedrigung der Destillationstemperatur kann man entweder im Vakuum arbeiten oder azeotrop destillieren. Anthrazen bildet mit Äthylenglykol ein homogenes Azeotrop mit 1,7 Gew.% Anthrazen, Siedepunkt 197° C. Tetrazen bildet vermutlich kein Azeotrop mit Äthylenglykol, der Trennfaktor mit Glykolzusatz α_z ist vermutlich kleiner als α_0, aber nicht wesentlich von α_0 verschieden.

Durch den Glykolzusatz wird nun zwar der Trennfaktor etwas kleiner, aber man kann im üblichen Temperaturgebiet der Laboratoriumsdestillationen arbeiten. SIZMANN (186) verwendete Roh-Anthrazen mit rund 0,05 Gew.% Tetrazen und bereitete daraus durch azeotrope Destillation mit Äthylenglykol bei 197° C ein Produkt mit weniger als 0,00005 Mol.% Tetrazen. Die Kolonnendaten waren: Länge 1 m, Querschnitt 7 cm², V2A-Maschendrahtfüllkörper 4 mm, Durchsatz 2,4 l/h Glykol, Rücklaufverhältnis 1; die Kolonne liefert damit 20 g Reinst-Anthrazen pro Stunde.

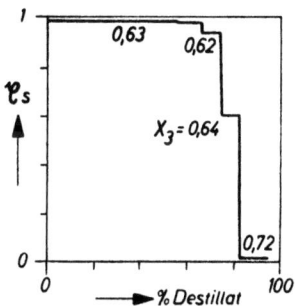

Abb. 61. Destillationskurve eines Gemisches von gesättigten und ungesättigten C_4-Kohlenwasserstoffen. x_s = Molenbruch gesättigte KW. Azeotroper Zusatzstoff ist SO_2; x_3 = Molenbruch SO_2 im Destillat. Isotherme Destillation bei 3° C in einer analytischen Kolonne mit $N \approx 10$; $P = 2{,}4$ Atm. von 0 bis 75% Destillat, dann 1,85 Atm. Daten nach (112, 42).

150 Praktische Durchführung der extraktiven und azeotropen Destillation

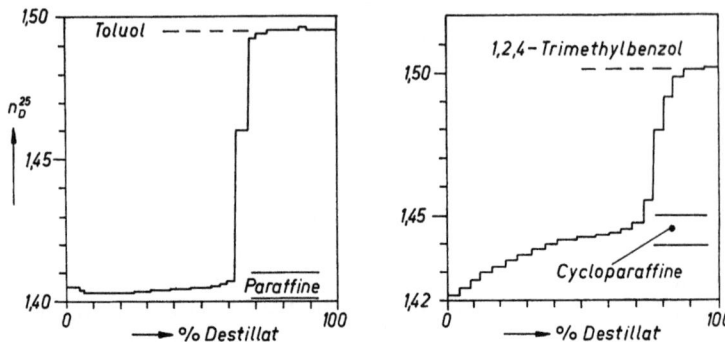

Abb. 62. Trennung aromatischer von paraffinischen und zykloparaffinischen Kohlenwasserstoffen. Bei den Destillationskurven ist der Brechungsindex n_D^{25} gegen die Menge des vom Zusatzstoff befreiten Destillats aufgetragen. Bodenkolonne mit 138 Glasglockenböden; v etwa 40 bis 50; Entnahme 20 bis 25 cm³/h; gesamte Destillationszeit 100 h. – Linkes Diagramm: Trennung einer Mischung aus Toluol (Kp 110,6° C) und eines engsiedenden Gemischs (110,0° bis 110,5° C) aus Paraffinen + Zykloparaffinen; Zusatzstoff Azetonitril, $x_{3\,az} \approx 20$ Vol.% mit Toluol, $x_{3\,az} \approx 25$ Vol.% mit Paraffin/Zykloparaffin. – Rechtes Diagramm: Azeotrope Destillation eines engsiedenden (166–169° C) Schnittes von Oklahoma Petroleum mit Äthylenglykolmonobutyläther (Butylglykol) als Zusatzstoff, $x_{3\,az} \approx 60$ Vol.%. Daten nach (4).

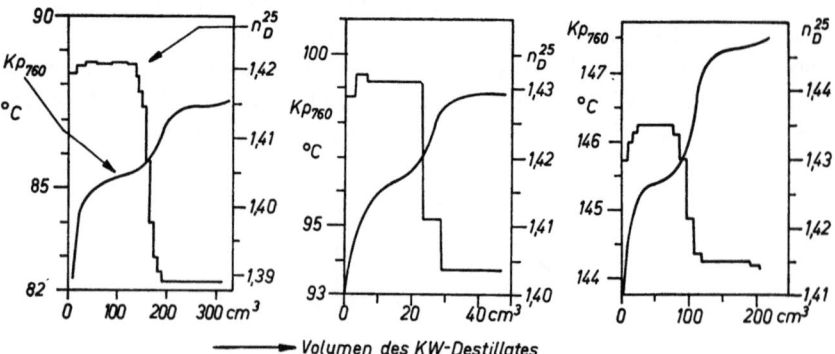

Abb. 63. Azeotrope Destillation von Zykloparaffin/Paraffin mit Fluorchemikalien. Füllkörperkolonne mit $N \approx 200$, $v \approx 200$. Aufgetragen ist die Siedekurve Kp$_{760}$ und n_D^{25} des vom Zusatzstoff befreiten Destillats gegen das Destillatvolumen. – Links: Methylzyklohexan/2,2,4-Trimethylpentan mit $C_8F_{16}O$. – Mitte: Äthylzyklohexan/2,3,4-Trimethylhexan mit $C_8F_{16}O$. – Rechts: n-Propylzyklohexan/3,3,5-Trimethylheptan mit $(C_4F_9)_3N$. – Die Fluorchemikalien bilden mit Kohlenwasserstoffen positive Abweichungen vom RAOULTschen Gesetz, die in der Reihenfolge Paraffin-Zykloparaffin-Aromat zunehmen, vgl. MAIR (114), also umgekehrt wie bei polaren Zusatzstoffen, z. B. Alkoholen, Nitrilen und Aminen.

Daten für die Substanzen und deren azeotrope Gemische

Stoff	Zusatz-stoff	Kp_{760} Stoff °C	Kp_{760} Azeo-trop °C	Vol.% Stoff i. Azeotrop	n_D^{25} Stoff
2,2,4-Trimethyl-pentan	$C_8F_{16}O$	99,24	87,5	40	1,389
Methylzyklohexan .	$C_8F_{16}O$	100,93	85,0	40	1,421
	$C_8F_{16}O$	102,5	—	—	
2,3,4-Trimethylhexan	$C_8F_{16}O$	131,34	98,4	20	1,403
Äthylzyklohexan . .	$C_8F_{16}O$	131,78	96,3	20	1,431
3,3,5-Trimethyl-heptan	$(C_4F_9)_3N$	155,68	147,3	55	1,414
n-Propylzyklohexan	$(C_4F_9)_3N$	156,72	145,4	55	1,435
	$(C_4F_9)_3N$	178,4	—	—	

Aus den Azeotropen wurden die Kohlenwasserstoffe mit Äthanol extrahiert und dann durch Wasserzugabe aus dem Äthanol gewonnen. Daten nach MAIR (114).

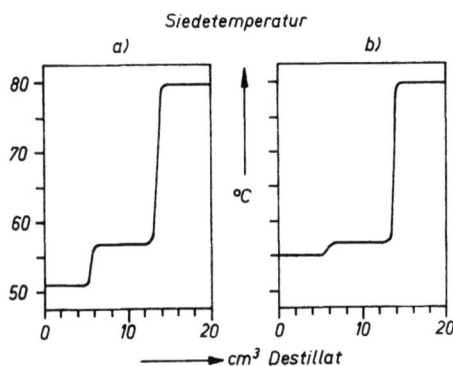

Abb. 64. Azeotrope Trennung von Kohlenwasserstoffen mit Methylazetat (Kp. 56,7° C) als Zusatzstoff in einer Drehbandkolonne. a) Trennung n-Hexan/Benzol; b) Trennung Zyklohexan/Benzol. Hexan und Zyklohexan bilden Azeotrope mit Methylazetat, Benzol dagegen nicht. Daten nach KOCH und VAN RAAY (144).

c) Heteroazeotrope Destillation

Die heteroazeotrope Destillation läßt sich mit Vorteil im Laboratorium für die Entfernung von Wasser aus irgendwelchen reagierenden oder nicht reagierenden Gemischen anwenden.

Auf S. 71 war die Herstellung von wasserfreiem Butanol erwähnt worden.

Die gleiche Methode der Wasserentfernung kann man bei der Herstellung alkoholischer Alkoholatlösungen anwenden. Man gibt z. B. NaOH mit

95%igem Butanol und der entsprechenden Menge Benzol in die Siedeblase einer Kolonne. In dem Maße, wie das H_2O als Heteroazeotrop (Benzol/Wasser) entfernt wird, schreitet die Alkoholatbildung fort, bis zum Schluß eine Lösung von Na-Butylat in absolutem Butanol vorliegt. SIGWART (94b) beschreibt dieses Verfahren in einer kontinuierlichen, laboratoriumsmäßigen Durchführung; auch für andere Alkohole ist es geeignet, wenn nur ein geeigneter Zusatzstoff gefunden wird. Der Zusatzstoff muß mit Wasser ein binäres oder ternäres Homogen- oder Heteroazeotrop bilden, das den niedrigsten Siedepunkt aller Gemische des ternären Systems Alkohol/Wasser/Zusatzstoff besitzt.

Die Erweiterung dieses Prinzips auf andere Reaktionen der organischen Chemie, die als ein Reaktionsprodukt Wasser ergeben, liegt auf der Hand. In den meisten Fällen verwendet man einen Kohlenwasserstoff als azeotropbildenden Zusatzstoff.

d) Extraktive Destillation

Die Trennung der Äthylaniline wurde von KORTÜM und BITTEL (137) studiert. Sie destillierten das Gemisch einmal ohne Zusatz und dann in der gleichen Kolonne mit Diäthylenglykol und Paraffinöl als Zusatz, vgl. Abb. 65. Das unpolare Paraffinöl ergab eine günstige Wirkung, da es mit den tefersiedenden polaren Substanzen Anilin (Kp 184,4° C) und Monoäthylanilin (Kp 206° C) größere, positive Abweichungen vom RAOULTschen Gesetz ergibt als mit dem hochsiedenden nur schwach polaren Diäthylanilin (Kp 216,5° C). Der Zusatzstoff Paraffinöl beeinflußt die Trennfaktoren also im Sinne des Dampfdruckverhältnisses und unterstützt dessen Wirkung.

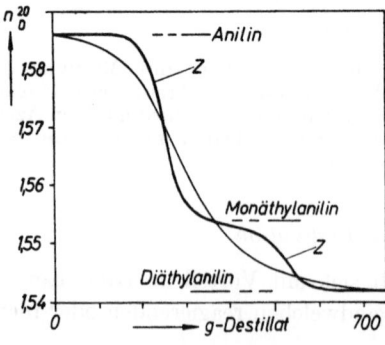

Abb. 65. Absatzweise Destillation eines ternären Gemischs Anilin/Monoäthylanilin/Diäthylanilin, $P = 18$ mm Hg. Die dicke, mit Z markierte Kurve gibt die Meßwerte für die Destillation mit Paraffinöl als Zusatzstoff. Die dünne Kurve gibt die Vergleichsdestillation wieder, wobei dieselbe Kolonne verwendet wurde unter denselben Bedingungen, aber ohne Zusatzstoff. Daten nach KORTÜM und BITTEL (137).

Das umgekehrte gilt für Diäthylenglykol als Zusatzstoff: Der Alkohol bildet mit dem schwach polaren Diäthylamin die größten, positiven Abweichungen vom RAOULTschen Gesetz, so daß seine Wirkung auf den Trennfaktor der Wirkung des Dampfdruckverhältnisses entgegenläuft. – Die Ergebnisse der absatzweisen Destillation mit und ohne Paraffinöl als Zusatzstoff sind in Abb. 65 dargestellt. Der Effekt ist nicht sehr groß, aber deutlich. GRISWOLD et al. (110, 111, 160) haben technikumsmäßige extraktive Destillationen beschrieben. Es wurden C_6, C_7-Paraffine aus Paraffin/Zykloparaffin-Gemischen durch extraktive Destillation mit Anilin als Zusatzstoff abgetrennt. GRISWOLD führte dafür den Namen Distex-Verfahren ein.

Die Reinigung von Zyklohexan durch extraktive Destillation in Kombination mit normaler Destillation führten CIER und WADDELL (173) durch. Ein Rohprodukt mit 75 Vol.% Zyklohexan und paraffinischen sowie zykloparaffinischen Verunreinigungen wurde mit Phenol (Zusatz 13:1; $N = 85$; $v = 34$) extraktiv destilliert. Das Sumpfprodukt wurde vom Phenol befreit und dann einer gewöhnlichen Destillation unterworfen ($N = 110$; $v = 9$), wobei als Kopfprodukt ein Destillat mit 99% Zyklohexan anfiel. Das technikumsmäßige Verfahren arbeitete halbkontinuierlich.

e) Absolutierung von Äthanol mit Benzol

Im ternären System Äthanol/H_2O/Benzol existiert ein ternäres Minimumazeotrop mit den Daten: Kp = 64,9° C; 74 Gew.% Benzol; 18,5 Gew.% Äthanol; 7,5 Gew.% H_2O; Verhältnis der Gew.% H_2O zu Gew.% Äthanol gleich 0,405. Das binäre Azeotrop Äthanol/H_2O hat 95 Gew.% Äthanol und ein Verhältnis von 0,053 der Gew.% H_2O zu Gew.% Äthanol. Setzt man dem 95%igen Äthanol die berechnete Menge Benzol zu, so kann man das H_2O mit Hilfe des ternären Azeotrops entfernen. Zuerst geht bei der Kolonnendestillation das ternäre Azeotrop über, dann folgt ein binäres Azeotrop Äthanol/Benzol (Kp. = 68,3° C; 32,5 Gew.% Äthanol), falls ein Überschuß an Benzol angewendet wurde, schließlich kommt reiner, absoluter Äthylalkohol.

Kühlt man das ternäre Azeotrop von Destillationstemperatur auf 25° C ab, so entmischt es sich. Die wasserarme, leichte Phase (3 Gew.% H_2O; 86 Gew.% Benzol) läßt man auf die Kolonne zurücklaufen und spart dadurch am Zusatzstoff Benzol. Die wasserreiche, schwere Phase (41 Gew.% H_2O, 8 Gew.% Benzol) wird als Erzeugnis entnommen und aufgearbeitet zur Rückgewinnung von Benzol und Äthanol. Moderne Verfahren der Äthanolabsolutierung bedienen sich eines Gemisches von 65 Vol% Benzol mit 35% einer speziellen, engsiedenden Benzinfraktion als Zusatzstoff; Vorteil: Weniger Zusatzstoff in der wasserreichen Phase, bessere Dekantation.

Mit diesem historisch interessanten Beispiel, das von YOUNG (89) in die Technik der Absolutierung von Alkohol eingeführt wurde, schließt das letzte Kapitel.

Literaturverzeichnis

1. WOHL, K., Trans. Amer. Inst. Chem. Engng. **42**, 215 (1946).
2. SKOLNIK, H., Ind. Eng. Chem. **43**, 172 (1951) und **40**, 442 (1948).
3. MAIR, B. J., A. R. GLASGOW und F. D. ROSSINI, J. Res. Nat. Bur. Stand. **27**, 39 (1941).
4. ROSSINI, F. D., B. J. MAIR und A. J. STREIFF, Hydrocarbons from Petroleum (New York 1953).
5. KIREJEV, V., Acta physicochim. URSS **14**, 371 (1941).
6. KORTÜM, G. und H. BUCHHOLZ-MEISENHEIMER, Die Theorie der Destillation und Extraktion von Flüssigkeiten (Berlin 1952).
7. PERRY, J. H., Chemical Engrs. Handbook (New York 1950).
8. EWELL, R. H., HARRISON, J. M. und L. BERG, Ind. Engng. Chem. **36**, 871 (1944).
9. HAASE, R., Z. Elektrochem. **55**, 29 (1951).
10. KARR, A. E., SCHEIBEL, E. G., BOWES, W. M. und D. F. OTHMER, Ind. Eng. Chem. **43**, 961 (1951).
11. BRANDT, H. und H. RÖCK, Chem. Ing. Techn. **29**, 397 (1957).
12. EBERT, L. und H. TSCHAMLER, Mh. Chem. **80**, 473 (1949).
13. RIEDER, R. M. und A. R. THOMPSON, Ind. Engng. Chem. **42**, 379 (1950).
14. JOST, W., Chem. Ing. Techn. **23**, 64 (1951).
15. GARWIN, L. und K. E. HUTCHISON, Ind. Engng. Chem. **42**, 727 (1950).
16. BELCK, L., Chem. Ing. Techn. **23**, 90 (1951).
17. JOST, W., Z. Naturforschg. **1**, 576 (1946).
18. THOMPSON, A. R. und M. C. MOLSTAD, Ing. Engng. Chem. **37**, 1244 (1945).
19. LECAT, M., Ann. soc. sci. Bruxelles **49 B**, 261 (1929).
20. LECAT, M., Ann. soc. sci. Bruxelles **55 B**, 43 (1935).
21. PRIGOGINE, J., Bull. soc. chim. Belg. **52**, 95 (1943).
22. NUTTING, H. S. und L. H. HORSLEY, Anal. Chem. **19**, 602 (1947).
23. KORTÜM, G., MOEGLING, D. und F. WOERNER, Chem. Ing. Techn. **22**, 453 (1950).
24. FOWLER, R. T., Ind. Chemist **1948**, 717.
25. RÖCK, H. und L. SIEG, Z. physikal. Chem. N. F. **3**, 355 (1955).
26. BRANDT, H. und H. RÖCK, Chem. Ing. Techn. **25**, 511 (1953).
27. JOST, W., WAGNER, H. GG., SCHRÖDER, W., L. SIEG und H. RÖCK, Z. physikal. Chemie N. F. **10**, 133 (1957).
28. SCHRÖDER, W., Chem. Ing. Techn. **30**, 523 (1958).
29. KÜMMERLE, K., Chem. Ing. Techn. **28**, 400 (1956).
30. ROSE, A. und E. T. WILLIAMS, Ind. Engng. Chem. **47**, 1528 (1955).
31. KRETSCHMER, C. B. und R. WIEBE, J. Amer. Chem. Soc. **71**, 1793, 3176 (1949).
32. KRETSCHMER, C. B., WIEBE, R. und J. NOWAKOSKA, J. Amer. Chem. Soc. **70**, 1785 (1948).
33. SCHÄFER, W. und H. STAGE, Chem. Ing. Techn. **21**, 418 (1949).
34. OTHMER, D. F., Ind. Eng. Chem. **20**, 743 (1928).

35. OTHMER, D. F., Ind. Eng. Chem. Anal. Ed. **4**, 232 (1932).
36. RÖCK, H. und G. SCHNEIDER, Z. phys. Chem. N. F. **8**, 154 (1956).
37. HERINGTON, E. F. G. und J. F. MARTIN, Trans. Far. Soc. **49**, 154 (1953).
38. EBLIN, P., J. chem. education **27**, 67 (1950).
39. VON WEBER, U., J. prakt. Chem. **1**, 318 (1955); Angew. Chem. **52**, 607 (1939).
40. RÖCK, H., Ausgewählte moderne Trennverfahren (Fortschritte der physikalischen Chemie Bd. 2) (Darmstadt 1957).
41. RÖCK, H., Chem. Ing. Techn. **28**, 489 (1956).
42. A. WEISSBERGER, Distillation, Vol. 4 d. Reihe Techniques of Organic Chemistry (New York 1951).
43. FENSKE, M. R., CARLSON, C. S. und D. QUIGGLE, Ind. Eng. Chem. **39**, 1322 (1947).
44. KRELL, E., Handbuch der Laboratoriumsdestillation (Berlin 1958).
45. HALA, E., PICK, J., FRIED, V. und O. VILIM, Vapour Liquid Equilibrium, (London 1957).
46. a) SWIETOSLAWSKI, W. und J. R. ANDERSON, in Vol. 1 der Reihe Techniques of Organic Chemistry (New York 1949). b) SWIETOSLAWSKI, W., Ebulliometric measurements (New York 1945).
47. LECAT, M., Tables Azéotropiques, 2. Ed. (Bruxelles 1949).
48. JORDAN, T. E., Vapour Pressure of Organic Compounds (New York 1954).
49. TIMMERMANS, J., Physico-chemical constants of pure organic compounds (Amsterdam 1950).
50. STULL, D. R., Ind. Eng. Chem. **39**, 517, 1684 (1947); **40**, 496 (1948).
51. STAGE, H., Erdöl und Kohle **3**, 377, 478 (1950).
52. ROSE, A. und E. ROSE, Distillation Literature Index and Abstracts, State College, Penn. Vol. **1**, 1946–1952 (1953); Vol. **2**, 1953–1954 (1955).
53. ROBINSON, C. S. und E. R. GILLILAND, Elements of fractional distillation (New York 1950).
54. STAGE, H. und GG. R. SCHULTZE, Theorie, Apparate sowie Verfahren der Destillation und Rektifikation, Literaturübersicht 1920–1944 (Berlin 1944).
55. KIRSCHBAUM, E., Destillier- und Rektifiziertechnik (Berlin 1950).
56. HAASE, R., Thermodynamik der Mischphasen (Berlin 1956).
57. PRIGOGINE, J., The molecular theory of solutions (Amsterdam 1957).
58. LYDERSEN, A. L. und E. HAMMER, Chem. Engng. Sci. **7**, 241 (1958).
59. RIDGWAY, K., Industr. Chemist **32**, 59 (1956).
60. IBL, N., DÄNDLIKER, G. und G. TRÜMPLER, Chem. Engng. Sci. **5**, 193 (1956).
61. HILDEBRAND, J. H. und R. L. SCOTT, The solubility of nonelectrolytes (New York 1950).
62. CHAO, K. C. und O. A. HOUGEN, Chem. Engng. Sci. **7**, 246 (1958).
63. HAASE, Z. physik. Chem. **195**, 362 (1950).
64. D'ANS, J. und E. LAX, Taschenbuch f. Physiker und Chemiker (Berlin 1949).
65. SIEG, L., Chem. Ing. Techn. **23**, 112 (1951).
66. LANDOLT-BÖRNSTEIN, Zahlenwerte und Funktionen aus Physik, Chemie usw., 6. Aufl. Band II, 2. Teil, Bandteil a (Berlin 1960).

67. International Critical Tables, Vol. 3, S. 318–324 (New York 1928).
68. PRIGOGINE, J., MATHOT, V. und H. DESMYTER, Bull. Soc. Chim. Belg. 58, 547 (1949).
69. KIEFFER, W. F. und C. E. GABRIEL, Ind. Eng. Chem. 43, 974 (1951).
70. RÖCK, H. und W. SCHRÖDER, Z. physikal. Chem. N. F. 11, 41 (1957).
71. ZIEBORAK, K. und W. BRZOSTOWSKI, Bull. Acad. Pol. Sci. 6, 169 (1958).
72. WILLINGHAM, C. B. und F. D. ROSSINI, J. Res. Nat. Bur. Standards 37, 15 (1946).
73. MCCABE, W. L. und E. W. THIELE, Ind. Engng. Chem. 17, 605 (1925).
74. SMOKER, E. H., Trans. Amer. Inst. Chem. Engrs. 34, 165, 583 (1938).
75. UNDERWOOD, A. J. V., J. Inst. Petroleum 29, 147 (1943); 30, 225 (1944).
76. BROMILEY, E. C. und D. QUIGGLE, Ind. Eng. Chem. 25, 1136 (1933).
77. LEWIS, C. J., Ind. Engng. Chem. 14, 492 (1922).
78. KUHN, W., Helv. Chim. Acta 25, 252 (1942); 26, 1693 (1943); 29, 26, 692 (1946); Chem. Ing. Techn. 25, 12 (1953); 29, 6 (1957).
79. JOST, W., Dechema-Monogr. 22, 30 (1954).
80. WESTHAVER, J. W., Ind. Engng. Chem. 34, 126 (1942).
81. JOST, W., Angew. Chem. B 20, 231 (1948).
82. LESESNE, S. D. und H. L. LOCHTE, Ind. Engng. Chem., Anal. Ed. 10, 450 (1938).
83. WILLINGHAM, C. B., SEDLAK, V. A., WESTHAVER, J. W. und F. D. ROSSINI, Ind. Engng. Chem. 39, 706 (1947).
84. JOST, W., SIEG, L. und H. BRANDT, Chem. Ing. Techn. 25, 291 (1953).
85. VIGREUX, H., Bull. Soc. Chim. France 31, 1116 (1904).
86. ZUIDERWEG, F. J., Chem. Engng. Sci. 1, 174 (1952).
87. WIDMER, G., Helv. Chim. Acta 7, 59 (1924).
88. ROSE, A., Ind. Engng. Chem. 28, 1210 (1936).
89. YOUNG, S., Distillation Principles and Processes, 131 (London 1922).
90. SELKER, M. L., BURK, R. E. und H. P. LANKELMA, Ind. Engng. Chem., Anal. Ed. 12, 352 (1940).
91. NARAGON, E. A. und C. J. LEWIS, Ind. Engng. Chem., Anal. Ed. 18, 448 (1946).
92. OLDERSHAW, C. F., Ind. Engng. Chem., Anal. Ed. 13, 265 (1941).
93. BRUUN, J. H., Ind. Engng. Chem., Anal. Ed. 1, 212 (1929); 8, 224 (1936); 9, 192 (1937).
94. SIGWART, K., a) S. 429–470, in Band 1 von ULLMANNS Enzyclopädie d. techn. Chemie (Berlin 1951) sowie b) S. 777–888, in Band I, 1, HOUBEN-WEYL, Methoden der organ. Chem. (Stuttgart 1958).
95. ROSE, A. und H. H. LONG, Ind. Engng. Chem. 33, 684 (1941).
96. STAGE, H. und GG. R. SCHULTZE, Erdöl und Kohle 5, 90 (1954).
97. SCHÄFER, W., Angew. Chem. B 19, 251 (1947).
98. MATZ, W., Angew. Chem. B 19, 131 (1947).
99. ZUIDERWEG, F. J., Chem. Ing. Techn. 25, 297 (1953).

100. HALDENWANGER, H., Chem. Ing. Techn. **23,** 437 (1951).
101. KOLLING, H. und H. TRAMM, Chem. Ing. Techn. **21,** 9 (1949).
102. STAGE, F., Angew. Chem. B **19,** 175, 215, 247 (1947).
103. BRANDT, H., RÖCK, H. und F. LANGERS, Chem. Ing. Techn. **29,** 86 (1957).
104. BRANDT, H. und H. RÖCK, Diplomarbeiten (Darmstadt 1952).
105. GREIN, F., Z. physikal. Chem. N. F. **14,** 381 (1958).
106. COULSON, E. A., J. Soc. Chem. Ind. (London) **64,** 101 (1945).
107. COHEN, K., J. chem. Phys. **8,** 588 (1940).
108. BERG, C. H. O. und I. J. JAMES, Chem. Engng. Progress **44,** 307 (1948).
109. MAIR, B. J., KROUSKOP, N. C. und F. D. ROSSINI, Anal. Chem. **29,** 1065 (1957).
110. GRISWOLD, J., ANDRES, D., VAN BERG, C. F. und J. E. KASCH, Ind. Engng. Chem. **38,** 65 (1946).
111. GRISWOLD, J. und C. F. VAN BERG, Ind. Engng. Chem. **38,** 170 (1946).
112. MATUSZAK, M. P. und F. E. FREY, Ind. Engng. Chem., Anal. Ed. **9,** 111 (1937).
113. BERG, L., HARRISON, J. M. und C. W. MONTGOMERY, Ind. Engng. Chem. **38,** 1149 (1946).
114. MAIR, B. J., Anal. Chem. **28,** 52 (1956).
115. OTHMER, D. F. und E. H. TEN EYCK, Ind. Engng. Chem. **41,** 2897 (1949).
116. ROSE, A., WILLIAMS, T. J. und H. A. KAHN, Ind. Engng. Chem. **43,** 2608 (1951).
117. BAUMGARTEN, P. K. und J. A. GERSTER, Ind. Engng. Chem. **46,** 2396 (1954).
118. JOFFE, J., Ind. Engng. Chem. **47,** 2533 (1955).
119. JACKSON, R. F. und R. L. PIGFORD, Ind. Engng. Chem. **48,** 1020 (1956).
120. ROSE, A., JOHNSON, C. L. und T. J. WILLIAMS, Ind. Engng. Chem. **48,** 1173 (1956).
121. MATZ, W., Thermodynamik des Wärme- und Stoffaustauschs in der Verfahrenstechnik (Frankfurt 1949).
122. KOHRT, H. U., Angew. Chem. B **20,** 117 (1948); Chem. Ing. Techn. **21,** 384 (1949).
123. HALDENWANGER, H., Chem. Ing. Techn. **22,** 8 (1950).
124. SIEG, L., Chem. Ing. Techn. **22,** 322 (1950).
125. STAGE, H., Chem. Ing. Techn. **22,** 374 (1950).
126. HAASE, R. und H. LANG, Chem. Ing. Techn. **23,** 313 (1951).
127. KOLLING, H., Chem. Ing. Techn. **24,** 405 (1952).
128. KORTÜM, G., FREIER, H. J. und F. WOERNER, Chem. Ing. Techn. **25,** 125 (1953).
129. STUKE, B., Chem. Ing. Techn. **25,** 677 (1953).
130. JANTZEN, E. und O. WIECKHORST, Chem. Ing. Techn. **26,** 392 (1954).
134. EDYE, E., Chem. Ing. Techn. **27,** 651 (1955).
135. POHL, H., Erdöl und Kohle **5,** 291 (1952).
136. KUHN, W., Helv. Chim. Acta **37,** 1407 (1954), Chimia **8,** 109, 145 (1954).

137. KORTÜM, G. und A. BITTEL, Chem. Ing. Techn. **28**, 40, 282 (1956).
138. KIRSCHBAUM, E., Chem. Ing. Techn. **28**, 639 (1956).
139. THORMANN, K., Destillieren und Rektifizieren (Leipzig 1928)
140. THUM, O., Chem. Ing. Techn. **29**, 675 (1957).
141. BRAUER, H., Chem. Ing. Techn. **29**, 520 (1957).
142. FRANCK, H. G., Brennstoffchem. **32**, 199 (1951).
143. MATHES, W., Brennstoffchem. **32**, 69 (1951).
144. KOCH, H. und H. G. VAN RAAY, Brennstoffchem. **35**, 105 (1954).
145. COTTRELL, F. G., J. Amer. Chem. Soc. **41**, 721 (1919).
146. NERHEIM, A. G. und R. A. DINERSTEIN, Anal. Chem. **28**, 1029 (1956).
147. MACURA, H. und H. GROSSE-OETTRINGHAUS, Brennstoffchem. **19**, 437 (1938).
148. SCHULTZE, GG. R. und H. STAGE, Z. Elektrochem. **47**, 848 (1941).
149. STEDMAN, D. F., Canad. J. Res. **B 15**, 383 (1937).
150. KOCH, H. und H. VAN RAAY, Chem. Ing. Techn. **22**, 172 (1950).
151. KUHN, W. und P. MASSINI, Helv. Chim. Acta **33**, 737 (1950).
152. ZUIDERWEG, F. J., Laboratory Manual of Batch Distillation (New York und London 1957).
153. GG. R. SCHULTZE und H. STAGE, Dechema Monogr. **14**, 17 (1950).
154. OPPELT, W., Dechema Monogr. **16**, 152 (1951); Chem. Ing. Techn. **23**, 39, 190 (1951).
155. HENKE, R. W., Ind. Engng. Chem. **47**, 684 (1955).
156. CLOSTERHALFEN, R., Z. VDI, **77**, 1143 (1933).
157. GROTH, E., Kältetechnik **9**, 101 (1957).
158. FRANZE, C., Diplomarbeit (Darmstadt 1952).
159. BECKER, E. W. und E. HOLZ, Angew. Chem. B **19**, 254 (1947).
160. GRISWOLD, J. und J. W. MORRIS, Ind. Engng. Chem. **41**, 331 (1949).
161. HERINGTON, E. F. G., Nature **170**, 935 (1952).
162. MÜNSTER, A., Trans. Far. Soc. **46**, 165 (1950); Z. physik. Chem. **196**, 106 (1950); Z. Elektrochem. **54**, 443 (1950).
163. KRETSCHMER, C. B. und R. WIEBE, J. chem. Phys. **22**, 1697 (1954).
164. MÜNSTER, A., Statistische Thermodynamik (Berlin 1956).
165. GUGGENHEIM, E. A., Mixtures (Oxford 1952).
166. SWIETOSLAWSKI, W., Roczn. Chem. **10**, 97 (1930); **25**, 98, 109, 381 (1951); Przem. Chem. **14**, 393 (1930).
167. MALESINSKI, W., Bull. Acad. Pol. Sci. Kl. **33** B, 601 (1955).
168. COLBURN, A. P., Azeotropic and Extractive Distillation (Madison 1948).
169. PORTER, P. E., DEAL, C. H. und F. H. STROSS, J. Amer. Chem. Soc. **78**, 2999 (1956).
170. COULSON, E. A. und E. F. G. HERINGTON, Laboratory Distillation Practice (London 1958).
171. JOST, W. und G. SCHNEIDER, Z. Elektrochem. **63**, 51 (1959).
172. GILLILAND, E. R., Ind. Engng. Chem. **32**, 1220 (1940).
173. CIER, H. E. und M. T. WADDELL, Ind. Engng. Chem. **51**, 259 (1959).

Literaturverzeichnis

174. SWIETOSLAWSKI, W., Bull. Acad. Pol. Sci., Ser. chim., **7**, No. 1 (1959).
175. SWIETOSLAWSKI, W., Physikalische Chemie des Steinkohlenteers (Köln 1959).
176. SWIETOSLAWSKI, W., Azeotropia i Polyazeotropia (Warschau 1957).
177. PIEROTTI, G. J., DEAL C. H. und E. L. DERR, Ind. Engng. Chem. **51**, 95 (1959) und Document No. 5782, Amer. Doc. Inst. (1958).
178. BROENSTED, J. N. u. J. KOEFOED, Kgl. Danske Videnskab. Selskab. Mat. fys. Medd. **22**, No. 17, 1 (1946).
179. BUTLER, J. A. V., RAMCHANDANI C. N. u. D. W. THOMSON, J. Chem. Soc. London 952 (1935).
180. BITTEL, A., Chem. Ing. Techn. **31**, 365 (1959).
181. SAWISTOWSKI, H. und W. SMITH, Ind. Engng Chem. **51**, 915 (1959).
182. CHANY, Y. C., und L. FAN, Anal. Chem. **31**, 1121 (1959).
183. HALL, R. A., Anal. Chem. **31**, 437 (1959).
184. PIEROTTI, G. J. et al., J. Amer. Chem. Soc. **78**, 2989 (1956).
185. KEULEMANS, A. I. M./CREMER, E., Gaschromatographie (Weinheim 1959).
186. SIZMANN, R., Angew. Chem. **71**, 243 (1959).
187. DICKS, R. S. und C. S. CARLSON, Trans. Inst. Amer. Chem. Engrs. **41**, 789 (1945).
188. KAMPHAUSEN, H. A., Chem. und Ind., 1152 (1959).
189. WARREN, G. W., WARREN, R. R. und V. A. YARBOROUGH, Ind. Engng. Chem. **51**, 1475 (1959).
190. MAC LEOD, N. und K. J. MATTERSON, Chem. Engng. Sci. **10**, 254 (1959).
191. HANDLEY, R, und B. HOLGATE, Chem. and Ind., 1087 (1959).
192. McDONALD, R. A., SHRADER, S. A. und D. R. STULL, Chem. Engng. Data **4**, 311 (1959).
193. VAN NESS, H. C., Chem. Engng. Sci. **11**, 118 (1959).
194. HERINGTON, E. F. G., Nature (London) **160**, 610 (1947).
195. EWELL, R. H. und L. M. WELCH, Ind. Engng. Chem. **37**, 1224 (1945).
196. KLINGENSPOR, H., Chem. Ing. Techn. **31**, 598 (1959).
197. CALINGAERT, G. und M. WOJCIECHOWSKI, J. Amer. Chem. Soc. **72**, 5310 (1950).
198. COULSON, E. A. und E. F. G. HERINGTON, J. Chem. Soc. (London) 597 (1947).
199. BERG, L., HARRISON, J. M. und C. W. MONTGOMERY, Chem. Engng. Progr. **43**, 487 (1947).
200. BERG, L., CARPENTER, H. C. und J. B. DALY, Chem. Engng. Progr. **46**, 283 (1950).
201. HAWKINS, J. E. und W. A. BURRIS, Anal. Chem. **28**, 1715 (1956).
202. HAWKINS, J. E. und J. A. BRENT, Ind. Engng. Chem. **43**, 2611 (1951).

Namenverzeichnis

Adcock, D. S. 92
Anderson, J. R. 81, 155
Andres, D. 140, 157

Badger 101
Baumgarten, P. K. 46, 157
Barber, E. J. 92
Barker, J. A. 92
Barr-David, F. 92
Becker, E. 158
Belck, L. 154
van Berg, C. F. 140, 141, 157, 159
Berg, C. H. O. 133, 157
Berg, L. 28, 29, 86, 154, 157, 159
Bittel, A. 52, 140, 152, 158, 159
Borzani, W. 146
Bowes, W. M. 154
Brandt, H. 97, 112, 127, 129, 154, 156, 157
Brauer, H. 135, 158
Breitenhuber, L. 92
Brent, J. A. 159
Broensted, J. N. 38, 159
Bromiley, E. C. 156
Brown, J. 92
Bruun, J. H. 97, 156
Brzostowski, W. 92, 156
Buchholz-Meisenheimer, H. 6, 69, 92, 154
Burk, R. E. 156
Burris, W. A. 159
Butler, J. A. V. 38, 156

Cady, G. H. 92
Calingaert, G. 159
Carlson, C. S. 139, 155, 159
Carpenter, H, C. 159
Chaiyarech, P. 92

Chany, Y. C. 159
Chao, K. C. 56, 61, 155
Cier, H. E. 153, 158
Closterhalfen, R. 158
Cohen, K. 133, 157
Colburn, A. P. 5, 158
Copp, J. L. 92, 93
Cottrell, F. G. 76, 158
Coulson, E. A. 20, 111, 114, 133, 157, 158, 159
Cremer, E. 159
Crützen, J. L. 92
Cushing, R. 146

Dändliker, G. 155
D'Ans, J. 86, 155
Daly, J. B. 159
Deal, C. H. 37, 158, 159
Defay, R. 92
Derr, E. L. 37, 159
Desmyter, H. 92, 156
Dicks, R. S. 159
Dinerstein, R. A. 97, 158
Dodge, B. F. 92
Dubbel, 146
Dunlap, R. D. 92
Dyke, D. E. L. 92

Ebert, L. 51, 154
Eblin, P. J. 81, 155
Edye, E. 131, 134, 157
Ehrett, W. E. 92
Engel, E. W. 92
Everett, D. H. 92
Ewell, R. H. 28, 29, 86, 154, 159

Fan, L. 159
Fenske, M. R. 155
Findlay, T. J. V. 93
Fowler, R. T. 75, 92, 154
Franck, H. G. 158
Franze, C. 158

Freier, H. J. 157
Frey, F. E. 157
Fried, V. 78, 155

Gabriel, C. E. 156
Garwin, L. 154
Gerster, J. A. 46, 157
Gilliland, E. R. 53, 109, 155, 158
Glasgow, A. R. 154
Grein, F. 129, 157
Griswold, J. 140, 141, 153, 157, 158
Grodzinski, P. 146
Grosse-Oettringhaus, H. 129, 158
Groth, E. 158
Guggenheim, E. A. 158

Haase, R. 6, 10, 11, 66, 69, 92, 107, 154, 155, 157
Hain, K. 146
Hala, E. 78, 155
Haldenwanger, H. 129, 157
Hall, R. A. 123, 158
Hammer, E. 78, 155
Handley, R. 97, 159
Harrison, J. M. 28, 29, 86, 154, 157, 159
Haug, P. 93
Hawkins, J. E. 159
Henke, R. W. 158
Herington, E. F. G. 20, 46, 80, 81, 111, 114, 155, 158, 159
Hildebrand, 31, 32, 33, 34, 92, 155
Holgate, B. 97, 159
Holz, E. 158
Horsley, L. H. 20, 86, 154

Namenverzeichnis

Hougen, 56, 61, 155
Hutchison, K. E. 154

Ibl, N. 75, 155

Jackson, R. F. 133, 157
James, I. J. 133, 157
Jantzen, E. 97, 157
Joffe, J. 20, 157
Johnson, C. L. 157
Jordan, T. E. 86, 155
Jost, W. 51, 54, 78, 92, 97, 104, 108, 154, 156, 158
Jung, E. 85, 92

Kahn, H. A. 157
Kamphausen, H. A. 97, 159
Karr, A. E. 48, 154
Kasch, J. E. 140, 157
Kavanagh, G. M. 92
Keulemans, A. I. M. 159
Kieffer, W. F. 156
Kirschbaum, E. 86, 112, 132, 155, 158
Kirejev, V. 15, 92, 154
Klingenspor, H. 159
Koch, H. 27, 97, 151, 158
Koefoed, J. 38, 159
Kohler, F. 92
Kohrt, H. U. 106, 157
Kolling, H. 111, 135, 157
Kortüm, G. 6, 69, 75, 80, 92, 93, 140, 152, 154, 157, 158
Krell, E. 111, 155
Kretschmer, C. B. 29, 78, 92, 154, 158
Krouskop, N. C. 157
Kümmerle, K. 78, 154
Kuhn, W. 29, 97, 134, 156, 157, 158

Lang, H. 107, 157
Lange, 86
Langers, F. 112, 123, 141, 156

Lankelma, H. P. 156
Lax, E. 86, 155
Lecat, M. 20, 86, 154, 155
Lesesne, S. D. 97, 156
Lewis, C. J. 97, 105, 156
Lim, S. C. 92
Lochte, H. L. 97, 156
Long, H. H. 110, 156
Lowy, L. 146
Lydersen, A. L. 78, 155

MacLeod, N. 97, 159
Macura, H. 158
Mair, B. J. 62, 86, 150, 154, 157
Malesinski, W. 23, 158
Martin, J. F. 81, 155
Mathes, W. 32, 158
Mathot, V. 156
Matterson, K. J. 97, 159
Matz, W. 106, 156, 157
Matuszak, M. P. 157
Massini, P. 29, 158
Mausteller, J. W. 92
McCabe, W. L. 101, 102, 156
McDonald, R. A. 159
McGlashan, M. L. 92
Meyer zur Capellen, W. 146
Mochel, J. M. 92
Moegling, D. 75, 154
Molstad, M. C. 154
Montgomery, C. W. 157, 159
Morris, J. W. 158
Münster, A. 29, 158
Musil, A. 92

Naragon, E. A. 97, 156
Neckel, A. 92
Nerheim, A. G. 97, 158
van Ness, H. C. 159
Nielsen, R. L. 92
Norris, G. S. 92
Nowakowska, J. 92, 154
Nutting, H. S. 20, 154

Oldershaw, C. F. 97, 110, 156

Oppelt, W. 146, 158
Orlicek, A. 146
Othmer, D. F. 20, 78, 154, 155, 157

Perry, J. H. 86, 154
Pick, J. 78, 155
Pierotti, G. J. 37, 38, 46, 85, 158, 159
Pigford, R. L. 133, 157
Pohl, H. 105, 157
Porter, A. W. 12, 92
Prigogine, J. 20, 92, 93, 154, 155, 156
Prue, J. E. 92

Quiggle, D. 155, 156

van Raay, H. G. 27, 97, 151, 158
Rall, W. 92
Ramchandi, C. N. 38, 159
Raymond, C. L. 92
Rieder, R. M. 154
Ridgway, K. 75, 155
Ritter, C. 146
Robinson, C. S. 53, 155
Röck, H. 76, 79, 86, 92, 112, 127, 129, 154, 155, 156, 157
Rohrbach, G. H. 92
Rose, A. 78, 97, 99, 109, 110, 133, 154, 155, 156, 157
Rose, E. 155
Rossini, F. D. 23, 28, 62, 86, 95, 97, 111, 154, 156, 157
Rothe, R. 92
Rowlinson, J. S. 92

Sawistowski, H. 134, 159
Scatchard, G. 32, 33, 92, 95
Scott, R. L. 92, 155
Sainsbury, I. E. 92
Schäfer, K. 92
Schäfer, O. 146

Schäfer, W. 75, 106, 154, 156
Scheibel, A. G. 154
Schneider, G. 79, 92, 104, 108, 155, 158
Schröder, W. 78, 92, 93, 154, 156
Schultze, Gg. R. 106, 111, 129, 155, 156, 158
Sedlak, V. A. 156
Selker, M. L. 97, 156
Shrader, S. A. 159
Sieg, L. 76, 92, 97, 154, 155, 156, 157
Sigwart, K. 97, 130, 152, 156
Simons, J. H. 92
Sizmann, R. 148, 151, 159
Skolnik, H. 20, 154
Smith, F. 92
Smith, W. 134, 159
Smoker, E. H. 105, 156
Smyth, C. P. 92
Stage, R. 75, 106, 111, 117, 129, 135, 154, 155, 156, 157, 158
Stedman, D. F. 97, 158
Streiff, A. J. 86, 154

Stross, F. H. 158
Stuke, B. 134, 157
Stull, R. D. 86, 155, 159
Swietoslawski, W. 23, 31, 32, 66, 81, 155, 158, 159

Ten Eyck, E. H. 157
Thacker, R. 92
Thiele, E. W. 101, 102, 156
Thompson, A. R. 154
Thomson, D. W. 38, 159
Thormann, K. 110, 158
Thum, O. 106, 158
Ticknor, L. B. 92
Timmermans, J. 86, 155
Tramm, H. 111, 157
Trümpler, G. 155
Tschamler, H. 51, 154

Underwood, A. J. V. 105, 156

Vairo, M. L. R. 146
Vigreux, H. 97, 156
Vilim, O. 78, 155
Volk, H. 92

Waddell, M. T. 153, 158
Wagner, H. Gg. 154

Warren, G. W. 86, 159
Warren, R. R. 86; 159
Weber, J. H. 92
von Weber, U. 81, 155
Weissberger, A. 111, 155
Westhaver, J. W. 97, 133, 134, 156
Widmer, G. 97, 156
Wiebe, R. 29, 78, 92, 154, 158
Wieckhorst, O. 97, 157
Williams, E. T. 78, 154
Williams, T. J. 99, 157
Willingham, C. B. 156
van Winkle, M. 92
Woerner, F. 75, 154, 157
Wohl, K. 6, 154
Wojciechowski, M. 159
Wood, S. E. 92, 93

Yorborough, V. A. 86, 159
Young, S. 97, 153, 156

von Zawidzki, F. J. 92, 156, 158
Zieborak, K. 92, 156
Zuiderweg, F. J. 92, 96, 97, 110, 111, 156, 158

Sachverzeichnis

Absatzweise Destillation 98, 99
Adiabatische Kolonne 101, 106
Adiabatischer Mantel 112, 113, 117, 118, 119
Aktivitätskoeffizient 2, 7, 8
Anlaufzustand 96, 99, 132
Assoziation 29, 30
Austauschgerade 102
Azeotroper Effekt 23, 26
Azeotropes Gemisch 2, 13, 18, 55, 86, 107
Azeotroplinie 23

Betriebsinhalt 96, 106, 110, 127, 128, 131
Betriebsvolumen 96, 106, 110, 127, 128, 131
Blasenheizung 113, 114, 116
Bodenwirkungsgrad 99
Bodenzahl, theoretische 103, 104
Bodenzahl, minimale theoretische 103, 104, 107

Chemisches Potential 7, 37
Chromatogramm 83, 84

Daltonsches Gesetz 2
Dampfdruck 2, 16, 84, 86
Dampfdruckverhältnis 2, 17, 84
Dampf-Flüssigkeits-Gleichgewicht 1, 8, 61, 75, 86
Destillationskurven 106, 110, 148, 152
Dielektrizitätskonstante 30, 36, 37
Diskontinuierliche Destillation 96, 99, 132
Dissoziation 29, 30
Druckabfall 113, 131

Einzeleffekt 1, 94
Entmischung 15, 69

Füllkörper 112, 127, 129, 131, 132
Füllkörperkolonne 112

Gaschromatographie 82, 83
Gegenstrom 94
Gibbssches Dreieck 6, 44
Gleichgewichtskurve 8, 9, 49, 52, 53, 61, 100, 101
Gleichung v. Clausius-Clapeyron 2, 16

Hebelgesetz 6
Heteroazeotrop 54, 68
HETP 99, 127, 130
hold-up 96, 128
Homoazeotrop 8, 9, 68
Homologe 20, 21, 38

Ideale Mischung 2, 8, 51
Innerer Druck 31, 32
Isobare Diagramme 8, 21, 22, 61, 71, 58
Isotherme Diagramme 8, 21

Koexistente Phasen 15, 68, 69
Kolonne 1, 94, 95, 96, 97, 112
Kolonnenkopf 120, 137
Kolonnentest 104, 127, 128, 129, 130
Kontinuierliche Destillation 98, 99
Kopfprodukt 94, 99

Löslichkeit, teilweise 15, 68, 69
Löslichkeitsparameter 33

Manostat 127
Maximumazeotrop 8, 9, 14, 31
Minimumazeotrop 8, 9, 14, 58, 59, 65
Mischbarkeit, teilweise 15, 48, 68, 69
Mischungs-enthalpie 7, 83
Mischungs-entropie 7
Mischungs-funktionen 7, 8, 9, 10
Mischungs-lücke 48, 68, 69
Molvolumen 32, 33

OKLT, obere kritische Lösungstemperatur 69, 70

Partialdrucke 2, 8, 29
Phasengleichgewicht 1, 8, 9, 69, 70
Phasentrennung 54, 67, 68, 69, 71, 137
Polarisierbarkeit 49
Polarität 11, 35, 86, 87
Pseudoazeotrop 72
Pseudoideale Mischung 8, 50
Pumpen 138, 139, 142–146

RAOULTsches Gesetz 2, 7, 8
Realgaskorrektur 2
Regel von Wresky 19
Relative Flüchtigkeit 3, 58, 52
Ringspaltkolonne 97, 133, 134
Rotierende Kolonne 97
Rückfluß 97
Rücklauf 97
Rücklaufverhältnis 97, 98, 102, 120, 123, 125

Schlepper 1
Selektivität 44, 56, 57
Selektive Destillation 73, 74
Siedediagramm 8, 9, 75, 82, 86

Siedegleichgewicht 1, 8, 75, 49, 86
Stationärer Zustand 96, 101, 106, 132
Staudruck 113, 115, 131
Stoffaustausch 55, 94, 95, 133
Sumpfprodukt 94, 98, 99

Testgemisch 129
Theoretischer Boden 99, 100
Totaldruck 2, 8
Trennfaktor 2, 8, 13, 43, 83
TROUTONsche Konstante 2, 30

Übergangsfraktion 59, 60, 110

Verdampfungsenthalpie 17, 33, 83
Verdampfungswärme 16, 33, 101, 106
Volumenbruch 33

Wärmeaustausch 94, 95
Wasserstoffbrückenbindung 29, 30
Wirkungsfaktor 129, 131

Zusatzstoff 1, 43, 54, 66, 86

FORTSCHRITTE DER PHYSIKALISCHEN CHEMIE

Herausgegeben von Prof. Dr. **W. Jost**-Göttingen

Band 1: *Diffusion*
Methoden der Messung und Auswertung

Von Prof. Dr. W. Jost
Direktor des Universitätsinstituts für physikalische Chemie Göttingen

X, 177 Seiten mit 57 Abbildungen und 19 Tabellen. 1957. Kart. DM 25.—

Das vorliegende Werk eines weltbekannten Fachmannes gibt eine knappe, präzise Übersicht übex die Grundlagen der Diffusionsvorgänge sowie die Meßverfahren und Auswertungsmethoden für die Ermittlung von Diffusionskoeffizienten. . . . Das Buch ist sehr gehaltvoll, gut gedruckt und reichlich durch Abbildungen und Tabellen erläutert. Niemand, in dessen Arbeitsgebiet Diffusionsprozesse vorkommen, wird das Buch ohne Gewinn aus der Hand legen. **Die Naturwissenschaften**

Band 2: *Ausgewählte moderne Trennverfahren zur Reinigung organischer Stoffe*

Von Dr. H. Röck, Trostberg/Obb.

VIII, 169 Seiten mit 114 Abbildungen und 33 Tabellen. 1957. Kart. DM 24.—

Sowohl dem Studierenden, für den das Buch in erster Linie geschrieben ist, wie auch dem bereits in der Praxis stehenden Chemiker und Physiker wird hier eine exakte und praktisch erprobte Anleitung für die Ausführung einer Reihe moderner Trennverfahren in die Hand gegeben. **Angewandte Chemie**

Band 3: *Chemische Reaktionen in Stoßwellen*

Von Prof. Dr. E. F. Greene und Dr. J. P. Toennies
Metcalf Research Institute, Brown University, Providence, R. I.

Übersetzt von Dr. H.-Gg. Wagner, Göttingen

XV, 202 Seiten mit 85 Abbildungen und 15 Tabellen. 1959. Kart. DM 25,-

Das vorliegende Buch kann Chemikern und Physikern Kenntnisse und Einblicke in eine Spezialwissenschaft vermitteln, die leider erst seit einigen Jahren zur Klärung chemisch-physikalischer Probleme herangezogen wurde. **Bergbau-Rundschau**

Band 4: *Gleichgewichts- und Wachstumsformen von Kristallen*

Von Priv.-Doz. Dr. B. Honigmann, BASF Ludwigshafen

XII, 161 Seiten mit 79 Abbildungen und 12 Tabellen. 1958. Kart. DM 26.—

Ein großer Kreis von Kristallographen, Physikern und Chemikern wird dieses in einer leicht zugänglichen Form geschriebene Buch, das mit vielen guten Illustrationen versehen ist, sehr dankbar und mit großem Nutzen zur Hand nehmen.
Neues Jahrbuch für Mineralogie

Die Sammlung wird fortgesetzt. Neue Bände in Vorbereitung

DR. DIETRICH STEINKOPFF VERLAG · DARMSTADT

Prinzipien des chemischen Gleichgewichts

Eine Thermodynamik für Chemiker und Chemie-Ingenieure

Von **Kenneth Denbigh**, M. A., D. Sc.
Professor für Chemische Technologie an der Universität Edinburgh
und für Chemie-Ingenieur-Wissenschaft im Heriot-Watt-College, Edinburgh

Autorisierte Übersetzung von

Dr. H.-J. Oel
Max-Planck-Institut für Silikatforschung Würzburg

Mit einem Geleitwort von Prof. Dr. **Wilhelm Jost**-Göttingen

XVIII, 474 Seiten mit 47 Abbildungen und 15 Tabellen. 1959. Ganzleinen DM 50,—

Aus dem Geleitwort:

Das vorliegende Werk stellt, wie der Untertitel erkennen läßt, eine Thermodynamik für Chemiker und Chemie-Ingenieure dar. Der Autor ist für eine solche Aufgabe besonders qualifiziert, vereint er doch als Lehrer der Chemischen Technologie und Chemie-Ingenieur-Wissenschaft in Edinburgh Kenntnis der praktischen Bedürfnisse und Lehrerfahrungen; darüber hinaus hat er grundsätzliche wissenschaftliche Beiträge zur Thermodynamik irreversibler Vorgänge geliefert, angeregt durch das technische Problem der Thermodynamik des stationären Zustands.

Dieser zweifache Gesichtspunkt des Verfassers prägt den Charakter des Werks. Es beabsichtigt nicht, eine grundsätzliche Darstellung der chemischen Thermodynamik zu sein, sondern es hat die Anwendung zum Ziel. Andererseits ist sich der Verfasser der Notwendigkeit sauberer Begriffsbildungen und exakter Behandlung gerade im Hinblick auf technische Probleme bewußt. Für die Lektüre wird nicht mehr als qualitative Vertrautheit mit dem Gebiet vorausgesetzt, wie sie eine Anfängervorlesung der physikalischen Chemie vermittelt. Wenn trotzdem, gerade in der Einleitung, einige abstraktere Überlegungen auftauchen, so sollte der Leser sich klar sein, daß diese von den Bedürfnissen der Anwendung diktiert sind.

DR. DIETRICH STEINKOPFF VERLAG · DARMSTADT

Das Relaxationsverhalten der Materie

Vorträge und Diskussionen der 2. Marburger Diskussionstagung vom 2.–4. Oktober 1953,
herausgegeben von Prof. Dr. F. Horst Müller-Marburg

(Marburger Diskussionstagungen, Band 2)

IV, 224 Seiten mit 122 Abbildungen. 1953. Kartoniert DM 24,—

(Sonderausgabe aus Kolloid-Zeitschrift, Band 134)

Abhängigkeit der Eigenschaften Hochpolymerer von der Vorgeschichte des Materials

Vorträge und Diskussionen der 3. Marburger Diskussionstagung vom 22.–23. April 1958,
herausgegeben von Prof. Dr. F. Horst Müller-Marburg

(Marburger Diskussionstagungen, Band 3)

IV, 142 Seiten mit 144 Abbildungen und 4 Tabellen. 1959. Kartoniert DM 20,—

(Sonderausgabe aus Kolloid-Zeitschrift, Band 165)

Kolloid-Zeitschrift

Zeitschrift für reine und angewandte Kolloid-Wissenschaft
einschließlich der makromolekularen Substanzen

Organ für die Veröffentlichungen der Kolloid-Gesellschaft
Zur Zeit vereinigt mit den Kolloid-Beiheften

Herausgegeben von Prof. Dr. F. Horst Müller-Marburg
und Prof. Dr. Joachim Stauff-Frankfurt a. M.

Referatenteil: Dr. E. Ühlein-Frankfurt a. M. · Patentteil: Dr. J. Reitstötter-München

Monatlich erscheint 1 Heft im Umfang von 96 Seiten. 2 Hefte bilden einen Band zum Abonnementspreis von DM 24,— zuzüglich Porto. Jährlich erscheinen 6 Bände. 1960 erscheinen die Bände 168–173. Mitglieder der Kolloid-Gesellschaft erhalten 20% Nachlaß.

Rheologica Acta

Ergänzungshefte zur Kolloid-Zeitschrift

Herausgegeben von W. Fritz-Braunschweig, R. Jung-Stuttgart, H. Kroepelin-Braunschweig, W. Meskat-Leverkusen, F. H. Müller-Marburg, H. H. Pfeiffer-Bremen, M. Pfender-Berlin, W. Schlichting-Braunschweig/Göttingen, J. Schultz/Grunow-Aachen

Die Zeitschrift erscheint zwanglos nach Bedarf in einzeln berechneten Heften verschiedenen Umfangs. 6 Hefte bilden einen Band. Mitglieder der deutschen Rheologen-Gesellschaften und Bezieher der Kolloid-Zeitschrift erhalten 20% Nachlaß. – Bisher erschienen Band I, Heft 1 und Heft 2/3. 1960 erscheint Band I, Heft 4/6.

Probehefte stehen auf Wunsch gern zur Verfügung

DR. DIETRICH STEINKOPFF VERLAG · DARMSTADT

Kurzes Lehrbuch der physikalischen Chemie

Von Professor Dr. **Hermann Ulich** †

Fortgeführt von Professor Dr. **Wilhelm Jost**
Direktor des Universitätsinstituts für physikalische Chemie Göttingen

12.—13. ergänzte Auflage

XVI, 420 Seiten mit 113 Abbildungen und 63 Tabellen. 1960. Ganzleinen DM 18,—

Die neue Auflage wurde wieder überarbeitet und auf den modernsten Stand gebracht, wobei der Verfasser besonders das Kapitel „Chemische Kinetik", vor allem den Abschnitt „Reaktionen in homogenen Systemen" erheblich erweitert hat. Durch eine kritische Beschränkung in den Änderungen konnte es trotz einer Umfangserweiterung um nahezu ein Viertel gegenüber der vorausgegangenen Auflage erreicht werden, daß der seit 1954 unveränderte Preis des Lehrbuches nicht anstieg.

Aus den Besprechungen zur vorhergehenden Auflage:

.. In Stoffauswahl und Umfang ebenso wie in der anschaulich-einleuchtenden und doch strengen Art der Darstellung bietet das Buch dem Leser eine wohlausgewogene Synthese: das Schwergewicht liegt naturgemäß auf den klassischen Gebieten der physikalischen Chemie, doch kommen auch Forschungsbereiche wie die Theorie der chemischen Bindung, die Molekülstrukturuntersuchungen und die zwischenmolekularen Kräfte im Rahmen des Möglichen gut zur Geltung. Der kurze Abschnitt über die Bedeutung des Logarithmus in physikalischen Formeln dürfte sicherlich vielen Studierenden helfen, eine aus dem Unterricht wohlbekannte Verständnisklippe zu umgehen. Sehr begrüßenswert erscheint dem Referenten auch die Wiederaufnahme der biographischen Daten, da diese dazu beitragen, die immer wieder feststellbare, oft erschreckend große Unkenntnis der Studenten auf diesem Gebiet der Chemiegeschichte zu beheben. Erwähnt sei bei dieser Gelegenheit noch, daß sich die Formulierung der Thermodynamik, wie sie seit der 6. Auflage vorliegt, im Unterricht gut bewährt hat. Angesichts dieser Vorzüge, und nicht zuletzt auch wegen des niedrigen Preises, des sehr übersichtlichen Satzes und der guten Ausstattung wird der „Ulich-Jost" sicherlich auch in Zukunft zahlreiche Studierende der Chemie und der Naturwissenschaften auf ihrem Bildungsweg begleiten.
Zeitschrift für Elektrochemie

... Der Ulich-Jost enthält jetzt als weiterhin kurzes Lehrbuch der physikalischen Chemie neben der modernen chemischen Thermodynamik mit Blickpunkt auf die praktische Anwendung – immer schon eine geschätzte Eigenschaft dieses Buches – auch eine moderne Kinetik und eine ebenso moderne Darstellung der anderen Gebiete der immer mehr sich vergrößernden physikalischen Chemie. Dieses überaus preiswerte Buch geht nicht nur diejenigen an, deren Tätigkeit in das Gebiet der physikalischen Chemie hinübergreift. Es sei wegen seiner vorzüglichen knappen Darstellung des Gesamtgebietes allen Studierenden der Chemie und Physik sehr empfohlen.
Naturwissenschaftliche Rundschau

... Das Buch ist ein vortreffliches Lehrbuch für alle, welche die physikalische Chemie als Hilfswissenschaft benutzen und dabei vorwiegend an deren klassischen Gebieten interessiert sind.
Zeitschrift für physikalische Chemie, Neue Folge

DR. DIETRICH STEINKOPFF VERLAG · DARMSTADT

MIX
Papier aus verantwortungsvollen Quellen
Paper from responsible sources
FSC® C105338

If you have any concerns about our products,
you can contact us on
ProductSafety@springernature.com

In case Publisher is established outside the EU,
the EU authorized representative is:
**Springer Nature Customer Service Center GmbH
Europaplatz 3, 69115 Heidelberg, Germany**

Printed by Libri Plureos GmbH
in Hamburg, Germany